真空测量与控制

编著　朱　武　干蜀毅

主审　王先路

合肥工业大学出版社

内容提要

本书系统地介绍了真空测量、真空校准、真空检漏、真空控制的原理和方法，介绍的主要内容有真空测量技术、液位式真空计、热传导真空计、热阴极电离真空计、冷阴极电离真空计、分压力测量和残余气体分析、真空计校准、真空检漏的基本原理、各种检漏方法、氦质谱检漏仪及其他检漏仪、标准漏孔、真空测量仪器电路、真空设备与系统的自动控制等。

本书可作为高等学校真空技术及设备、材料科学与工程、物理学等相关专业本科生和研究生的教材，还可供从事真空获得、真空测量和真空应用的工程技术人员参考。

图书在版编目(CIP)数据

真空测量与控制/朱武，干蜀毅编著．—合肥：合肥工业大学出版社，2008.4

ISBN 978-7-81093-743-6

Ⅰ．真…　Ⅱ．①朱…②干　Ⅲ．真空测量—高等学校—教材　Ⅳ．TB771

中国版本图书馆 CIP 数据核字(2008)第 049027 号

真空测量与控制

朱　武　干蜀毅　编著　　　　责任编辑　汤礼广

出　版	合肥工业大学出版社	发　行	全国新华书店
地　址	合肥市屯溪路 193 号	版　次	2008 年 4 月第 1 版
邮　编	230009	印　次	2008 年 4 月第 1 次印刷
电　话	总编室：0551-2903038	开　本	787×1092　1/16
	发行部：0551-2903198	印　张	15.625
网　址	www.hfutpress.com.cn	字　数	330 千字
E-mail	press@hfutpress.com.cn	印　刷	安徽江淮印务有限责任公司

ISBN 978-7-81093-743-6　　　　定价：27.00 元

前　言

现代科学技术的交叉渗透，极大地丰富了真空科学与技术的内涵。特别是近几十年来，真空技术融入了许多其他尖端的科学与技术，因此，真空技术得到了迅速发展。例如，从超大规模集成电路的制作到大型加速器的运转，从可控核聚变反应到人造卫星和航天器的运行，从纳米材料的获取到食品医药的生产，没有一样能离开真空技术。真空科学与技术是许多高新技术得以实现的必备手段，在国民经济各行各业中都有着广泛的应用。真空科学与技术现已发展成为一门独立的学科。真空测量与控制是真空科学与技术的重要组成部分。

本书系统介绍了真空测量与控制的原理、技术和方法，内容涉及真空测量技术、各种真空传感器和仪器电路、真空校准和真空检漏的原理和方法、真空设备和真空系统的自动控制等。本书在编写过程中注意知识体系的完整性，力求反映新技术、新成果，努力做到知识性和实用性的统一。编写本书的主要目的在于让读者掌握真空状态下全压力和分压力测量的方法及所用仪器的结构和工作原理，了解真空计校准的一些常识，熟悉常用的真空检漏方法和检漏仪器，具备真空仪器电路、控制系统的初步分析和设计能力。

本书的绪论和第 1 章至第 8 章、第 13 章、第 14 章由朱武编写，第 9 章至第 12 章由干蜀毅编写。全书由朱武统稿，由合肥工业大学王先路教授审稿。

本书在出版过程中，得到了合肥工业大学出版社的热情支持和帮助，在此对其表示衷心的感谢。

限于作者的水平，书中缺点、错误恐难避免，恳请读者批评指正。

作　者

2008 年 4 月

前言

现代科学技术的发展极大地丰富了真空科学与技术的内涵。特别是近几十年来，真空技术渗入了许多其他尖端的科学与技术，因此，真空技术得到了迅速发展。例如，从超大规模集成电路的制作到大型加速器的运行，从可控热核反应到人造卫星和航天器的运行，从稀土材料的获取到食品医药的生产，没有一样能离开真空技术。真空科学与技术是许多高新技术得以实现的必备手段，在国民经济各行各业中都有着广泛的应用。真空科学与技术现已发展成为一门独立的学科。真空测量与控制是真空科学与技术的重要组成部分。

本书系统介绍了真空测量与控制的原理、技术和方法，内容涉及真空测量技术、各种真空传感器和仪器电路、真空校准和真空检漏的原理和方法、真空设备和真空系统的自动控制等。本书在编写过程中注意系统性和知识体系的完整性，力求反映新技术、新成果，努力做到系统性和实用性的统一。编写本书的主要目的在于让读者掌握真空度、分压力和全压力测量的方法及所用仪器的结构和工作原理，了解真空标准的一些常识，熟悉常用的真空检漏方法和检漏仪器，并会真空仪器电路、控制系统的初步分析和设计能力。

本书的绪论和第1章至第8章、第13章、第14章由朱武编写，第9章至第12章由干蜀毅编写。全书由朱武统稿，由合肥工业大学张以忱教授审阅。

本书在编写过程中，得到了合肥工业大学出版社的大力支持和帮助，在此对其表示衷心的感谢。

限于作者的水平，书中缺点，错误在所难免，恳请读者批评指正。

作者

2003年4月

目　录

0 绪 论

“真空”是指在指定空间内低于环境大气压力的气体状态，也就是该空间内气体分子密度低于该地区大气压的气体分子密度。不同的真空状态，就意味着该空间具有不同的分子密度。在标准状态（即0℃，101325Pa）下，气体的分子密度为$2.6870\times10^{25}\,m^{-3}$，而在真空度为$1\times10^{-4}$Pa时，气体的分子密度只有$2.65\times10^{16}\,m^{-3}$。

完全没有气体的空间状态称为绝对真空，绝对真空实际上是不存在的。

今天，真空技术的发展已可获得从大气压力直到10^{-14}Pa、宽达20个数量级的压力范围。随着真空获得和真空测量技术的改进，这个范围的下限正在不断降低。

真空分为人工真空和自然真空。人工真空是在地球上通过对一容器抽气而获得的；而地球上动物生命的某些功能中，天生就会使用“真空技术”，如人的呼吸可使胸腔呈真空状态（$9.7\times10^4\sim4\times10^4$Pa），这就是自然真空。地表面的上方是空间真空，随着距地面高度增加，压力逐渐降低，90km的高空压力约为10^{-1}Pa，1000km高空的压力约为10^{-8}Pa，而在10^4km高空压力可降至10^{-11}Pa。

近几十年来，真空技术由实验室转到工业生产中，随着原子能、半导体、宇宙航行、电子计算机和可控热核反应等技术的发展，真空技术得到了迅速的发展。真空技术是实现许多尖端技术的重要手段，在国民经济各行各业中有着广泛应用，现已发展成一门独立的学科。

本书介绍真空测量与控制方面的一些知识，内容涉及真空测量的基本原理、各种真空传感器、仪器电路、真空校准、真空检漏和真空设备及系统的自动控制等，它们是真空科学与技术的重要组成部分。

0.1 真空测量

真空测量就是真空度的测量，而真空度是指低于大气压力的气体稀薄程度。以压力表示真空度是由于历史上沿用下来的，并不十分合理。压力高意味着真空度低；反之，压力低意味着真空度高。

用以探测低压空间稀薄气体压力所用的仪器称为真空计。本书所述压力的测量是指比大气压力小得多的气体压力测量。

压力是一个力学量，为单位面积所承受的力。大气压力为101325Pa，直接测量这样大的压力是容易的，但在真空技术中，测量这样大的压力是比较少的。真空技术中遇到的气体压力都很低，如有时要测 10^{-10} Pa 的压力，这样极小的压力用直接测量单位面积所承受的力是不可能的。因此，测量真空度的办法通常是在气体中造成一定的物理现象，然后测量这个过程中与气体压力有关的某些物理量，再设法间接确定出真实压力来。例如先将被测气体压缩，使其压力增高，测出增高后的压力，再根据压缩比计算出原来的压力值，这就是所谓的压缩式真空计。也可以用一根热丝，测量气体热传导造成的某些结果，如热丝温度、电阻变化等，这就构成热传导真空计。还可以利用电子碰撞气体分子使之电离，用测得的离子流反应压力，这就是电离真空计。

真空计种类繁多、工作原理各异，除极少数几种是直接测量压力外，其他几乎都是间接测量压力的。

被测气体除少数情况外，多为混合气体。上述压力测量是指混合气体全压力测量。在近代真空测量技术中，分压力测量越来越重要。这里所说的分压力测量是指全面地测出混合气体各组成成分的分压力。这样，混合气体的全压力就等于其各组成成分的分压力之和。

现代分压力真空计都属于电离类，即先将气体电离，然后将所得的各成分离子加速，再把离子引进分析器，将离子分开，分别测出各成分离子流强度，便可知气体的成分和数量，分析器有磁的、电的、电磁结合的和其他方式的。有时只需知晓被测系统残余气体成分和相对含量，并不要求测出分压力值，这种仪器称为残余气体分析仪。

0.2 真空计校准

正确的压力测量必须对真空计进行校准。因为多数真空计是通过与压力有关的物理量来间接反映压力，而不能直接通过真空计有关参数计算求得压力值。这种真空计必须用标准真空计或能产生已知低压的校准装置进行校准。可以说，真空计校准是真空测量的基础，是发展真空测量的有力工具。

真空计量器具分三类：计量基准器具、计量标准器具和工作计量器具。前两类用于复现和传递真空度量值，统一全国真空度量值；而后一类是在现场应用。三种计量器具的不确定度依次降低。

0.3 真空检漏

随着科学技术和工业生产的不断发展，对真空设备提出的要求也越来越高。因此，检漏技术也就应运而兴。它不仅关系到产品性能指标能否上去，产品成本能否降低，而且还关系到整个加工周期能否缩短。因此，检漏技术也越来越受到重视。

理想的真空室应永远保持它同抽气真空系统断开时的真空度（压力）。而实际上，任何真空室在离开抽气系统之后，其压力总要上升。压力的升高是由于漏孔的漏气、室壁表面放气和通过室壁材料渗透进入的气体产生的。

从物理过程来看，真空系统就是在一面抽气一面漏气的条件下工作的，两者最后达到动态平衡。因此，要想得到较低的极限压力，应尽量提高有效抽速，并降低漏气率。在有效抽速一定时，降低漏气率就成了关键。

真空系统和真空容器的漏气，是由各种各样微小漏隙造成的。金属系统多发生在焊缝、可拆卸部位和材料缺陷之处（如铸件和板材的气孔、裂缝和夹渣等）；电真空器件的漏气多发生在金属 — 玻璃封接、金属 — 陶瓷封接处。总之，漏气之处是用肉眼看不出来的、微小的，必须用一定检漏方法或用一定的检漏仪器才能找出。

需要指出的是，任何真空系统，即使设计、加工、安装都非常满意，也不可能做到绝对不漏气。严格地讲，漏气是绝对的，而不漏气则是相对的，绝对不漏气是不存在的。我们通常所说的“不漏气”，一般是指系统上存在的漏孔的漏率远小于允许的漏率或检漏仪的最高灵敏度。

检漏的任务是：用适当的方法迅速判断漏气是否为主要矛盾；确定漏率，以便确定它是否在允许的范围内；选择合适的检漏方法并找出漏孔的确切位置，以便进行修补。

应当指出，只有当系统上所有漏孔的总漏率超出允许的漏率值时，才进行漏孔的定位工作。系统上虽有漏孔，但其总漏率在允许值之内时，一般便不必对漏孔进行定位。然而在个别情况下，除了规定总漏率不得超过允许值之外，还规定单个漏孔的漏率不得超过某一特定值。只要某一漏孔的漏率超出了该特定值，就必须将这一漏孔找出并加以修补。

0.4 真空测量仪器电路及其发展

真空仪器一般由测量系统、信号处理系统、控制系统、供电系统以及机械系统等组成。

测量系统由真空传感器（如真空计）、测量电路及真空度指示器（或记录仪）等三部分组成。传感器是仪器的核心，决定仪器的工作原理。通过真空传感器将表征气体压力的量变成电量，测量电路将其进行变换和放大，一般使用的测量电路为电桥和各种信号放大器。指示器用来显示和记录测量结果，如电表、数码管及记录仪等。

信号处理系统对仪器输出信号进行处理和数学计算，给出最终的分析结果。

控制系统为保证仪器正常工作进行协调，使仪器工作自动化。

供电系统为真空传感器和测量电路等供电，它提供稳定的直流电压、交流电压和高压电源等。

机械系统包括仪器的机械结构以及机械装置（如样品处理装置）等。

上述五个系统，有的真空仪器全部具备，有的真空仪器比较简单，仅具有其中几个部分。

上述系统中，除机械系统外，均以电子技术为基础，因此，真空仪器的性能与电子技术的水平有着密切的关系。随着电子技术的发展，真空仪器也不断更新换代。

真空测量仪器因工作原理不同，功能要求不同，其电路类型及结构也不同。但是，按照电路的基本特性来看，真空测量仪器电路可分为模拟式和数字式两大类。在我国，目前广泛使用的真空测量仪器，多数为模拟式电路；新近大量生产的真空测量仪器是以微机化、数字电路为主导，模拟式和数字式电路共存。上世纪60年代及其以前生产的真空测量仪器系电子管式电路；到70年代逐步变成电子管（或静电子管）与晶体管混合式电路以及全晶体管式电路；到了80年代，出现了以模拟电路为基础的数字电路、集成数字电路以及带微处理器的微机化电路；90年代以来，带微处理器的微机化电路广泛应用到真空测量仪器中。

随着电子技术、计算机技术的发展，真空测量仪器电路得到迅速发展，其主要发展趋势为：优质化、集成化、数字化、通用化、自动化与智能化。

0.5 真空设备控制技术

一般的真空设备都由真空系统、电气控制系统和工作部分等三者组成。

所谓工作部分即真空室，是真空工艺及真空实验实施的地方。真空系统则是由泵及阀门、管道等部件构成的排气装置。而电气控制装置则是完成真空工艺要求动作的控制，即通过电气控制装置使真空设备按操作指令进行工作。由于真空设备种类繁多，因此其电气控制电路也各不相同。

真空设备控制技术随着科学技术的不断发展和真空工艺的要求不断提高而迅速发展。在真空技术发展初期，真空泵的启动或停止、真空阀门的开启或关闭是手动控制的。真空室压力值的保持也是通过手动调整针阀实现的。随着电子技术的发展，真空装置上采用了电子式真空计及其他工业仪表。但是，这些真空计及工业仪表仅能向操作人员提供有关数据，至于真空装置的控制和真空工艺参数的调节，仍然要由操作人员根据真空工艺的要求和所观察到的仪表显示的数据进行分析、比较、判断而后实施。因此，这类真空装置的控制仍属于手动控制。手动控制不仅劳动强度大，而且对于某些工艺参数变化迅速、条件要求苛刻的真空装置的控制根本无法适应。因为，这类真空装置，不仅有大量的现象需要观察和分析，而且有成百上千个参数要求测量甚至控制。如此繁重的观察、测量和控制任务，已大大超过人们的感官、大脑的反应速度和处理能力。随着微电子技术、计算机技术的发展，真空继电器、压力控制仪等自控仪表以及可编程控制器、微型计算机等控制装置开始应用于真空装置，组成了各种自动控制系统，实现了真空装置和真空工艺过程的自动控制。所谓自动控制，实际上是对手动控制的一种模拟，它是利用机械的、电气的、电子的、液压的、气动的以及它们的组合构成的控制装置和仪器仪表，代替操作人员的眼、脑、手的职能，在没有人员直接参与下，使真空装置自动地按照预定的程序或规律运行，从而使真空工艺过程稳定，产品质量提高，劳动强度降低。因此，真空自动控制已成为真空技术中必要的技术条件，成为真空装置及真空工程技术水平高低的主要标志之一。由此可见，一部真空科学技术发展史，不仅仅是真空理论、真空获得、真空测量、真空应用的发展史，也是真空控制不断完善的发展史。

我国真空技术发展迅速。原子弹、氢弹的研制成功,高能加速器的运行,人造卫星的升空,载人航天的实现以及微电子技术、真空冶金等的蓬勃发展,均标志着我国的真空技术已经达到了相当高的水平。但新材料、新能源、高科技的发展,向真空提出了更高的要求和崭新的课题;与先进国家相比,我国的真空技术也还有很大的发展空间;我们要做的工作还很多,可研究的领域还很广泛。因此,真空工作者大有用武之地!

1 真空测量概述

1.1 真空度的表征、单位和真空区域划分

1.1.1 真空度的表征

用压力表示真空度是由历史上采用 U 型压力计测量真空所沿用下来的，这并不十分合理。

在一般真空系统中，通常以各向同性的中性气体的压力这一流体静力学的物理量表示真空度，因此，真空度的测量仅仅归结于压力的测量。但应特别注意测量条件，测量的对象是在有限的容器内的静止(随机运动)、稳态、各向同性单一的中性气体。在这种情况下，麦克斯威速度分布、余弦散射定律和流体静力学压力概念($p = nkT$，$v = 1/4nc$，$p = \rho gh$)都比较符合客观实际，真空度的测量也比较简单容易。

根据真空度定义，真空度最好用分子密度 n 表示，而以压力表示真空度与此并不矛盾。测量压力时，一般气体处于平衡态并满足麦克斯威速度分布定律，即 $p = nkT$ 成立。测量时气体温度 T 一定，所以气体压力 p 正比于分子密度 n。也就是说，此时压力是分子密度的量度，所以可以用压力表示真空度。

在空间研究中，研究对象是无限空间的运动($1 \sim 10\mathrm{kms^{-1}}$ 或更高)以及非稳态、综合环境作用下的复杂气氛，此时麦克斯威速度分布定律和余弦散射定律就不一定成立，所以压力也失去了原来的物理意义，真空度的测量比较复杂和困难了。

在一般情况下，以压力表示真空度是流行、沿用的，但并不是唯一的，还可以用如下参数表示真空度：

粒子密度 $n = p/(kT)$

分子平均自由程 $\bar{\lambda} = 1/(\sqrt{2}\pi n\sigma^2)$

碰撞次数 $z = \bar{c}/\bar{\lambda}$ ($\bar{c} = \sqrt{8RT/(\pi M)}$)

覆盖时间 $\tau = 4a/(n\bar{c})$ (a 为 $1\mathrm{m^2}$ 单分子层数)

当真空度很高即分子密度很小时，统计涨落十分明显，如压力 $p = 10^{-12}\,\mathrm{Pa}$ 时，统计涨落大于 5×10^{-2}，压力已失去真实意义。由此看来，在某些情况下，压力只是其他量的相对指示而已。

1.1.2　真空度单位

根据气体分子对表面碰撞而定义的气体压力，是碰撞单位表面积气体分子动量垂直分量的时间变化率，即单位面积上所受的力，单位为"帕斯卡"(Pascal)，简称"帕"(Pa)。

$$1\text{Pa} = 1\text{Nm}^{-2}$$

在工程上有时嫌帕的量值太小，常采用 kPa 和 MPa 表示压力。

低真空时，有时用"真空度百分数"表示，比如水环式真空泵、往复式真空泵和直排大气罗茨真空泵常用此单位表示真空度。当压力 $p > 10^2\text{Pa}$ 时，真空度百分数 δ 为

$$\delta = \frac{(p_0 - p)}{p_0} \times 100\%$$

式中：p_0—— 标准大气压力，Pa。

1.1.3　真空区域划分

有了量度真空度的单位，就可以定量地表示真空度的高低。但是，目前真空技术所涉及的压力范围已宽达 20 个数量级，为了使用方便，有时只需要粗略指出真空度的大致范围，通常定性地把真空粗略划分几个区域。划分区域的依据主要考虑真空状态下气体分子运动的物理特性、真空泵和真空计的有效工作范围等。

我国关于真空区域的划分，《真空技术名词术语(GB3163—1982)》中规定如下：

低真空　$10^5 \sim 10^2\text{Pa}$

中真空　$10^2 \sim 10^{-1}\text{Pa}$

高真空　$10^{-1} \sim 10^{-5}\text{Pa}$

超高真空　$< 10^{-5}\text{Pa}$

真空理论工作者推荐的真空区域划分如下：

粗真空　$10^3 \sim 10^5\text{Pa}$

低真空　$10^{-1} \sim 10^3\text{Pa}$

高真空　$10^{-6} \sim 10^{-1}\text{Pa}$

超高真空　$10^{-12} \sim 10^{-6}\text{Pa}$

极高真空　$< 10^{-12}\text{Pa}$

粗真空、低真空和高真空是依气体分子平均自由程与容器特征尺寸 d 相比的值来划分的。主要考虑：是气体分子之间的相互碰撞还是气体分子与器壁的相互碰撞对所出现的物理现象起决定性作用。

粗真空　$\bar{\lambda}/d < 10^{-3}$

低真空　$10^{-3} < \bar{\lambda}/d < 10$

高真空　$\bar{\lambda}/d > 10$

将高真空和超高真空的界限定为 10^{-6}Pa，主要是考虑真空物理吸附机制只有在压力 p

$<10^{-6}$ Pa时才开始明显，才可由扩散泵抽气获得，由B－A计进行压力测量。至于超高真空与极高真空的划分界限在 10^{-12} Pa，是因为 $p<10^{-12}$ Pa时，出现统计涨落（大于 5×10^{-2}）。

上述的真空区域划分，各区域均表示一个压力范围，原因是目前仍以压力表示真空度。但是，在低真空、高真空、超高真空和极高真空中，所说的压力是有着本质差别的，压力只是其他量的相对指示。

各个区域的真空物理特性、所用的真空泵和真空计详见表1－1。

国外关于真空区域划分也不一致，随着真空技术的发展，真空区域划分亦有变化。

表1－1　真空区间物理特点和典型真空泵、真空计

<table>
<tr><th rowspan="2">真空区间</th><th colspan="3">物理特点</th><th rowspan="2">主要采用的
真空泵</th><th rowspan="2">主要采用的
真空计</th></tr>
<tr><th>平均自由程</th><th>平均吸附时间</th><th>气体密度</th></tr>
<tr><td>粗真空
$10^5\sim10^3$ Pa</td><td>$\lambda\ll d$
(1) 气体分子之间的碰撞为主；
(2) 粘滞流</td><td rowspan="3">$\tau\ll\tau_f$
(1) 气体分子以空间飞行为主；
(2) 以气体分子运动论为决定物理本质的基本规律</td><td rowspan="2">n 很大</td><td>(1) 往复泵；
(2) 水环泵；
(3) 直排大气罗茨泵；
(4) 喷射泵</td><td>(1) 弹性元件真空计；
(2) U型管真空计；
(3) 放射性电离计；
(4) 振膜式真空计</td></tr>
<tr><td>低真空
$10^3\sim10^{-1}$ Pa</td><td>$\lambda\approx d$
过渡流</td><td>(1) 旋片泵；
(2) 滑阀泵；
(3) 余摆线泵；
(4) 油增压泵；
(5) 罗茨泵</td><td>(1) 热传导真空计；
(2) 压缩式真空计；
(3) 放射性电离计；
(4) 振膜式真空计；
(5) 放电管指示器</td></tr>
<tr><td>高真空
$10^{-1}\sim10^{-6}$ Pa</td><td>$\lambda\gg d$
(1) 气体分子与器壁碰撞为主；
(2) 分子流；
(3) 余弦定律为决定物理本质的基本定律</td><td rowspan="2">服从统计规律</td><td>(1) 扩散泵；
(2) 涡轮分子泵</td><td>(1) 热阴极电离真空计；
(2) 冷阴极电离真空计；
(3) B—A计</td></tr>
<tr><td>超高真空
$10^{-6}\sim10^{-12}$ Pa</td><td></td><td>$\tau\gg\tau_f$
(1) 气体在固体表面吸附停留为主（清洁表面形成单分子层时间大于1分钟）；
(2) 表面物理化学为决定物理本质的基本规律</td><td>(1) 加阱扩散泵；
(2) 涡轮分子泵；
(3) 钛离子泵</td><td>(1) B—A计；
(2) 各种改进型电离计；
(3) 磁控式电离真空计</td></tr>
<tr><td>极高真空
$<10^{-12}$ Pa</td><td></td><td></td><td>n 较小，统计涨落大于 5×10^{-2}</td><td>(1) 冷凝泵；
(2) 冷凝升华钛泵</td><td>冷阴极或热阴极磁控电离真空计</td></tr>
</table>

1.2　真空计分类

真空计种类繁多，为了研究和使用方便，合理分类是很重要的。角度不同，分类方法也不同，这里介绍两种常用的分类法。

1.2.1　按真空计刻度方法分类

(1) 绝对真空计：直接读取气体压力，其压力响应（刻度）可通过自身几何尺寸计算出来或由测力计确定。绝对真空计对所有气体都是准确的且与气体种类无关。属于绝对真空计的有U型管压力计、压缩式真空计和热辐射真空计等。

(2) 相对真空计:由一些与气体压力有函数关系的量来确定压力,不能通过简单的计算进行刻度,必须进行校准才能刻度。相对真空计一般由作为传感器的真空计规管和用于控制、指示的测量器组成,读数与气体种类有关。相对真空计的种类很多,如热传导真空计和电离真空计等。

1.2.2 按真空计测量原理分类

按真空计测量原理分类,可以分成直接测量真空计和间接测量真空计。

直接测量真空计系直接测量单位面积上的力,属于这类真空计的有:

(1) 静态液位真空计。利用U型管两端液面差来测量压力。

(2) 弹性元件真空计。利用与真空相连的容器表面上受到压力的作用而产生弹性变形来测量压力值的大小。

压力为10^{-1}Pa时,作用在1cm^{2}表面上的力只有10^{-5}N,显然测量这样小的力是困难的,但可根据低压下与气体压力有关的物理量的变化来间接测量压力的变化。属于间接测量真空计的有:

(1) 压缩式真空计。其原理是在U型管的基础上再应用波义耳定律,即将一定量待测压力的气体,经过等温压缩使之压力增大,以便用U型管真空计测量,然后用体积和压力的关系计算被测压力。

(2) 热传导真空计。利用低压下气体热传导与压力有关这一原理制成。常用的有电阻真空计和热偶真空计。

(3) 热辐射真空计。利用低压下气体热辐射与压力有关的原理。

(4) 电离真空计。利用低压下气体分子被荷能粒子碰撞电离,产生的离子流随压力变化的原理。如热阴极电离真空计、冷阴极电离真空计和放射性电离真空计等。

(5) 放电管指示器。利用气体放电情况和放电颜色与压力有关的性质判定真空度,一般仅能作为定性测量。

(6) 粘滞真空计。利用低压下气体与容器壁的动量交换即外摩擦原理。如振膜式真空计和磁悬浮转子真空计。

(7) 场致显微仪。以吸附和解吸时间与压力的关系计算压力。

(8) 分压力真空计。利用质谱技术进行混合气体分压力测量。常用的有四极质谱计、回旋质谱计和射频质谱计等。

1.3 真空计测量范围

压力测量中,除极少数直接测量外,绝大多数是间接测量,即先在被测气体中引起一定的物理现象,然后再测量这一过程中与压力有关的物理量,进而设法确定压力值。这是真空测量的特点，但亦会造成某些问题。

任何具体物理现象与压力的关系，都是在某一压力范围内才最显著，超出这个范围，关系就变弱了。因此，任何方法都有其一定的测量范围，这个范围就是真空计的“量程”。尽可能扩展每一种方法的量程，是真空科学研究的重要内容之一。近代真空技术所涉及的压力范围宽达20个数量级（$10^5 \sim 10^{-14}$ Pa），没有任何一种真空计能测量如此宽的压力范围，因此总是用几种真空计分别管辖一定的区域。但由于各种真空计在原理上的差异，在相互衔接的区域，往往要造成较大的误差。

在被测空间引起一定物理现象时，还会出现这样的问题，即从测量的角度出发，本需要一种单纯的物理现象，但有时却不可避免地带来一系列寄生现象，这些寄生现象不但给测量带来误差，有时还会“喧宾夺主”，完全把主要现象掩盖住了。在利用电子碰撞气体分子的方法中，荷能电子最终要打到电子收集极上，其能量急剧损失的过程会发射软X射线，这种射线又导致一些电极产生光电发射，最后影响到离子流的测量。电离的方法是目前高真空和超高真空测量中使用最广泛的，可是它的寄生现象也特别多，它在应用时有抽气作用，有时又出现放气作用。电子碰撞电极除产生上述X射线外，还会出现电子碰撞脱附现象。有时在热阴极电离真空计中，由于阴极处于高温，气体在其上发生化学变化，因而改变气体成分。热阴极有时会发射正离子或中性粒子，热阴极显然改变规管内温度，其辐射热导致其他电极温度升高，产生热发射和变形效应。

由上观之，为改善真空计性能及提高真空测量准确度，必须突出主要现象，抑制寄生现象。表1-2给出了一些真空计的压力测量范围。

表1-2　一些真空计的压力测量范围

真空计名称	测量范围(Pa)	真空计名称	测量范围(Pa)
水银U型管	$10^5 \sim 10$	高真空电离真空计	$10^{-1} \sim 10^{-5}$
油U型管	$10^4 \sim 1$	高压力电离真空计	$10^2 \sim 10^{-4}$
光干涉油微压计	$1 \sim 10^{-2}$	B—A计	$10^{-1} \sim 10^{-8}$
压缩式真空计(一般型)	$10^{-1} \sim 10^{-3}$	宽量程电离真空计	$10 \sim 10^{-8}$
压缩式真空计(特殊型)	$10^{-1} \sim 10^{-5}$	放射性电离真空计	$10^5 \sim 10^{-1}$
弹性变形真空计	$10^5 \sim 10^2$	冷阴极磁放电真空计	$1 \sim 10^{-5}$
薄膜真空计	$10^5 \sim 10^{-2}$	磁控管型电离真空计	$10^{-2} \sim 10^{-11}$
振膜真空计	$10^5 \sim 10^{-2}$	热辐射真空计	$10^{-1} \sim 10^{-5}$
热传导真空计(一般型)	$10^2 \sim 10^{-1}$	分压力真空计	$10^{-1} \sim 10^{-14}$
热传导真空计(对流型)	$10^5 \sim 10^{-1}$		

1.4 真空测量的特点和真空计选择原则

1.4.1 真空测量的特点

(1) 测量压力范围宽,为 $10^5 \sim 10^{-14}$ Pa。

(2) 大部分真空计是间接测量,只有压力为 $10^5 \sim 10$Pa 时,可直接测单位面积所受的力。但大多数真空测量的压力比上述要小,不能直接测量,应利用低压下气体的某些特性(如热传导、粘滞性和电离等) 进行间接测量。

(3) 多采用非电量电测技术。由于非电量电测技术具有灵敏度高、反应迅速、可实现自动和远距离测量,因此,大部分真空计采用这一方法。电子式真空计是由真空测量规管和电子测量电路(控制和指示单元) 两部分组成。规管是敏感元件,它利用气体在低压下的某些特性将非电量的气体压力转变成电信号,再由测量电路将规管输出的电信号进行放大和显示。必要时,将输出信号送至自动记录仪和自动控制设备中,实现真空设备自动化。规管将非电量压力转变成电量所需的条件,由测量电路的控制单元提供。

(4) 部分真空计的读数与气体种类和成分有关。所以测量时要特别注意被测量气体种类和成分,否则会造成很大误差。

(5) 测量精度不高。在间接测量压力过程中,往往需要外加能量来协助。外加能量可能是热能、电能、机械能和放射能等。这样,在引入外加能量的同时,也不可避免地引进了测量误差。因此,真空测量仪表的精度比其他物理测量仪表要低。如真空测量基准仪表和标准仪表的不确定度为$(2 \sim 10) \times 10^{-2}$,工作仪表的测量误差在 $\pm 20 \times 10^{-2}$ 以内就很好了。

1.4.2 选择真空计的原则

各种真空计都有这样或那样的问题,仅就适用的压力范围而言就相当复杂。选择真空计需要相当丰富的知识,可按如下顺序考虑:

(1) 在要求的压力区域内有要求的精度。

(2) 被测气体是否会损伤真空计?真空计会不会给被测气体状态带来影响?

(3) 能测全压力吗?可校准吗?灵敏度与气体种类是否有关?

(4) 可否连续指示、电气指示以及反应时间长短怎样?

(5) 稳定性、复现性、可靠性和寿命如何?

(6) 真空计的安装方法,操作性能、保修、管理、市场情况,购买的难易程度和规格等。

除考虑上述问题外,还要查阅参考书、样本或直接向生产厂家、供应商查询。

2 液位式真空计

2.1 U型管真空计

人类最早对于气体压力的测量，是从托里拆利(Torricelli)实验开始的。U型管真空计是使用历史最长、结构最简单的测量压力的仪器，它通常是用玻璃管制成，其工作液体有多种，通常为水银。管的一端与待测压力的真空容器相连，另一端是封死的或开口与大气相通，以U型管两端的液面差来指示真空度。U型管真空计的测量范围为10^5～10Pa，它是一种绝对真空计。

2.1.1 U型管真空计的分类

由于U型管一端接至待测真空系统上，另一端开口接通大气或是封闭的，所以分为两种形式。

(1) 开式U型管真空计：将U型管内充入适量的工作液(如水银)，一端开口接大气(即环境大气压力p_0)，另一端与被测真空系统相连接(待测压力p)，如图2-1所示。在开始抽气前，U型管两端均为大气压力，两端液面处于同一高度。当真空系统抽气后，随着压力p的降低，两端液面的高度差随之增大，在某一瞬间两端处于液体静压力平衡状态时，有

$$p = p_0 - \rho g h$$

式中：p—— 待测压力；

p_0—— 环境大气压力；

h—— 两液面高度差；

ρ—— 工作液密度；

g—— 重力加速度。

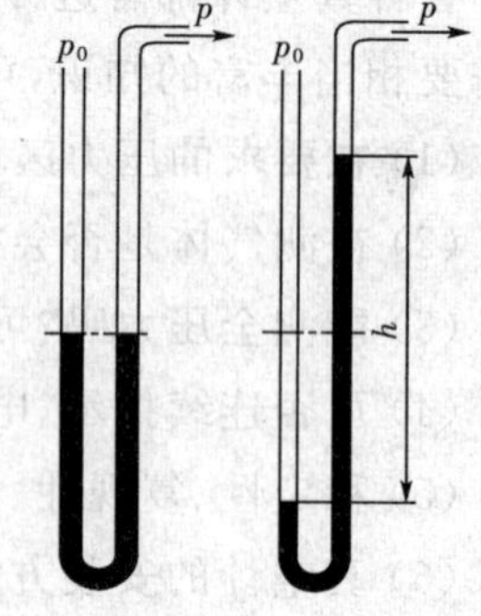

图2-1 开式U型管真空计

可以看出，开式U型管真空计的压力指示与环境大气压力p_0有关。如果测量时的环境大气压力已知(要用测压计读出)，那么当测出液面差h后就可用上式计算出待测真空系统的压力值p。

当工作液体为水银时，其密度$\rho = 13.595 \times 10^3 \mathrm{kgm^{-3}}$，重力加速度为$g = 9.80665 \mathrm{ms^{-2}}$，则

$$p = p_0 - 1.333 \times 10^5 h \quad (2-1)$$

式中：p、p_0 的单位为 Pa；h 的单位为 m。

(2) 闭式 U 型管真空计：如图 2-2 所示，把管内预先抽至压力为 10^{-1}Pa 以下，然后将工作液（如水银）注入管内，其开口端与待测真空系统相连接。真空系统抽气前，真空系统内的压力等于环境大气压力，则工作液充满封闭端形成最大液面差 h_0；当系统抽气到某一瞬间，两端液面处于液面静压力平衡时，待测压力值可用下式求得（忽略封闭端内压力对液面的影响），即

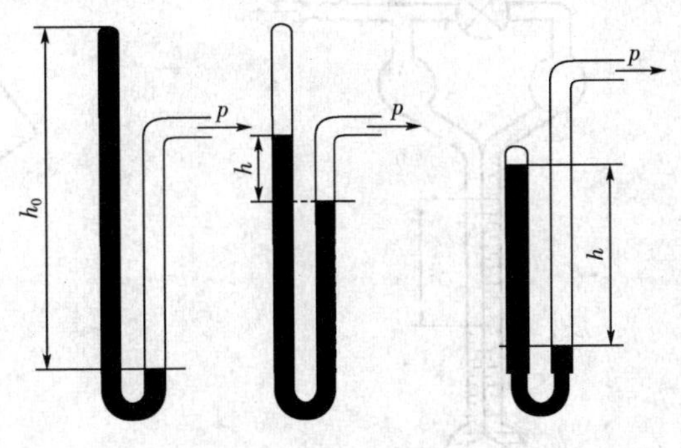

图 2-2 闭式 U 型管真空计

$$p = \rho g h$$

如工作液为水银，则

$$p = 1.333 \times 10^5 h \quad (2-2)$$

式中：h 为液面高度差，m。

闭式 U 型管真空计与开式 U 型管真空计相比较，使用起来更方便，而且在测量压力时无需从大数值开始，U 型管可做得短些。为了防止待测系统内突然进入大气时，封闭端被工作液冲破，可以把 U 型管转弯处做成狭细的毛细管，用来缓和工作液的移动速度。

2.1.2 U 型管真空计的改进形式

U 型管真空计所能测量的最低压力即其测量下限 p_{min}。当压力 p 很小时，开式 U 型管真空计液面差 $h \to p_0/(\rho g)$，闭式 U 型管真空计液面差 $h \to 0$。这时读液面差数值就有困难了，一般用肉眼所能正确观测的最小液面差约为 0.5～1mm，如用水银做工作液，则 $p_{min} = 66.5 \sim 133$Pa。另外，开式 U 型管真空计的读数受环境大气压力的影响；闭式 U 型管真空计受封闭端内工作液放气的影响，使管内压力增加，给读数带来误差。为了延伸测量下限和减小测量误差，除改用比水银密度小的液体（如油）做工作液外，还可将其结构做些改进。

(1) 用密度较小的液体来替换水银。常用的有 274 硅油、扩散泵油、3 号变压器油、硼钨酸镉等。例如用 274 硅油（它具有饱和蒸气压低、粘度小等特点）来代替水银制成油 U 型管真空计，这时同样的压力差就会造成较大的液面高度差，其放大倍数由水银和油密度比来决定，这种方法可使测量下限延伸一个数量级左右。

(2) 改进闭式 U 型管真空计的结构。为了减小封闭端管内压力对测量的影响，将其结构改进后如图 2-3 所示，在 U 型管左右两支管间加一个二通阀 K。在不测量时，阀 K 将左右两支管接通，两边液面处于同一高度；在进行测量时，先将两端支管内压力抽到 10^{-1}Pa 以下，然后转动阀 K 将左右支管隔断，左支管就变成封闭端。测量过程中随着待测压力 p 的变化，两边液面高度差 h 就随之变化，读出 h 的变化即可算出压力 p 的数值。这种结构可以

减小封闭端因工作液放气给测量带来的误差。

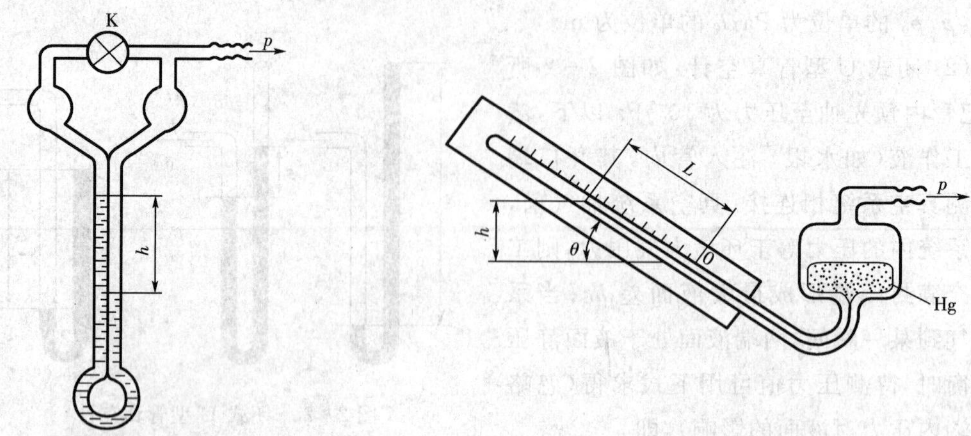

图 2-3　油 U 型管真空计　　　　图 2-4　斜罩式 U 型管真空计

(3) 斜置式U型管真空计。如图 2-4 所示，液面垂直方向较小的高度差，在倾斜的方向上就出现较大的长度差，待测压力 p 可由斜管内液柱长度 L 和倾斜角 θ 计算出来。由于垂直大管(工作液贮器)的横截面积 A_2 远远大于斜管的横截面积 A_1(一般 $A_2/A_1 > 200$)，大管内液面的变化可以忽略不计，因此，被测压力可近似地用下式求得

$$p = \rho g\ L \cdot \sin\theta \tag{2-3}$$

还有用光干涉方法制成光干涉油微压计，测量范围为 $1 \sim 10^{-2}$ Pa，准确度达 $\pm 1.5 \times 10^{-2}$。

2.2　压缩式真空计

压缩式真空计是对 U 型管真空计的重大改进，它是依据理想气体的波义耳定律制成的。由于它首先是由麦克劳提出的，故此种真空计又称为麦克劳真空计(简称麦氏计)。

压缩式真空计是测量压力低于 1Pa 时用的绝对真空计，并且从 1874 年至今仍作为校准其他真空计的主要仪器。

2.2.1　结构及工作原理

图 2-5 所示为一种工作用压缩式真空计，它是用硬质玻璃吹制而成。由测量毛细管 3(顶端为封闭端)、比较毛细管 4、玻璃泡 2、水银贮器 1、三通阀 7、与被测真空系统相连接的导管 6 和刻度尺 5 等组成。

为减小测量误差，测量毛细管和比较毛细管用同一根毛细管截断制成，这样可较好地保持两者内径的均匀性。为使待测系统压力与玻璃泡内的压力一致，导管 6 要用较粗的玻璃管制成，保证其有足够的通导能力。

由于压缩式真空计是依据理想气体的波义耳定律制成的，所以其前提条件是被测真空系统内的气体必须是适用波义耳定律的，否则将给测量带来误差；再者要求在测量时真

空系统内压力稳定。

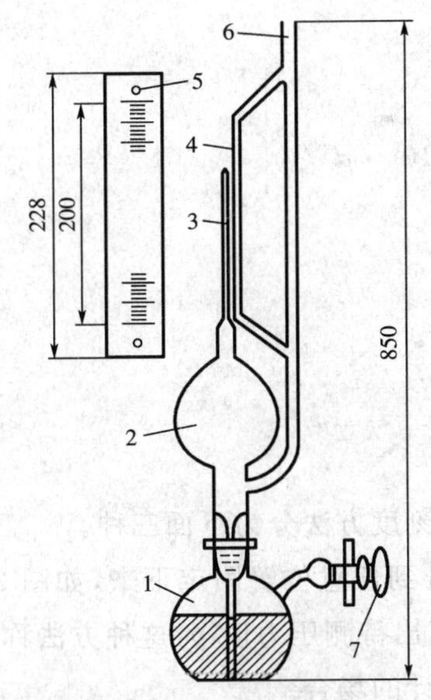

图 2-5 压缩式真空计

1— 水银贮器 2— 玻璃泡 3— 测量毛细管

4— 比较毛细管 5— 刻度尺 6— 导管 7— 三通阀

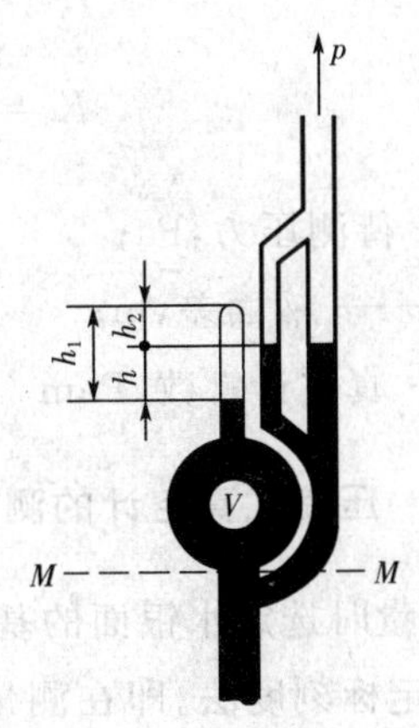

图 2-6 压缩式真空计测量图

测量前将压缩式真空计的导管与被测系统相连接，由于系统内压力各处相等，所以玻璃泡和测量毛细管内的压力与待测系统内的压力 p 相等。测量时用任一种方法将水银面提升，当水银面提升到 $M—M$ 面时（见图 2-6），被测系统与玻璃泡隔断，玻璃泡以上内部压力与被测系统内压力 p 相等。设 $M—M$ 以上包括测量毛细管和玻璃泡体积之和为 V。当继续提升水银时，玻璃泡内的气体被压缩，体积减小，压力增高。

当水银面停在如图 2-6 所示的位置时，测量毛细管内的气体体积为 V_1，压力为 p_2，而比较毛细管内压力仍为 p。测量毛细管和比较毛细管液面高度差为 $h = h_1 - h_2$，则测量毛细管内的压力 $p_2 = \rho gh + p$。根据波义耳定律可得

$$pV = p_2 V_1 = (\rho gh + p) \cdot V_1$$

即

$$p = \frac{V_1}{V} \cdot (\rho gh + p)$$

因为一般用压缩式真空计测量低压，即 $p \ll \rho gh$，故等式右边的 p 可以忽略。于是，上式可以写成

$$p = \frac{V_1}{V} \cdot \rho gh$$

又因为测量毛细管压缩后的气体容积 $V_1 = \frac{\pi d^2}{4} \cdot h_1$，经整理得

$$p = \frac{\pi d^2}{4} \rho g h_1 (h_1 - h_2)$$

此式即为压缩式真空计的基本方程式。式中 d 为测量毛细管的内径。V 和 d 在吹制压缩式真空计时可测得为已知数据，则

$$\left.\begin{aligned} p &= Kh_1(h_1 - h_2) \\ K &= \frac{\pi d^2}{4V}\rho g = 1.05 \times 10^5 \cdot d^2/V \end{aligned}\right\} \tag{2-4}$$

式中：p—— 待测压力，Pa；

h_1、h_2—— 液面差，m；

K—— 真空计常数，Pam^{-2}

2.2.2 压缩式真空计的测量刻度

根据测量时选定水银面的基准线位置的不同，刻度方法分为下面三种。

(1) 无定标刻度法。即在测量时，将水银面提升到任意位置固定下来，如图 2-6 的位置，分别测出 h_1 和 h_2 值，代入基本方程式就可计算出待测压力值 p，这种方法称为无定标刻度法。此法多用于作为标准计校对其他相对真空计的场合。

(2) 平方刻度法。在测量时，将比较毛细管中水银面提升到与测量毛细管内顶端同一水平线(基准线)上，即此时 $h_2 = 0$，则基本方程式可写成

$$p = Kh^2 \tag{2-5}$$

可见压力 p 与水银面高度差 h 的平方成正比，所以此法称为平方刻度法。

(3) 直线刻度法。在测量时，将水银面提升到测量毛细管上某一位置(此位置作为基准线)，即 $h_1 =$ 常数，则基本方程式写成

$$p = K \cdot h_1 \cdot h = K_{\text{line}} h \tag{2-6}$$

式中 K_{line} 为直线刻度真空计常数，单位为 Pam^{-1}。所以 p 与水银液面高度差 h 成直线关系，故称为直线刻度法。

在刻度过程中，h_1 可选其等于任意值，选定一个值(一条基准线)就可有一对应的刻度尺。因此，同一台压缩式真空计可同时选定几个 h_1 值，对应地就有几个不同的刻度尺。

2.2.3 压缩式真空计灵敏度及测量范围

压缩式真空计灵敏度可定义为 dh/dp，即单位压力变化所对应的水银液面高度变化。一台压缩式真空计可以有一个平方刻度，同时还可以有几个直线刻度。

对于平方刻度，由式(2-5)求得灵敏度为

$$\frac{dh}{dp} = \frac{1}{2Kh} \tag{2-7}$$

由式(2-7)可看出，平方刻度时灵敏度与水银液面高度差 h 有关，即与被测压力有关。最高灵敏度出现在最小的 h 值上，即出现在低压力时。还可以看出，降低 K 可以提高灵敏度，也

就是应增大玻璃泡的容积 V 和减小毛细管的直径 d。

在使用直线刻度时，压力由式(2-6)表示，其灵敏度为

$$\frac{dh}{dp}=\frac{1}{K_{\text{line}}} \tag{2-8}$$

由式(2-8)可见，灵敏度与 h 无关，即在全量程上各点灵敏度都恒定不变。

灵敏度主要取决于 V、d、h 等值。若 V 过大，充填真空计所需的水银量就过多，则水银的重量就可能将玻璃泡压碎，所以一般合理的 V 约为 500cm^3 左右；毛细管直径 d 如过小，在水银下降时由于表面张力而可能使其停留在毛细管里，给测量造成困难，所以一般毛细管内径最小取 $d=0.8\text{mm}$ 左右；水银面高度差 h 如果小于 1mm，也会造成较大测量误差。因此，压缩式真空计灵敏度在 $(2\sim5)\times10^{-3}\text{mm/Pa}$ 范围内。

压缩式真空计的压力测量范围也取决于 V、d、h 和毛细管的总长度。如取 $h=1\text{mm}$，毛细管最长取 100mm，则采用平方刻度测量的压力范围为 4 个数量级，而直线刻度的压力测量范围只有两个数量级。因此，工作用压缩式真空计的测量范围为 $10^2\sim10^{-3}\text{Pa}$。为了扩展测量范围，可对其结构进行改进设计，如测量高压力（低真空）的宽量程压缩式真空计、旋转式压缩式真空计、测量高真空的油压缩式真空计，等等。

图 2-7 所示为旋转式压缩式真空计。其操作方便，用平方刻度法测量。由于结构尺寸较小，毛细管内径较粗，所以其测量范围为 $10^2\sim10^{-1}\text{Pa}$。在不测量时将真空计水平放置（如图 2-7a 所示），水银流入贮存器中，真空计其余部分与被测真空系统相通。真空系统被抽空后进行测量时，将真空计旋转至垂直位置（如图 2-7b 所示），水银升到毛细管内。充入真空计中的水银量，在垂直位置时比较毛细管中的水银面正好处在测量毛细管的内部顶端（基准线处）。

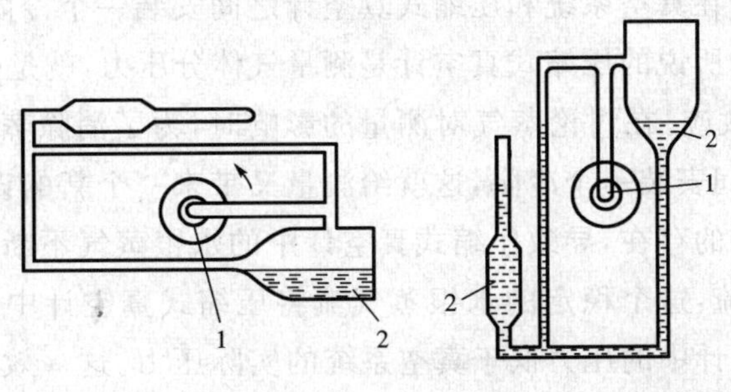

图 2-7 旋转式压缩式真空计

1—旋转中心 2—水银

2.2.4 影响压缩式真空计测量的主要因素

尽管压缩式真空计具有较高的可靠性，但是还存在许多产生测量误差的因素，下面就几个主要因素进行简要的分析。

(1) 蒸气对测量的影响。通常在被测量的真空系统中，总是有些蒸气存在，如压缩式真

空计工作液本身就是一个蒸气源，此外还有部分水蒸气和其他蒸气源等。由于这种真空计是基于理想气体波义耳定律工作的，所以应对蒸气进行分析，了解它对测量的影响。

任何蒸气被压缩到其饱和蒸气压时，压力就不再因压缩而增高，因此压缩式真空计显然不能正确测出蒸气的压力，需要做具体分析。

对于工作液水银来说，在室温下，其饱和蒸气压约为 10^{-1}Pa 左右，同时存在于测量毛细管和比较毛细管水银面上，故不能造成任何水银柱的高度差，这就意味着压缩式真空计任何时候都不能反映出它本身工作液的蒸气压。但是，这种蒸气压却能扩散到真空系统中去，因此必须在真空系统和压缩式真空计之间安装一个冷阱，用来消除水银蒸气对真空系统的影响，这时进入真空系统的水银蒸气只相当于冷凝温度的水银饱和蒸气压，如用液氮冷阱，其值低于 10^{-30}Pa。

对于饱和蒸气压小于30Pa的未饱和蒸气，压缩后在测量毛细管中达到饱和蒸气压，而在比较毛细管中仍为未饱和蒸气，故二者之间就会出现小于0.2mm的水银面高度差，这个高度差用肉眼很难读出，故这类蒸气的压力就不能反映出来。机械泵油（饱和蒸气压在 $10^{-2}\sim10^{-3}$Pa）、扩散泵油（饱和蒸气压在 $10^{-4}\sim10^{-3}$Pa）即属于这种情况。

对于饱和蒸气压大于500Pa的未饱和蒸气，压缩后测量毛细管中达到饱和蒸气压，而比较毛细管中尚未达到饱和蒸气压，就会使水银面出现0.2mm以上的高度差，已可以用肉眼观察出来，这时的读数可认为是饱和蒸气压值。真空系统中残存的一些水蒸气即属此种情况。

真空系统中最典型的情况是永久性气体和某些蒸气的混合体，而且其比例无法确定，用压缩式真空计测量时，读出的数值究竟是永久性气体的分压、蒸气的饱和蒸气压还是全压（永久性气体分压和蒸气分压之和），这就要按上述情况做具体分析。因此，为了排除蒸气给测量带来麻烦，常在真空系统和压缩式真空计之间安装一个冷阱，这样测得的为永久性气体分压。所以通常所说的压缩式真空计是测量气体分压力，就是指带冷阱而言的。

(2) 水银蒸气流效应。在讨论蒸气对测量的影响时，为了消除蒸气的影响而在真空系统与压缩式真空计之间安装一个冷阱，这就给测量又带来一个新的误差来源，即水银蒸气流效应。它是由于冷阱的存在，导致压缩式真空计中的水银蒸气不断向冷阱方向流动形成一个稳定的水银蒸气流，这个稳定的水银蒸气流将压缩式真空计中的气体分子带向真空系统，造成压缩式真空计中的压力低于真空系统的实际压力。这一效应在压力测量下限时引起近 20×10^{-2} 的系统误差。为了克服这一现象，一般在压缩式真空计连接管口处安置一个阀门，在进行测量读数前先将该阀门关上，切断水银蒸气流与冷阱间的气路。

(3) 不稳定的毛细作用。由于压缩式真空计测量毛细管和比较毛细管内径的不均匀性、表面状况不同等原因，致使毛细管中水银不规则运动所引起的一系列异常现象，给测量带来误差。为了减小其影响，最早采用的方法是对毛细管内径进行磨毛加工，提高毛细管内径的均匀性。有文献提出了“摩擦阻力是引起毛细管中水银不规则运动的主要原因”的假设，并采用涂油润滑的方法，即在毛细管内表面涂一层厚度约为 3μm 的均匀油膜（DC—704 硅油），可较好地消除毛细管中发生的一系列异常现象。

除上述因素外，还有静电效应、温度变化、结构尺寸不准确、偏离理想气体的波义耳定律、连接管和真空计玻璃的出气等，都可给测量带来误差。

2.2.5　压缩式真空计的使用

(1) 压缩式真空计的型式

使用压缩式真空计测量压力时，必须提升水银压缩测量毛细管中的气体。目前升降水银的方法很多，归纳起来有用改变水银贮存器的位置、改变水银面和改变水银贮存器容积等三种形式。

根据升降水银的方式不同和压缩式真空计外形结构尺寸情况，工作用压缩式真空计主要有以下三种型式。

① 立式压缩式真空计(如图 2－8 所示)：是采用改变水银容器位置的办法来升降水银的，可以用手动或一些机械的办法实现。又由于其外形尺寸较高，所以称为立式压缩式真空计。

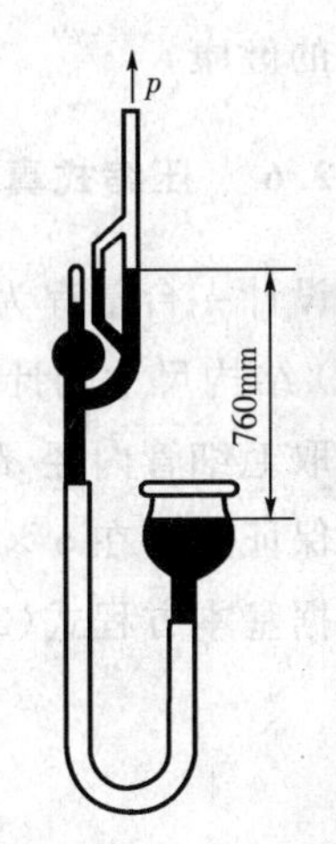

图 2－8　立式压缩式真空计

② 座式压缩式真空计：是采用改变水银贮存器内水银面位置来升降水银，通常是用三通阀分别与大气或真空泵相接通实现升降水银的。如图 2－5 所示，即当三通阀 7 接通大气时提升水银，而当三通阀接通真空时降低水银液面。由于其外形尺寸较立式压缩式真空计短，故称座式压缩式真空计。

③ 旋转压缩式真空计：如图 2－7 所示，该真空计可绕旋转中心旋转，使测量毛细管处于水平或垂直位置，即相应改变水银面的位置来实现测量过程。其外形短小紧凑，故也称为短式压缩式真空计。

(2) 压缩式真空计的特点

① 刻度与气体种类无关，这是对永久性气体而言。被测压力值可根据结构尺寸和测得的水银液面高度差计算出来，不需用其他仪器校准，故压缩式真空计是绝对真空计。

② 测量范围较宽、精度较高。工作用压缩式真空计的测量范围为 $10^2 \sim 10^{-3}$ Pa，对其结构尺寸进行改进后可使量程进一步扩大。其测量精度比较高，一般相对误差在 10×10^{-2} 左右。

③ 不能连续测量。由于每测量一次需升降水银一次，故不能连续读数，操作费时。

④ 水银蒸气对人体有害。这是其主要缺点，故一般只作为标准计使用，在工业生产中应尽量少用压缩式真空计，避免造成水银蒸气对工作环境的污染。

(3) 使用压缩式真空计应注意的几个问题

① 首先应根据待测量的对象选择适当量程的压缩式真空计，以保证较高的测量精度。

② 压缩式真空计在装入水银之前，要对压缩式真空计和水银分别进行严格的清洗处理。对压缩式真空计的清洗方法是：先用清洁水充分冲洗，再将重铬酸钾与浓硫酸的饱和

溶液灌入真空计中。为使溶液能进入到毛细管中去，需先用真空泵进行抽空再将溶液压入毛细管中，至少需要浸泡24h以上。经过浸泡后的真空计再用蒸馏水多次清洗，最后放入温度为70℃～100℃的烘箱中烘干。水银要选用99.9×10^{-2}化学纯的水银，用5×10^{-2}的稀硝酸充分清洗，然后用蒸馏水清洗，最后用无水乙醇清洗后方可使用。最好用经过真空蒸馏的水银装入压缩式真空计。

③ 在进行测量时，提升水银要缓慢平稳，严禁振动，当水银面接近玻璃泡与毛细管过渡截面时，要稍停一会再提升水银，以免水银将毛细管冲破造成事故。另外在水银面接近基准线时更要平稳地对准基准线，以减小测量误差。

④ 在做较高精度测量时，目测不能满足要求，应采用测高仪进行读数。

⑤ 在使用压缩式真空计的场所，要采取防止水银污染的措施，免得造成公害及损害工作人员的健康，

2.2.6 压缩式真空计计算举例

试设计一台量程为$1\sim5\times10^{-4}$Pa的压缩式真空计，并画出其平方刻度尺。

(1) 结构尺寸的计算与选择

选取毛细管内径$d=0.8\text{mm}$。

为保证压力在5×10^{-4}Pa时有较高精度，取此时水银面高度差$h=1.5\text{mm}$。

根据基本方程式(2-4)和式(2-5)，有

$$p=1.05\times10^{5}\times d^{2}h^{2}/V$$

即

$$\begin{aligned}V&=1.05\times10^{5}\times d^{2}h^{2}/p\\&=1.05\times10^{5}\times(8\times10^{-4})^{2}\times(1.5\times10^{-3})^{2}/5\times10^{-4}\\&=3.024\times10^{-4}\,\text{m}^{3}\end{aligned}$$

取$V=3.1\times10^{-4}\,\text{m}^{3}$。

若取长度$L=0.1\text{m}$的测量毛细管，即在水银面高度差$h=0.1\text{m}$时，该真空计测量上限p_{max}为

$$\begin{aligned}p_{max}&=1.05\times10^{5}\times d^{2}h^{2}/V\\&=1.05\times10^{5}\times(8\times10^{-4})^{2}\times0.1^{2}/3.1\times10^{-4}\\&=2.17\text{Pa}\end{aligned}$$

当取$h=1.5\text{mm}$时，测量下限p_{min}为

$$p_{min}=1.05\times10^{5}\times(8\times10^{-4})^{2}\times(1.5\times10^{-3})^{2}/3.1\times10^{-4}=4.9\times10^{-4}\text{Pa}$$

可见，取毛细管内径$d=0.8\text{mm}$，毛细管长度$L=100\text{mm}$，玻璃泡容积$V=3.1\times10^{-4}\,\text{m}^{3}$，其测量范围为$2.17\sim4.9\times10^{-4}$Pa，达到设计要求。

至于所需水银量，应当考虑提升水银的方式，即连接管路的容积等，其总量必须大于 $3.1\times10^{-4}\,m^3$，视具体结构而定。

(2) 画制平方刻度尺

即求出其测量范围 $p_{min}\sim p_{max}$（$5\times10^{-4}\sim2Pa$）内相对应的水银面距离基准线的高度差 h 值。根据公式(2-4)和式(2-5)可写出

$$h=\sqrt{\frac{pV}{1.05\times10^5d^2}}$$

代入已知数据 $V=3.1\times10^{-4}\,m^3$，$d=8\times10^{-4}\,m$，则有

$$h=\sqrt{\frac{3.1\times10^{-4}\cdot p}{1.05\times10^5\times(8\times10^{-4})^2}}=6.792\times10^{-2}\sqrt{p}$$

当 $p_1=5\times10^{-4}\,Pa$ 时，则

$$h_1=6.792\times10^{-2}\sqrt{5\times10^{-4}}=1.5\times10^{-3}\,m=1.5mm$$

同理可计算出：

p_i(Pa)	h_i(mm)	p_i(Pa)	h_i(mm)
1×10^{-3}	2.15	1×10^{-1}	21.48
5×10^{-3}	4.80	5×10^{-1}	48.01
1×10^{-2}	6.79	1	67.90
5×10^{-2}	15.19	2	96.02

最后把所得的 p_i-h_i 对应值，以 Pa 为单位刻在刻度盘上即成，但必须注意刻度尺的零点（即基准线）应与测量毛细管内顶平面持平。

为了便于读数，减小测量误差，可多求出一些 p_i-h_i 对应值。

3 弹性变形真空计和粘滞性真空计

3.1 弹性元件真空表

3.1.1 结构及工作原理

利用弹性元件在压差作用下产生弹性变形的原理制成的真空测量仪表称为弹性元件真空表。在结构和外形上与工业用压力表类似，一般用于粗真空（$10^2 \sim 10^5$ Pa）的测量。根据变形弹性元件分类，这类真空表通常有弹簧管式、膜盒式和膜片式，其结构如图 3－1 所示。

弹簧管式真空表（如图 3－1a 所示）由连通被测真空系统的螺纹接头 7、单圈弹簧管 4、连杆 3、齿轮传动机构 2、指针 1 及外壳 8 等组成。测量时，弹簧管 4 外面为大气压，其内部为被测压力，在内外压差的作用下，弹簧管产生变形，使其末端发生位移，借助连杆 3 带动齿轮传动机构 2，使指针 1 回转，以其在刻度盘上的位置指示被测系统的气体压力。

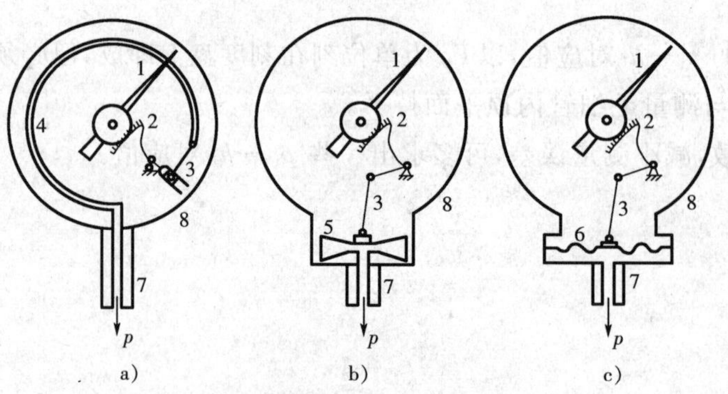

图 3－1 弹性元件真空表结构示意图

a) 弹簧管式 b) 膜盒式 c) 膜片式

1— 指针 2— 齿轮传动机构 3— 连杆 4— 弹簧管

5— 膜盒 6— 膜片 7— 螺纹接头 8— 外壳

膜盒式和膜片式真空表采用弹性膜盒和弹性膜片作为压力敏感元件（即弹性变形元件），分别称为膜盒式真空表和膜片式真空表，其结构分别如图 3－1b 和图 3－1c 所示。膜盒 5 外面为大气压，其内部为被测压力；膜片 6 一侧为大气压，另一侧为被测压力。在压差作用下，膜盒或膜片产生变形，其中心部位发生位移，借助连杆 3 带动齿轮传动机构 2，使指针 1 回转，以其在刻度盘上的位置指示被测压力。

弹性膜盒 5 实质上相当于两片膜片，因此膜盒式真空表的灵敏度较高，适用于较低压力的测量。

弹性元件真空表中弹性元件的常用材料有磷青铜、黄铜及不锈钢等。为了测量含有腐蚀性气体的系统压力，可以采用不锈钢，有时也采用石英作弹性元件。例如，很薄的石英多圈弹簧管具有较高的灵敏度，借助于光学测量机构，能测量 1Pa 左右的低真空。

3.1.2　性能及特点

弹性元件真空表性能稳定，其测量范围一般为 $10^2 \sim 10^5$ Pa，精度有 0.5 级、1.5 级和 2.5 级数种。

在工业生产中，有些设备需要既测量正压（高于一个大气压），也要测量负压（低于一个大气压，即真空状态），因此制成的弹性元件压力真空表，在同一条表盘刻度上同时刻有正压力和真空度。

弹性元件真空表的主要特点如下：

(1) 测量结果是气体和蒸气的全压力，并与气体种类、成分及其性质无关。

(2) 测量过程中，仪表的吸气和放气很小，同时仪表内部没有高温部件，不会使油蒸气分解。

(3) 测量精度较高。

(4) 反应速度较快。

(5) 结构牢固，选用适当材料能测量腐蚀性气体。

(6) 是绝对真空计，0.5 级以上的表可作为标准表。

3.2　电容式薄膜真空计

3.2.1　结构及工作原理

根据弹性薄膜在压差作用下产生形变而引起电容变化的原理制成的真空计称为电容薄膜真空计。它由电容式薄膜规管（又称为电容式压力传感器）和测量仪器两部分组成。根据测量电容的不同方法，仪器结构有偏位法和零位法两种。零位法是一种补偿法，具有较高的测量精度。目前在计量部门作为低真空副标准真空计的就是采用零位法结构。

如图 3－2 所示为零位法电容式薄膜真空计的结构原理图。它由电容式薄膜规管、测量电桥电路、直流补偿电源、低频振荡器、低频放大器、相敏检波器和指示仪表等组成。

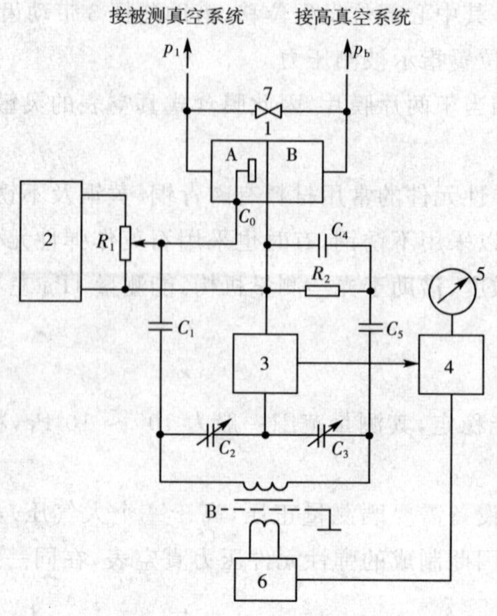

图 3-2　零位法薄膜真空计的结构原理图

1— 薄膜真空计　2— 直流补偿电源　3— 低频放大器

4— 相敏检波器　5— 输出表　6— 低频振荡器　7— 阀门

电容式薄膜规管的中间装着一张金属弹性膜片，在膜片的一侧装有一个固定电极，当膜片两侧的压差为零时，固定电极与膜片形成一个静态电容 C_0，它与电容 C_1 串联后作为测量电桥的一条桥臂，电容 C_2、C_3、C_4 与 C_5 的串联组成其他三条桥臂。

金属弹性膜片将薄膜真空计隔离成两个室，分别为接被测真空系统的测量室和接高真空系统（$p_b < 10^{-3}$ Pa）的参考压力室。在这两个室的连通管道上设置一个高真空阀门 7。测量时，先将阀门7打开，用高真空抽气系统将规管内膜片两侧的空间抽至参考压力 p_b，同时调节测量电桥电路，使之平衡，即指示仪表指零。然后，关闭阀门 7，测量室接通被测真空系统。当被测压力 $p_1 > p_b$ 时，由于规管中的压力差 $p_1 - p_b$，膜片发生应变引起电容 C_0 改变，破坏了测量电桥电路的平衡，指示仪表上亦有相应的指示。调节直流补偿电源电压对电容 C_0 充电，使其静电力与压差相等，此时，电桥电路重新达到平衡，指示仪表又重新指零。根据补偿电压的大小，就能得出被测压力 p_1，故有

$$p_1 - p_b = KU^2 \tag{3-1}$$

式中：p_1—— 被测压力；

p_b—— 参考压力；

U—— 补偿电压；

K—— 规管常数。$K = C_0/d_0$，C_0 和 d_0 分别为固定电极与膜片平衡状态下的静态电容和间距。当 $p_1 \gg p_b$ 时，测量结果就是绝对压力，即

$$p_1 = KU^2 \tag{3-2}$$

电容式薄膜真空计测量范围为 $10^{-1} \sim 10^{1}$ Pa，其规管常数 K 可通过校准得到。

3.2.2　电容式薄膜真空计的进展

近年来，电容式薄膜真空计取得了重大进展，新型的双电容式薄膜真空计的问世，提高了该类真空计的精度，扩展了测量范围，使其测量下限可达 10^{-3} Pa。现以两种双电容式薄膜真空计的结构为例介绍电容式薄膜真空计的进展。

第一种是差动式双电容薄膜真空计。图 3-3 所示的新型双电容式薄膜真空规是一种差动式结构。在弹性膜片 3 的两侧对称装有固定电极 1 和 2，分别形成静态电容 C_{01} 和 C_{02}。弹性膜片 3 将规管分隔成测量室和压力参考室两部分，分别接被测真空系统和参考真空系统。电容 C_{01} 和 C_{02} 作为电桥电路的两条桥臂。当规管内压差为零时，电桥处于平衡状态。当压差 $p_1 - p_b > 0$ 时，电桥将因电容 C_{01} 和 C_{02} 值反向改变而失去平衡，并输出相应的电信号。这种规管的优点是：被测压力变化使电容 C_{01} 和 C_{02} 都发生变化，且方向相反，提高了电桥失衡程度，因此提高了测量灵敏度；另外，由于弹性膜片两侧的固定电桥对称设置，因而抵消了环境温度等因素引起的电容 C_{01} 和 C_{02} 的变化效应，从而减小了测量误差，提高了测量精度。

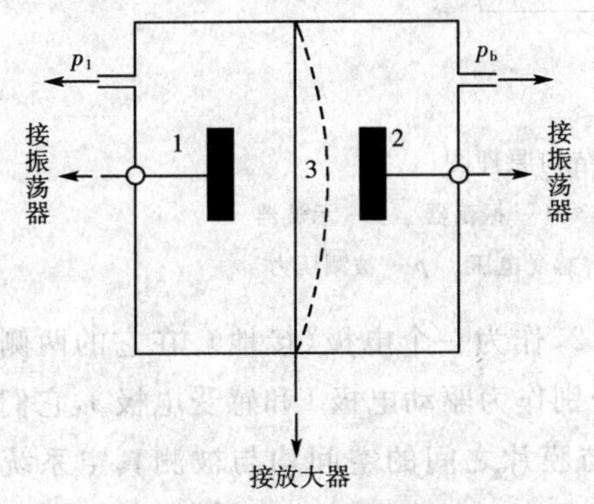

图 3-3　差动式双电容薄膜规结构示意图

1、2— 固定电容　3— 弹性膜片

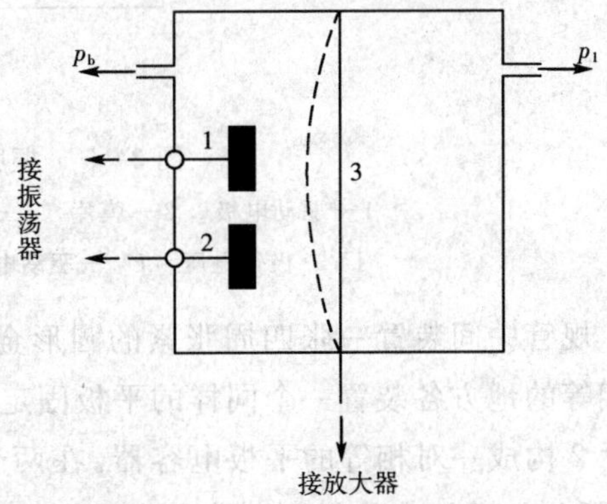

图 3-4　单侧双电容薄膜规结构示意图

1— 中心电极　2— 偏轴电极　3— 弹性膜片

差动式双电容薄膜真空计为全压计，具有测量结果与气体成分无关、测量精度高（一般为 0.1% ～ 2%）、反应速度快（2 ～ 100ms）、温度影响小和测量范围宽的特点。其测量下限可达 $10^{-3} \sim 10^{-2}$ Pa。

第二种是单侧双电容薄膜真空计。图 3-4 所示为单侧双电容薄膜真空规的结构示意图。它和差动式双电容结构的区别是将测量室中的固定电极 2 移入参考室中，处于固定电极 1 旁边的偏轴位置。在测量时，由中心电极 1 反映弹性膜片 3 的最大位移，由偏轴电极 2 反映弹性膜片 3 的较小位移，两个电极一起输出弹性膜片曲率变化信号 ——“曲率指示”，其输出的差值作为被测压差的指示。

单侧双电容薄膜真空计具有灵敏度高、气体的介电常数不变、压力读数完全不受气体成分影响、反应速度快等特点。如将其规管参考室内加置消气剂并抽至 10^{-5} Pa，就可测量 10^{-3} Pa 及以上的绝对压力。

3.3 振膜真空计

3.3.1 结构及工作原理

基于气体分子对振动膜片的阻尼效应与气体压力有关这一现象制成的黏滞性真空计称为振膜真空计，其结构如图 3-5 所示。

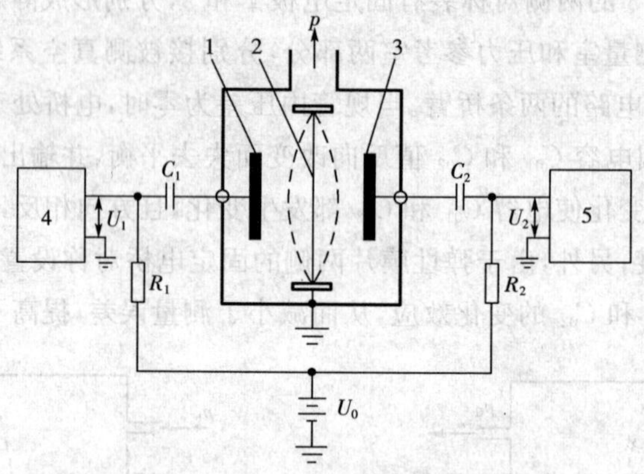

图 3-5 振膜真空计结构原理图

1— 驱动电极 2— 膜片 3— 感受电极 4— 振荡器 5— 示波器

U_0— 极化电压 U_1— 驱动电压 U_2— 感受电压 p— 被测压力

规管中间装置一张四周张紧的圆形金属薄膜 2，作为一个电极（接地）。在它的两侧距离相等的地方各装置一个同样的平板固定电极，分别作为驱动电极 1 和感受电极 3，它们与膜片 2 构成一对相等的平板电容器。在两个电极与膜片之间的空间均与被测真空系统相通。驱动电极和感受电极与膜片之间分别通过电阻 R_1 和 R_2 施加同一个直流极化电压 U_0。此时，由于两个电极与膜片间的静电力相等，使膜片处于两电极的几何中心位置上。

当驱动电极上施加频率为 f 的交流驱动电压 U_1 后，膜片产生强迫振动，随之在感受电极上就有相同频率 f 的交流电压 U_2 输出。膜片的振幅决定于驱动电压 U_1、膜片周围气体的阻尼（气体的压力及性质）和自身的机械损耗。假如 U_1 为定值，膜片的振幅将随其周围气体压力的降低（即气体阻尼作用的减弱）而增大。振幅越大，输出的感受电压 U_2 越高。但是随着膜片振幅的增大，其自身机械损耗也增加。因此，如用 U_2 来反映气压的大小，在低压力方面就受到一定限制。所以，在实际测量中，通常维持膜片振幅不变（也就是 U_2 不变），这样膜片机械损耗为定值，可以根据驱动电压 U_1 的大小指示被测压力。

膜片因振动时引起与驱动电极、感受电极之间气体的膨胀和压缩而受到阻尼，其能量主要消耗在周围被测气体和膜片的摩擦机械损耗之中。因此，有如下关系

$$W = W_0 + W_1 \tag{3-3}$$

式中：W—— 膜片的驱动功率；

W_0—— 膜片振动时受气体阻尼消耗的功率；

W_1—— 膜片的机械损耗功率。

通过对 W、W_0 和 W_1 的分析和推导，得到驱动电压 U_1 与被测压力 p 的关系式如下：

低压力($\lambda \gg d$) 时

$$p = K_1 U_1 \tag{3-4}$$

高压力($\lambda \ll d$) 时

$$p = K_2 U_1^{1/2} \tag{3-5}$$

式中：K_1、K_2—— 比例系数；

λ—— 气体分子平均自由程；

d—— 固定电极与膜片静止时的原始距离。

用上述原理和方法测量不同气体的结果不同，如图 3-6 所示。可见气体种类对测量结果有影响。

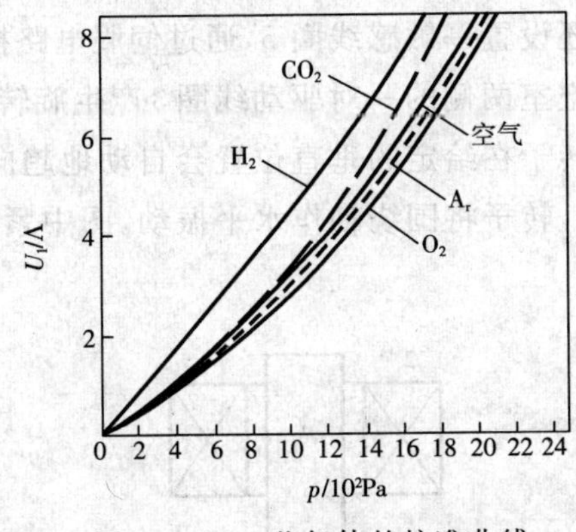

图 3-6 一些气体的校准曲线

利用压力变化引起膜片谐振频率的变化来指示被测压力，上述影响可以减小。如压力为 1.3×10^3 Pa 时，测量干燥空气与氦气，二者结果仅差 4%。但是，由于这种方法的测量电路比上述方法复杂，同时在低压力测量时灵敏度较低，因此，一般很少使用。

3.3.2 振膜真空计的特点

振膜真空计是粗真空和低真空测量中一种比较理想的真空计，其主要特点为：

(1) 测量范围宽，单个规管具有能测量 6 个数量级以上的动态压力范围，一般为 $10^4\sim10^{-1}$ Pa，特殊结构的可达 $6\times10^5\sim10^{-4}$ Pa；

(2) 测量精度较高：1% ～ 2%；

(3) 不需要基准参考压力，即使突然暴露大气也不致于因冲击而损坏；

(4) 被测气体的种类对测量结果的影响很小，该计为全压计；

(5) 反应速度快，一般为 30 ～ 60ms；

(6) 规管体积小，吸气和放气很少，并能近似作点压力的测量；

(7) 结构牢固，受外界环境温度和振动等条件影响小。

3.4 磁悬浮转子真空计

3.4.1 结构及工作原理

磁悬浮转子真空计属于衰减型黏滞性真空计，是基于磁悬浮转子转速的衰减与其周围气体分子所产生的外摩擦有关的原理制成的。依据转子悬浮方式的不同，磁悬浮真空计可分为非对称型和对称型两种型式。前者利用作用在转子上的螺旋线圈的磁力与转子自重之间的平衡，使转子悬浮在预定的高度；后者利用永久磁铁的强磁力悬浮转子，完全可以忽略转子自重。对称型结构已被西欧各国推荐为计量部门互校用传递副标准。

下面仅就非对称型结构介绍磁悬浮转子真空计的工作原理。

非对称型磁悬浮转子真空计的结构示意图如图 3－7 所示。除了用于磁悬浮转子的螺旋线圈 2 外，在真空室下边还设置一敏感线圈 5，通过伺服电路控制螺旋线圈 2 的电流，使转子悬浮在预定高度。在真空室两侧的一对驱动线圈 3 产生旋转磁场，驱动转子以每秒 200～400 转的速度自转。虽然转子在给定的垂直位置会自动地趋向磁场最强处(一般在垂直对称轴上)，但若受外界扰动，转子将围绕轴作水平振动。图中紧邻真空室下方的阻尼钢针 6 可使这种振动衰减。

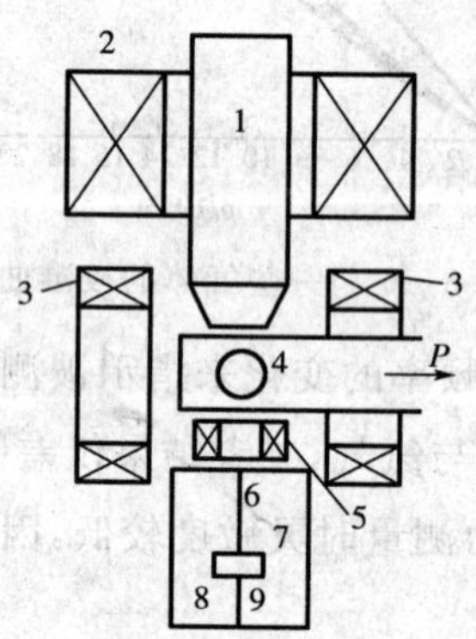

图 3－7 非对称型磁悬浮转子真空计结构

1— 磁芯 2— 螺旋线圈 3— 驱动线圈 4— 转子 5— 敏感线圈

6— 阻尼针 7— 软木浮子 8— 轻油 9— 链条

这种真空计是基于气体分子对自由旋转钢球的减速作用而工作的。当钢球被驱动线圈的磁场从静止加速到每秒 400 转的转速之后，停止驱动场，由于气体分子摩擦的积分作用引起钢球自转速度衰减，其转速衰减与气体压力 p 有着严格的对应关系。

假如磁支撑及外界因素产生的摩擦与气体摩擦相比较可以忽略的话，在真空室内气体分子的平均自由程大于转子的特征尺寸时，可以导出气体压力 p 为

$$p=\frac{\gamma\rho}{5\sigma(t-t_0)}\left[\frac{2\pi RT}{M}\right]^{1/2}\ln\frac{\omega}{\omega_0} \tag{3-6}$$

式中：ω、ω_0—— 分别为时间 t_0 和 t 时转子的转速，rad · s^{-1}；

r—— 转子半径，m；

ρ—— 转子的材料密度，kg · m^{-3}；

R—— 摩尔气体常数，J(mol · K)$^{-1}$；

T—— 热力学温度，K；

M—— 气体摩尔质量，kg · mol^{-1}；

σ—— 切向动量平均转移系数，其表达式为

$$\sigma = \frac{v_T - v'_T}{v_T} \tag{3-7}$$

式中：v_T—— 打到转子表面的入射分子速度的切向分量，ms^{-1}；

v'_T—— 离开转子表面的反射分子速度的切向分量，ms^{-1}。

由于入射气体分子到达转子表面之后，要在表面上停留一定时间，离开表面时分子已失去了方向记忆性而遵守余弦定律，因此，$v_T' \approx 0$，$\sigma \approx 1$。测试表明，对于各种惰性气体(He、Nc、Ar、Kr，Xc) 和活性气体(H_2、O_2、CO、CO_2、CH_4)，σ 值均为 1.03 左右，可以认为 σ 与气体成分无关。

由公式(3-6) 可知，只要测得不同时刻的转速 ω，就能计算出压力 p。近年来采用小型感应线圈检测转速 ω，通过微处理机直接处理和显示 p 值。

3.4.2　磁悬浮转子真空计的特点

(1) 磁悬浮转子真空计与压缩式真空计同属于标准真空计，但其量程较宽($10^{-1} \sim 10^{-5}$ Pa)。用它做互校传递标准计，累积误差小、可靠性和重复性好。

(2) 磁悬浮转子真空计是无源器件，其规管内部没有高速电子和离子，没有热丝，不存在热及辐射效应。

(3) 转子规管体积小，吸气和放气现象完全可以忽略，不会影响被测空间的气体成分和压力，特别适用于不允许规管与气相彼此作用的场合。

(4) 磁悬浮转子真空计每测量一个点必须间隔半分钟，所以只能用于压力变化缓慢的真空室或密闭空间。

(5) 测量精度主要取决于转速 ω 的测量精度和温度 T 的恒定，因此测量时务必维持 T 恒定和采用较高精度的测速技术及仪表。

3.4.3　限制上限、下限的因素

气体分子平均自由程限制了磁悬浮转子真空计测量上限的扩展。当 $p > 1$Pa 时，气体分子平均自由程小于转子特征尺寸，破坏了公式(3-6) 成立所需的假定条件，限制了该真空计的测量上限。但是，实验表明，在压力 p 一直增加到 1×10^4 Pa 时，该计仍可使用。由于压力不同，为了维持转子固定的转速，驱动功率也不同，于是，可按预先绘制的压力与驱动功率关系曲线来测量压力。所以，在 $1 \sim 1 \times 10^4$ Pa 的高压力范围，磁悬浮转子真空计不再

是标准真空计。

科略里斯(Coriolis)效应、涡流和弛豫效应等产生的剩余阻尼矩限制了磁悬浮转子真空计测量下限的扩展。科略里斯效应指的是地球自转引起的阻尼作用。高速旋转的转子形似陀螺,其转轴方向倾向于在空间固定。地球转动产生一个使转子轴围绕垂直方向运动的转矩。因此,转子内感生涡流将引起转速衰减。如果外界杂散磁场及地磁场等产生了垂直于转子自转转轴的磁场分量也会产生摩擦矩,不过,这些可以通过补偿消除。如果存在有垂直于转子转轴的旋转磁场分量,则产生涡流损耗而引起附加阻尼。此外,在某些转速下,转子内的弛豫现象也会引起能量损耗,加快转子的转速衰减。随着压力进一步下降,机械振动、温度变化、室壁充电和光照效应等都会引起剩余阻尼力矩,限制了其测量下限的扩展。

4 热传导真空计

4.1 热传导真空计的工作原理

热传导真空计是根据在低压力下($\lambda \geqslant d$)，气体分子热传导与压力有关的原理制成的。其原理图如图 4－1 所示。它是在一玻璃管壳中由边杆支撑一根热丝，热丝通以电流加热，使其温度高于周围气体和管壳的温度，于是在热丝和管壳之间产生热传导。当达到热平衡时，热丝的温度决定于气体热传导，因而也就决定于气体压力。如果预先进行了校准，则可用热丝的温度或其相关量来指示气体的压力。

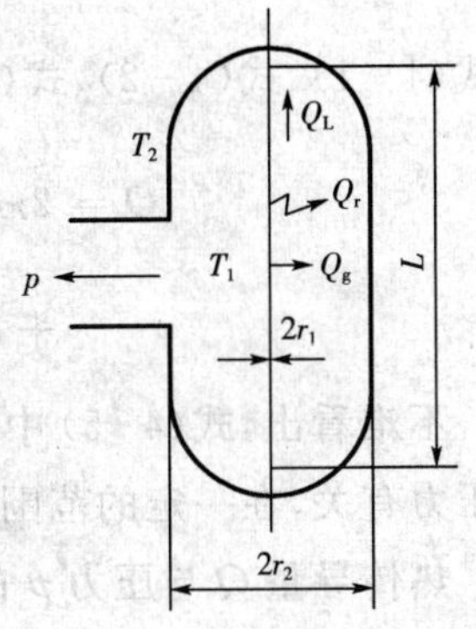

图 4－1　热传导真空计原理图

4.1.1 热传导真空计的热量散失

(1) 热丝引线热传导的热量散失

若热丝中部最高温度等于加热温度为 T_1，引线及管壁温度等于环境温度为 T_2，热丝两端的三分之一部分具有均匀的温度梯度为 $3(T_1 - T_2)/L$，则热丝引线单位时间热传导散失的热量 Q_L 为

$$Q_L = 2\lambda_L {r_1}^2 \pi \frac{3(T_1 - T_2)}{L} \tag{4-1}$$

式中：λ_L—— 热丝导热系数，$W \cdot m^{-1} \cdot K^{-1}$；

r_1、L—— 为热丝半径和长度，m；

T_1、T_2—— 分别为热丝中部及管壁温度，K。

(2) 热丝热辐射的热量散失

根据斯蒂芬—波尔兹曼定律，热丝单位时间热辐射散失的热量 Q_r 为

$$Q_r = \sigma(\varepsilon_1 T_1^4 - \varepsilon_2 T_2^4) \times 2\pi r_1 L \tag{4-2}$$

式中：σ—— 斯蒂芬－波尔兹曼常数，$\sigma = 5.68 \times 10^{-8}$，$W \cdot m^{-2} \cdot K^{-4}$；

ε_1、ε_2—— 热丝表面和管壳内表面的全辐射系数。

(3) 气体分子热侍导的热量散失

根据气体热传导理论，在低压力下(分子流状态)，气体分子单位时间热传导散失的热

量 Q_g 为

$$Q_g = \lambda_g \alpha_1 p (T_1 - T_2) \times 2\pi r_1 L \tag{4-3}$$

式中：λ_g—— 自由分子导热系数，$W \cdot m^{-2} \cdot Pa^{-1} \cdot K^{-1}$；

α_1—— 气体在热丝表面的适应系数，在 0.2 ～ 0.95 之间；

p—— 气体压力，Pa。

根据热平衡定律，当达到热平衡时，在不存在对流的情况下，热丝通电单位时间产生的总热热量 Q 应等于热丝引线热传导散失的热量 Q_L、热丝热辐射散失的热量 Q_r 及气体分子热传导散失的热量 Q_g 三者之总和，即

$$Q = Q_L + Q_r + Q_g \tag{4-4}$$

将式(4－1)、式(4－2)、式(4－3) 代入式(4－4) 中，可得到热平衡方程式

$$Q = 2\pi {r_1}^2 \lambda_L \frac{3(T_1 - T_2)}{L} + \sigma(\varepsilon_1 T_1^4 - \varepsilon_2 T_2^4) \times 2\pi r_1 L + \lambda_g \alpha_1 p (T_1 - T_2) \times 2\pi r_1 L \tag{4-5}$$

不难看出，式(4－5) 中右边第一项(Q_L) 和第二项(Q_r) 与气体压力无关，仅第三项与气体压力有关，在一定的范围内与压力成正比。

热传导量 Q 与压力 p 的关系如图 3－2 所示。当规管尺寸、热丝温度 T_1 和管壁温度 T_2 为一定值时，式(4－5) 可简化为

$$Q = K_1 + K_2 p \tag{4-6}$$

式中：K_1、K_2—— 常数。

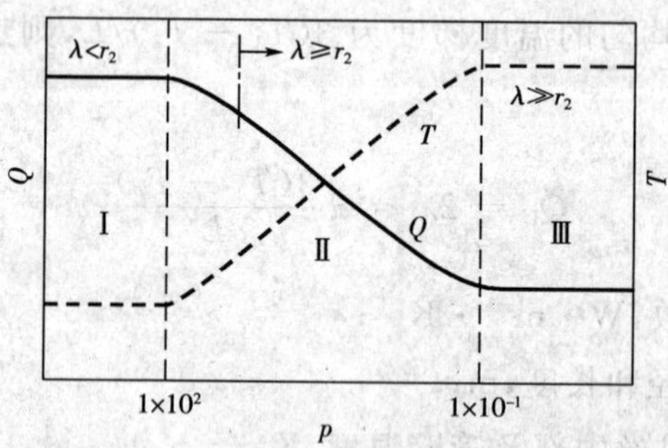

图 4－2 热传导量 Q 与压力 p 的关系

式(4－6) 表明，当 $K_1 \ll K_2 p$ 时，即 $Q_L + Q_r \ll Q_g$ 时，总的热量散失 Q 只与压力 p 有关，也即 Q 与 Q_g 有关。它表明，在一定的加热条件下，可根据低压力下气体分子热传导，即气体分子对热丝的冷却能力作为压力的指示。这就是热传导真空计的基本工作原理。

4.1.2 热丝温度的测量方法

热传导真空计规管热丝的温度 T_1 是压力 p 的函数(见图 4－2 所示)，即 $T_1 = f(p)$。如果预先测出这个函数关系，便可根据热丝的温度 T_1 来确定 p。热丝温度的测量方法，有以下三种：

(1) 利用热丝随温度变化的线膨胀性质；

(2) 利用热电偶直接测量热丝的温度变化；

(3) 利用热丝电阻随温度变化的性质。

根据第一种测温方法制成的真空计称膨胀式真空计。最简单的膨胀式真空计是采用温度系数大的铂铱合金做敏感元件，在其中间连接一标准弹簧，用以测定热丝的受热线膨胀量。比较实用的膨胀式真空计是采用平面螺旋式双金属带、圆柱螺旋式双金属带和平面双金属片作敏感元件，利用其自由端的转动或摆动来确定热丝的温度变化。由于这种方法的测量误差较大和使用不够方便，现在已很少使用。根据第二种测温方法制成的真空计称热电偶真空计。根据第三种测温方法制成的真空计称电阻真空计，在电阻真空计中也有用热敏电阻代替金属热丝的，此种真空计称热敏电阻真空计。其灵敏度较高，但稳定性较差。

热偶真空计和电阻真空计是目前粗真空和低真空测量中用得最多的两种真空计。

4.2 热传导真空计的测量范围

4.2.1 压力测量下限

在低压力下($\lambda \geqslant r_2$)，气体热传导散失的热量 Q_g 与压力 p 有关；而热丝引线热传导和热辐射散失的热量 Q_L、Q_r 与压力无直接关系(可能有一些次级效应)。当压力 p 更低时($\lambda \gg r_2$) Q_g 变小，并引起热丝温度变化，如果这种变化已无法从噪声中检测出来，则此压力即是测量的下限。此时热丝的平衡温度 T_1 主要决定于 Q_L 和 Q_r。一般的热传导真空计的测量下限为 $10^{-1} \sim 10^{-2}$ Pa。

为了扩展热传导真空计的测量下限，必须提高 Q_g 并设法降低 Q_L 和 Q_r。根据式(4-1)，选用细而长的热丝，或选用 λ_L 小的热丝材料，均能降低 Q_L。但选择热丝材料时，还必须考虑机械强度、电阻温度特性、热稳定性和化学稳定性等因素。

根据式(4-2)，为了降低 Q_r，应选用表面全辐射系数 ε_1 小的材料作热丝，而管壁内表面的全辐射系数 ε_2 愈大愈好。同时还要综合考虑其他一些因素，如 T_1、T_2、r_1 及 L 等对 Q_g 的影响。

选用适应系数 α_1 大的材料或通过对材料表面进行处理的方法提高 α_1，均可提高 Q_g。但考虑到热丝的机械强度等因素，提高 α_1 是有限的。

增大 L 既能提高 Q_g 又可降低 Q_L；增大 r_2 或提高温差，虽然能增大 Q_g，但与降低 Q_L 和 Q_r 有矛盾，须折中考虑。由于 Q_r 与温度呈四次方的关系，所以增大温度时，Q_r 比 Q_g 增大得更快。为便于综合考虑，可假设 $\varepsilon_1 = \varepsilon_2$，则有

$$\frac{Q_g}{Q_r} \propto \frac{T_1 - T_2}{T_1^4 - T_2^4} = \frac{1}{(T_1^2 + T_2^2)(T_1 + T_2)} \tag{4-7}$$

根据式(4-7)，选用足够低的 T_2 和不太高的 T_1 值，可提高 Q_g/Q_r。将管壳浸于冷剂中可使

T_2 大大降低，但使用时既不方便也不经济，还有可能出现被测气体凝结等现象，故一般情况很少采用。实用的热传导真空计规管温度 $T_2 = T_0$（室温），热丝温度 T_1 通常取 100 ～ 200℃。

4.2.2 压力测量上限

根据圆筒系统热传导的理论，对于热丝半径 r_1 远小于管壳半径 r_2 的圆筒系统，当 $\lambda \geqslant r_1$ 时，其热传导与压力有关。这主要是由于在 $r_1 \ll r_2$ 的情况下，分子碰撞管壁的几率远大于碰撞热丝的几率，故气体温度近似等于管壁温度 T_2。只是在离热丝较近的距离内，气体温度才有剧变。如果压力再高，以至于 $\lambda < r_1$ 时，则碰撞热丝返回的分子，在其第一个自由程所碰撞的分子将是"热"的，此时，它必须经过多次碰撞才能丧失其偏高的热量。因此，对应于 $\lambda = r_1$ 的压力就是热传导真空计压力测量上限的理论值。实际的压力测量上限与规管结构和测量线路有关，可采取措施扩展压力测量上限。其办法包括：适当提高热丝的工作温度；采用细而短的热丝；利用热对流现象等。采用这些方法后，压力测量上限可延伸至 10^3 ～ 10^4 Pa，甚至可达 0.1MPa。

4.3 电阻真空计

电阻真空计也称皮拉尼(Pirani)真空计，它是凭借热丝电阻的变化反映压力的。它主要由规管和测量线路两部分组成，其测量范围为 10^4 ～ 10^{-1} Pa。

4.3.1 电阻式规管

电阻式规管的结构如图 4-3 所示，在规管壳内封装一个用电阻温度系数高的电阻丝绕制的圆柱螺旋形热丝，热丝两端用引线引出规管，接测量线路。规管壳可用金属或玻璃制成，金属外壳具有耐用、拆卸热丝方便等优点，缺点是密封性能较差，价格高；玻璃外壳具有密封性能好、价格低等优点，缺点是易损坏。绕制热丝的一些电阻丝的电阻温度系数和电阻率，如表 4-1 所示，其中常用的有钨、铂和镍三种。为了保证热丝的工作稳定性，除对热丝表面进行清洁处理外，有时还在热丝表面敷一层薄玻璃、石英或铷等，以避免热丝在高压力下使用时被氧化或玷污，但这会使其热惯性增大。

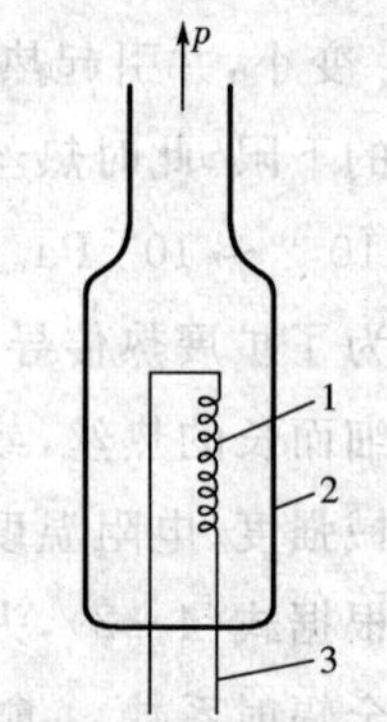

图 4-3 电阻式规管的结构

1— 电阻丝 2— 管壳 3— 引线

表 4-1 一些金属的电阻温度系数和电阻率

金属材料	钨	铂	镍	铬	铱	钼	铁	铜	银
0℃ 时电阻温度系数 (10^{-3} · ℃$^{-1}$)	4.82	3.9	6.0	2.5	4.1	4.71	6.0	4.3	4.29
0℃ 时电阻率 $\rho \times 10^{-8}$ (Ω · m)	5.1	9.2 ～ 9.6	6.84	12.9	4.85	5.71	9.7	1.67	1.59

4.3.2 电阻真空计测量线路

实用的电阻真空计测量线路常采用惠氏电桥或文氏电桥。根据测量热丝电阻变化的方法不同，可分为三种模式：

(1) 定电压法：保持电桥两端电压不变，观察失平衡电流与压力的关系。

(2) 定电流法：保持热丝电流(或电桥电流)不变，观察失平衡电压与压力的关系。

(3) 定电阻法(即定温度法)：在任何压力下都用改变电桥电压的方法，保持电桥于平衡状态。电桥电压与压力的关系即为校准曲线。在此方法中，热丝电阻及其温度基本为定值，具有热辐射及边杆导热均为恒定的优点。

在以上三种模式中，常用的是定电压法和定温度法。

定压型电阻真空计的测量线路原理如图 4-4 所示。此乃一惠氏电桥，规管 R_w 为电桥一臂，其邻臂有一个补偿管 R_c，以进行温度补偿。补偿管 R_c 的结构尺寸与规管 R_w 相同，并预先抽真空至 $10^{-2} \sim 10^{-4}$Pa 后封离。由于 R_c 与 R_w 性能一致，且两者处于电桥相邻两臂，因此环境温度的影响相互抵消，在指示仪表 CB 中反映不出来。电桥其他两臂由电阻 R_1、R_2 及可变电阻 R_v 组成，电桥由可调稳压电源 E 供电。此真空计一般在高真空下用可变电阻 R_v 调节电桥平衡，即调零点。当规管内的压力变化时，由于被气体传导走的热量不同于开始时的平衡状态，因而热丝的温度发生变化，引起其电阻值改变，电桥失去平衡。压力的变化由指示仪表 CB 读出，CB 指示的电流值与压力的关系，通过校准曲线给出。规管热丝用半径 $r_1 = 0.01$mm 的钨丝绕制成圆柱螺旋形，其室温下电阻 $R_w = 200\Omega$。由于各种气体的导热系数不同，因此，对不同种类气体的校准曲线是不同的。

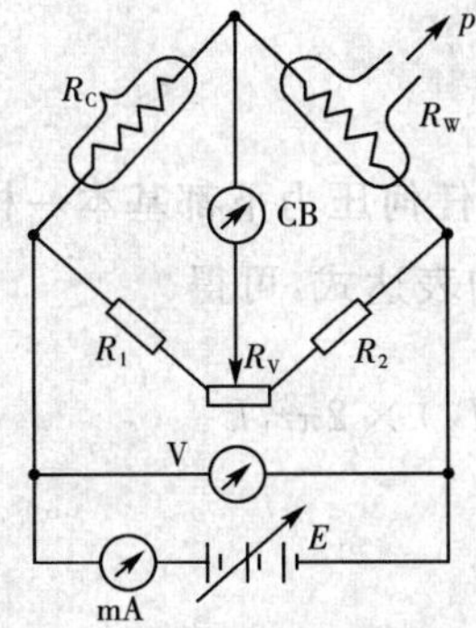

图 4-4 定电压型电阻真空计测量线路原理图

R_w— 电阻式规管 R_c— 补偿管 R_1、R_2— 电阻 R_v— 可变电阻 CB— 指示仪表 V— 电压表 mA— 毫安表 E— 可调稳压电源

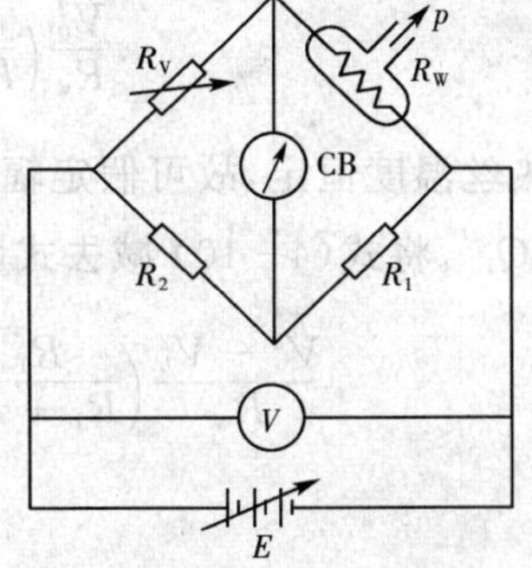

图 4-5 定温型电阻真空计测量线路原理图

R_W— 规管 R_v— 可变电阻 R_1,R_2— 电阻 CB— 指示仪表 E— 可调稳压电源

定压型测量线路的优点是结构简单；不足之处是电桥电压是固定的，故在压力高时由于气体导热快，热丝温度降低，导致规管灵敏度下降，测量高于 100Pa 的压力就甚为困难。实际上，定电压型测量线路的测量上限并未达到规管的理论值(即 $\lambda \approx r_1$ 所对应的压力)。

为了保证高压力时有较高的灵敏度，必须使热丝此时处于足够高的温度，然而在压力变低时它的温度将增高到有可能使热丝氧化或烧毁的程度。

定温型电阻真空计测量线路原理图如图4-5所示。其工作原理是：先在$10^{-2} \sim 10^{-3}$ Pa真空度时，将电桥调于一定的电压V_0（使热丝温度为一定值）；改变电阻R_v使电桥平衡，即指示仪表CB指向零；当压力增高时，热损耗大，热丝温度降低，电阻变小，电桥失去平衡，CB有指示；再增高电桥输入电压至V使电桥再次平衡，则热丝温度及电阻回复原值。

假如在压力为p时电桥平衡，且$R_V = R_1 = R_2 = R_W$，则R_W与R_1上电位降相等，即

$$V_{RW} = V_{R1} = V\left(\frac{R_1}{R_1 + R_2}\right) = V_w \tag{4-8}$$

式中：V—— 电桥输入电压；

V_w—— 热丝加热电压。

R_w的功耗为

$$Q = I_W^2 R_W = \frac{V_w^2}{R_w} = \frac{V^2}{R_w}\left(\frac{R_1}{R_1 + R_2}\right)^2 \tag{4-9}$$

式中：I_W—— 热丝加热电流。

将式(4-9)代入(4-4)中，得

$$\frac{V^2}{R_w}\left(\frac{R_1}{R_1 + R_2}\right)^2 = Q_g + Q_r + Q_L \tag{4-10}$$

当规管压力为$10^{-2} \sim 10^{-3}$ Pa时，气体导热量$Q_g{'}$可略去不计，电桥平衡（初值电压为V_0），有

$$\frac{V_0^2}{R_w}\left(\frac{R_1}{R_1 + R_2}\right)^2 = Q_r{'} + Q_L{'} \tag{4-11}$$

由于热丝温度恒定，故可假定辐射损耗及边杆损耗在任何压力下都基本一样，即$Q_r = Q_r{'}$，$Q_L = Q_L{'}$。将式(4-10)减去式(4-11)，并代入Q_g的表达式，可得

$$\frac{V^2 - V_0^2}{R_w}\left(\frac{R_1}{R_1 + R_2}\right)^2 = \lambda_g \alpha_1 p(T_1 - T_2) \times 2\pi r_1 L \tag{4-12}$$

令
$$C = \frac{\left(\dfrac{R_1}{R_1 + R_2}\right)^2}{R_w \lambda_g \alpha_1 (T_1 - T_2) \times 2\pi r_1 L}$$

则
$$p = C(V^2 - V_0^2) \tag{4-13}$$

即压力p与电桥电压的平方差$(V^2 - V_0^2)$呈线性关系。

文氏桥定温型电阻真空计测量线路原理图如图4-6所示，电桥采用一种文氏交流电桥电路。R_1、C_1，R_2、C_2，R_3和规管R_w为电桥四臂。K～为交流振荡器，其输出交流电压V施加于电桥A端与地间，并对规管热丝加热。振荡器的频率决定于下式

$$f = \frac{1}{2\pi\sqrt{R_1 C_1 R_2 C_2}} \tag{4-14}$$

频率一般选在 1 ～ 10kHz，以减小分布电容及机械振动对测量的影响。加于热丝上的电功率 P_w 视 V、R_3、R_w 值而定，即

$$P_w = \left(\frac{V}{R_3 + R_w}\right)^2 R_w \tag{4-15}$$

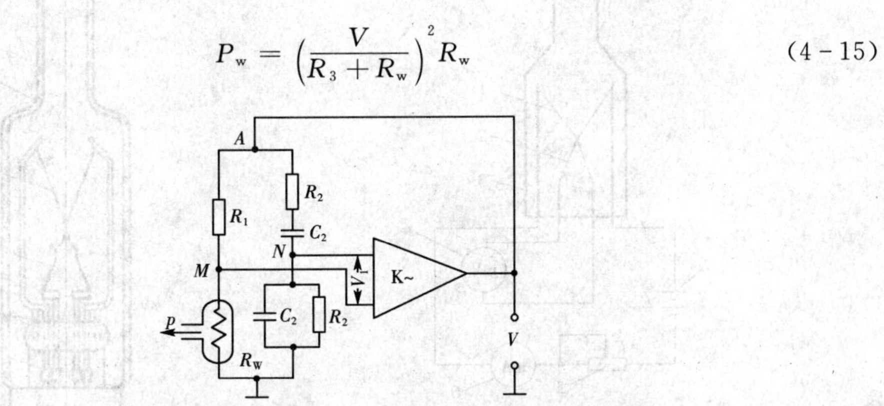

图 4－6　文氏桥定温型电阻真空计测量线路原理图

热丝保持定温的原理如下：当规管压力降低时，气体导热减少，热丝温度升高，R_w 增大。此时振荡器从电桥对角线即 M、N 两点输入的电压 V_1 降低，使得放大器输出电压 V 降低，从而热丝加热功率降低，直至恢复原来温度为止。反之，如果气体压力升高，则出现相反的过程，亦能将热丝温度恢复原值。

文氏桥定温型电阻真空计压力测量上限可达 $1\times10^3 \sim 1\times10^4$ Pa，反应时间较短，一般为 1 ～ 5s；但低压力下的灵敏度比定压型电阻真空计低，测量下限一般为 1×10^{-1} Pa；测量线路比较复杂。

4.4　热偶真空计

热偶真空计是借助于热电偶测量热丝温度的变化，用热电偶产生的热电势表征规管内的压力。DL－3 型热偶规管的压力测量范围为 $10^2 \sim 10^{-1}$ Pa。

热偶真空计的结构原理图如图 4－7 所示。它由热偶式规管和测量线路两部分组成。热偶规管主要由热丝和热电偶组成，热电偶的热端和热丝相连，另一端作为冷端经引线引出管外，接至测量热电偶电势用的毫伏表。测量线路比较简单。

测量时，规管热丝通以一定的加热电流。在较低压力下（$\lambda \geqslant r_2$），热偶电势 E 决定于规管内的压力 p，这是因为热丝温度的变化决定于气体的热传导。当压力降低时，气体分子传导走的热量减少，热丝温度随之升高，故热偶电势 E 增大，反之，热偶电势 E 减小。

规管加热电流改变时，对其灵敏度和测量范围都有影响。如果加热电流增大，则规管灵敏度提高，能测较高的压力，但测量范围变窄；反之，如果加热电流减小，则规管灵敏度降低，只能测量较低压力，但测量范围较宽。

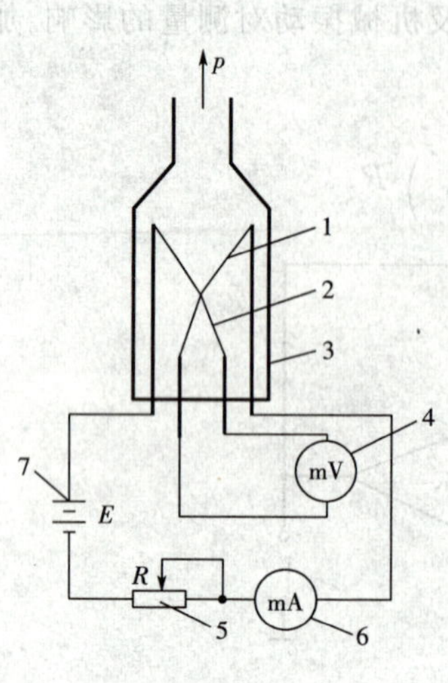

图 4-7 热偶真空计结构原理图

1—热丝 2—热电偶 3—管壳 4—毫伏表
5—限流电阻 6—毫安表 7—恒压电源

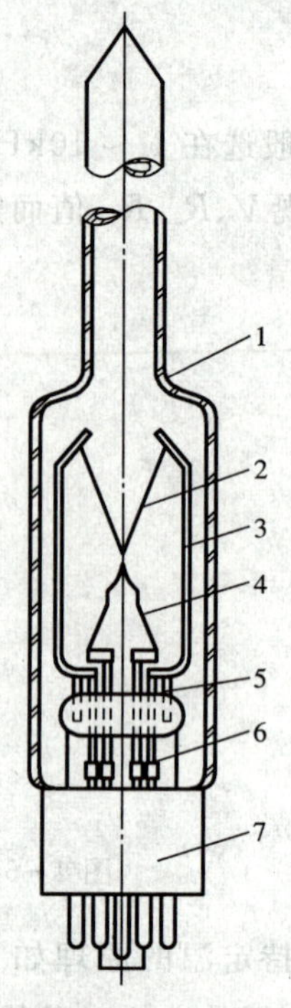

图 4-8 DL—3 型热偶规的结构图

1—管壳 2—热丝 3—边杆 4—热电偶
5—引线 6—芯柱 7—管基

在加热电流一定的情况下，如果预先已测出热偶电势 E 与压力 p 的关系，那就可根据毫伏表的指示直接给出被测系统的压力。

4.4.1 热偶式规管

DL—3 型热偶规的结构如图 4-8 所示。规管热丝的工作温度为 100℃～200℃，对热丝材料的要求是在工作温度和较高压力下具有足够的物理和化学稳定性以及较小的电阻温度系数。常用的材料有 $\phi 0.05 \sim \phi 0.1$mm 的铂丝、钨丝和镍丝，其中铂丝最好。采用铂丝能保证在工作温度下，长期在低真空中应用而性能稳定不变。

对热电偶的要求是在工作温度范围内有足够的灵敏度和物理、化学稳定性，零散小并能大量生产等。常用的材料有康铜(镍 45%，铜 55%)—镍铬合金(镍 85%，铬 15%)；铂铑—铂；铜—康铜；镍铬合金—铝镍合金等。

由于热偶与热丝间的短过渡金属丝的长度不易严格控制，以及热丝直径或长度不一致等原因，热偶式规管的零散性很大，所以原则上每支规管都要校准。通常在 1×10^{-2}Pa 的压力下调节到满度(约 10mV)，以确定规管的加热电流，从而在全量程使用同一校准曲线。因此，在设计热偶真空计电源时，必须保证能有较大的加热电流调节范围，一般为 90～150mA。

4.4.2 热偶真空计的工作特性及其使用

(1) 热偶真空计工作特性

热偶真空计是相对真空计，其压力 — 热偶电势对应值难以用计算方法精确求得，因此，常常在标准环境条件下，用绝对真空计或用校准系统经校准确定。在一定的加热电流条件下，配用 DL—3 型规管的热偶真空计对干燥空气的校准曲线如图 4－9 和图 4－10 所示。

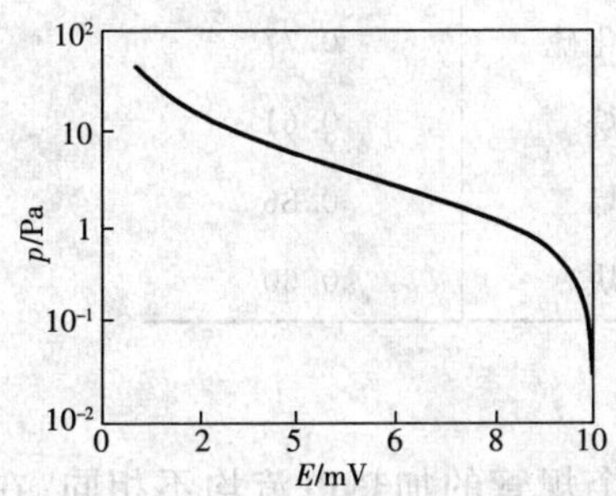

图 4－9 DL—3 型热偶真空计的校准曲线
($10 \sim 10^{-1}$Pa)

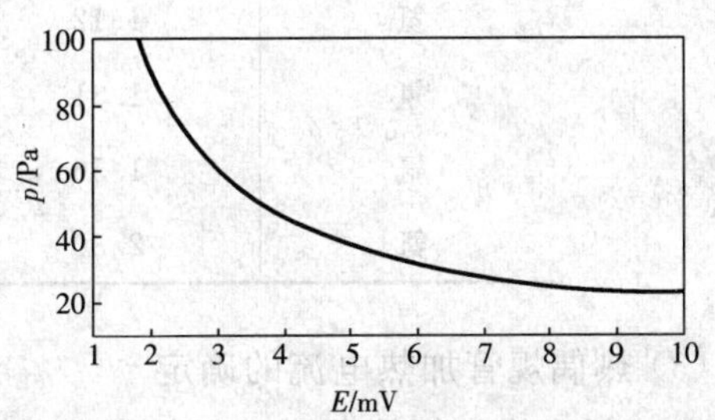

图 4－10 DL—3 型热偶真空计的校准曲线
($10^2 \sim 10$Pa)

由图 4－10 不难看出，当压力从 0.1MPa 开始逐步降低(图中未画出) 的一段压力范围内，热偶电势 E 一直在零值附近，其原因是气体分子多，传导走的热量多，因而热丝温度低，热偶电势 E 亦低，而且此时($\lambda \leqslant r_1$) 热传导与压力无关，故热偶电势 E 不变化(少量变化是气体对流引起的)。当压力降至 10^2 Pa 时，热偶电势 E 开始增大，这是由于此时气体传导走的热量减少，热丝温度已升高。当压力 p 继续降低时，热偶电势继续增大，但是越来越缓慢，最后趋于一定值。此后，p 再降低，E 不再变化，即热偶真空计已达到其测量极限，这个极限为其测量下限，约为 10^{-1}Pa。

为了使用上的方便，通常按照 p—E 校准曲线将毫伏计的刻度改成真空度。用这样刻度的真空计测量时，可直接读出真空度，再也不需要根据测得的 p—E 校准曲线查被测真空度。

(2) 气体种类的影响

热偶真空计对不同气体的测量结果是不同的，这是由于不同气体分子的导热系数不同引起的。但各种气体的 p—E 校准曲线形状都类同，因此，在测量不同气体的压力时，可根据干燥空气(或氮气) 刻度的压力读数，再乘以相应的被测气体相对灵敏度，就可得到该气体的实际压力，即

$$p_{\text{real}} = S_{\text{r}} p_{\text{read}} \tag{4-16}$$

式中：p_{read}—— 以干燥空气(或氮气) 刻度的压力计读数，Pa；

p_{real}—— 被测气体的实际压力，Pa；

S_{r}—— 被测气体对空气的相对灵敏度。

通常以干燥空气(或氮气)的相对灵敏度为1,其他一些常用的气体和蒸气的相对灵敏度如表4-2所示。相对灵敏度表明了气体热传导的性质。从表可知,对于气体分子中具有相同原子数的气体或蒸气,其相对灵敏度 S_r 随分子量的增大而增大。

表4-2 一些气体与蒸气的相对灵敏度

气体或蒸气	S_r	气体或蒸气	S_r
空　气	1	一氧化碳	0.97
氢	0.67	二氧化碳	0.94
氦	1.12	二氧化硫	0.77
氖	1.31	甲烷	0.61
氩	1.56	乙烯	0.86
氪	2.30	乙炔	0.60

(3) 热偶规管加热电流的确定

由于制造热偶规管所用的材料及工艺等原因,每个规管的加热电流均不相同;在使用过程中也会因规管"老化"使得加热电流变大;此外,不同测量范围的加热电流也有差异。因此,在使用热偶计时,应按不同的量程确定规管的加热电流。

①$10 \sim 10^{-1}$Pa量程:规管须垂直倒置,在真空度优于 10^{-2}Pa时调定加热电流(此时热电势为10mV,即满刻度),其加热电流可调节范围为95～150mA。

②$10^2 \sim 10$Pa量程:规管须垂直倒置,在0.1MPa时调定加热电流,其加热电流可调节范围为175～300mA或以上。

热偶计规管的结构较电阻式规管复杂一些,但 $p-E$ 校准曲线受外界温度的影响较小。

4.5 已知混合气体成分真空度的测量

用热传导真空计对混合气体的真空系统测试时,如果知道混合气体中各种气体的体积百分数 V_i($i = 1、2、3、\cdots、n$),就可用下式计算出混合气体对空气的相对灵敏度 S,即

$$\frac{1}{S} = \sum_{i=1}^{n} \frac{V_i}{S_{ri}} \tag{4-17}$$

式中:V_i—— 第 i 种气体的体积百分数;

S_{ri}—— 第 i 种气体的相对灵敏度。

由式(4-17)可得

$$S_r = \frac{100}{\sum_{i=1}^{n} \frac{V_i}{S_{ri}}} \tag{4-18}$$

在计算出 S_r 后,用上述方法测得的结果乘以 S_r,便得到混合气体的实际真空度。

4.6　热传导真空计的优缺点

热传导真空计有以下优点：

(1) 它反映的是全压力，即被测容器的真实压力；

(2) 能连续测量，并能远距离读数；

(3) 结构简单，容易制造；

(4) 即使突然遇到大气，亦不烧毁。

其缺点是：

(1) 校准曲线因气体种类而异，故对空气的校准曲线不能直接用于其他气体；

(2) 有热惯性，压力变化时热丝温度的改变常滞后，读数亦滞后一些时间；

(3) 受外界温度的影响较大，故规管必须安装于不易受辐射或对流热的地方；

(4) 老化现象较严重，必须定期校准。

5 电离真空计

普通型电离真空计用于低于 10^{-1} Pa 的高真空测量，在结构上它包括作为传感元件的规管和由控制及指示电路所组成的测量仪表两部分。其工作原理是：利用某种手段使进入规管中的部分气体分子发生电离，收集这些离子形成离子流；由于被测气体分子所产生的离子流在一定压力范围内与气体的压力呈现出正比关系，则通过测量离子流的大小就可以反映出被测气体的压力值。电离真空计就是依此得名的。

电离真空计可按电离方式的不同分为三类：第一类是应用最广的依靠高温阴极热电子发射原理工作的热阴极电离真空计；第二类是没有热阴极而靠冷发射（场致发射）原理工作的冷阴极电离真空计；第三类是采用放射性同位素作为电离源的放射性电离真空计。

5.1 热阴极电离真空计的工作原理

电子在电场中飞行时从电场获得能量，若与气体分子碰撞，将使气体分子以一定几率发生电离，产生正离子和次级电子。其电离几率与电子能量有关。电子在飞行路途中产生的正离子数，正比于气体密度 n，在一定温度下正比于气体的压力 p。因此，可根据离子电流的大小指示真空度，这就是电离真空计的工作原理。

由于电离现象的过程极其迅速，微小的离子流的测量技术亦不难解决，故而电离真空计在高真空领域中得到了广泛应用，在极高真空领域中甚至是唯一实际可行的真空计。

由灯丝加热提供电子源的电离真空计称为热阴极电离真空计，其型式繁多，各具不同特点和适用不同的压力测量范围。

热阴极电离真空计由测量规管和电气测量电路（真空计控制单元和指示单元）组成。规管功能是把非电量的气体压力转换成电量 —— 离子电流。热阴极电离真空计规管的基本结构主要包括三个电极：

(1) 提供一定数量电子流 I_e 的灯丝 F（阴极）。

(2) 产生电子加速场并收集电子流的阳极 A（亦称电子加速极）。

(3) 收集离子流 I_i 的离子收集极 C（相对阴极为负电位）。

如果电子由阴极到阳极飞行的路径总长为 L，则离子流 I_i 与压力 p 之间有以下关系

$$I_i = WI_eLp \tag{5-1}$$

式中 W 是当压力 $p = 1$Pa 时，每个电子飞行 1m 所产生的电子—离子对数目，称电离效率，

它是电子能量的函数。电离效率 W 还与气体种类有关，与电离几率相差一个常数因子。电子在电场飞行途中能量是变化的，式(5－1) 应改写为积分形式，即

$$I_i = \int_0^L W I_e p \mathrm{d}r = I_e \int_0^L W p \mathrm{d}r \tag{5-2}$$

如果在工作中并非所有电子和离子都被收集（例如部分电子或离子到达规管管壁），则式(5－2) 应修正为

$$I_i = I_e \alpha\beta \int_0^L W p \mathrm{d}r \tag{5-3}$$

式中 α，β 是分别对离子流 I_i 和电子流 I_e 进行修正的系数，显然，$\alpha < 1$，$\beta > 1$。

令
$$K = \alpha\beta \int_0^L W \mathrm{d}r \tag{5-4}$$

称 K 为电离真空计规管系数（以往称为电离真空计的灵敏度），其单位为 Pa^{-1}。对一定气体当温度恒定时，K 为一恒量。将式(5－4) 代入式(5－3) 得

$$I_i = K I_e p$$

或
$$\frac{I_i}{I_e} = K p \tag{5-5}$$

在一定压力范围内 K 为一常数，若保持发射电子流 I_e 为一恒量，则离子流 I_i 与压力 p 呈线性关系。

在电子平均自由程远大于电极结构尺寸的高真空中，电子与分子的碰撞几率很小，绝大多数电子最多只与气体分子碰撞一次。因此，在任意等位面上发生电离碰撞的电子都具有相同的能量（忽略电子发射初始能量的差别）。但当压力升高到电子平均自由程 λ_e 与电极结构尺寸可以比拟甚至更小时，每个电子可能与气体分子发生两次或更多次碰撞（弹性碰撞或非弹性碰撞），则到达电场中一既定点的电子包含有不同的碰撞序，它们的能量因已有不同的损失而有所不同，以致在既定点处的 W 值发生变化。这种情况随压力 p 的升高（λ_e 的减小）而愈加严重，以至式(5－4) 中的 K 值会随压力 p 而变化。这就达到了压力线性测量上限 p_{max}，它由电极的几何结构、电极间电位分布以及发射电流大小所决定。

规管系数 K 在气体压力 p 很低时仍可保持为常数，但离子流 I_i 随压力 p 降低而减小到一定限度后，将会埋没在电离计工作中不可避免地存在着的其他与压力 p 无关的本底电流之中，因而达到其压力测量下限 p_{min}。这种本底电流包括 X 射线光电流、电子诱导脱附离子流和阴极材料蒸气的离子流等，这在后面还要讨论。

按线性压力范围的不同，热阴极电离真空计主要分三类：

(1) 普通型电离真空计($1 \times 10^{-1} \sim 10^{-5}\,\mathrm{Pa}$)；

(2) 超高真空电离真空计($1 \times 10^{-1} \sim 10^{-8}\,\mathrm{Pa}$，有的下限为 $10^{-10}\,\mathrm{Pa}$)；

(3) 高压力电离真空计($10^{2} \sim 10^{-3}\,\mathrm{Pa}$)。

5.2 普通型热阴极电离真空计

普通型电离规亦称为传统型电离规。1916年巴克利(Buckley)首先用三极电子管作为电离规管,其中栅极接负电位,既用于控制阴极发射电流,又作为离子收集极(即负栅工作状态),得到规管系数 $K = 8.3 \times 10^{-2}\mathrm{Pa}^{-1}$。以后改为栅极接正电位作为电子收集极(亦称阳极)A,原有的板极接负电位作为离子收集极C(即正栅工作状态)。人们称前者为内控接法,而后者叫外控接法。

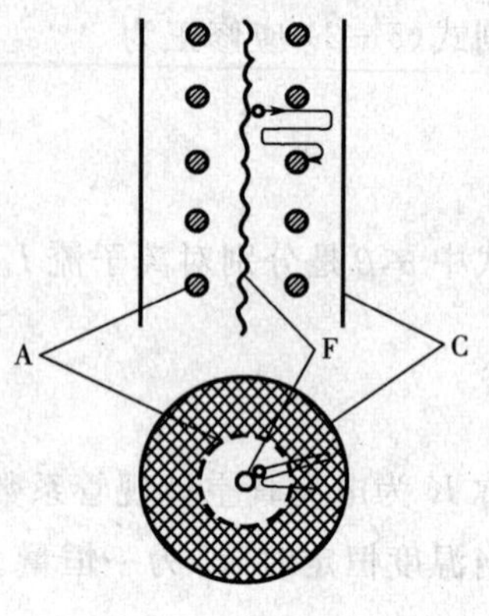

图5-1 电离规正栅工作

在外控电极接法时,其电极间的电位分布使电子在栅极内外往返穿行,运动轨迹加长,如图5-1所示电子在栅极内外振荡,最后为栅极所收集。图中影线部分为电子有效电离区,在其中由于电子碰撞而产生的正离子,为离子收集极所收集。此种结构规管系数 K 可达 $0.15\mathrm{Pa}^{-1}$ 左右。当阳极电压 V_A 增到150V以上时,离子流趋于平稳,其线性压力测量范围为 $1\times10^{-1} \sim 1\times10^{-5}\mathrm{Pa}$。

5.2.1 规管及其性能参数

这种电离规几十年来在国际上已出现过许多产品。国产普通型电离真空计规管典型型号为DL-2,其结构如图5-2所示,各电极电位关系及电路如图5-3所示。DL-2型

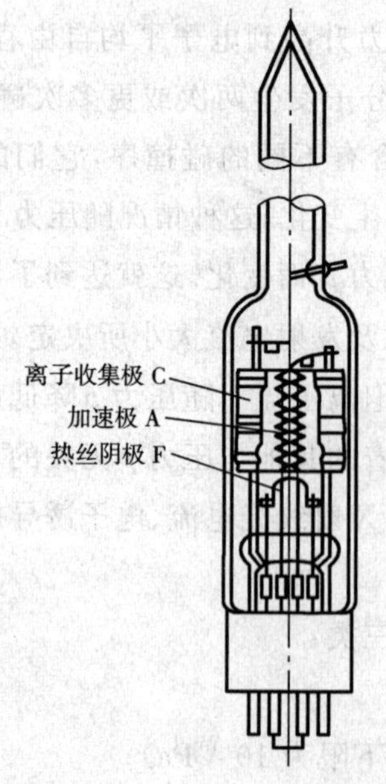

图5-2 DL—2电离规

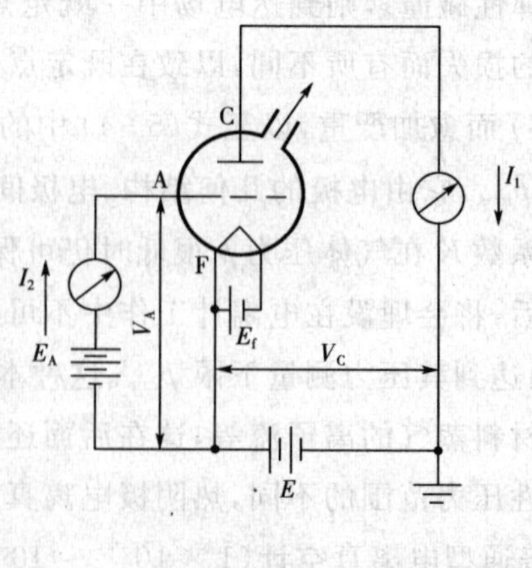

图5-3 DL—2工作原理电路

电离规几何参量及工作参数如下：

灯丝 F——W，$\phi 0.14$mm；

阳极 A——W，双螺旋状，$\phi 0.2$，$d = 8$，$l = 28.2$mm；

收集极 C——Ni，$\phi 21$，$\delta = 0.1$，$l = 28$mm；

加速极电压——$V_A = 200$V；

收集极电压——$V_c = -25$V；

灯丝电压——$V_F = 0$V；

灯丝发射电流——$I_e = 5$mA；

线性测量范围——$1 \times 10^{-1} \sim 1 \times 10^{-5}$Pa；

规管系数——$K = 0.15 Pa^{-1}(N_2)$。

普通型热阴极电离真空计的规管系数 K 是经校准而得到的，当然也可以从理论上进行推导，其计算公式为式(5-4)。但由于电子的运动轨迹迂回而且复杂，并且不是固定的曲线，电子在飞行过程中的不同位置有不同的能量，而电离效率 W 是电子能量的函数，这些致使规管系数 K 很难用式(5-4)计算出较精确值，所以电离真空计是相对真空计。

5.2.2 热阴极电离真空计的性能及使用

电离真空计由真空规管和测量电路两部分组成。真空规管直接同被测系统或容器相连，让被测气体在其中电离，将非电量压力 p 转变为电量——离子流 I_i，所以它是一传感器，是仪器的核心和关键。从工作原理的实效来看，显然应将规管电极设计得易于最大限度地引起电离，以获得最高的灵敏度。因此，离子收集极与电子加速极间的空间一般应愈大愈好；栅极节距亦应较大以利于电子来回振荡，但不能过大以免收集极的负电场透过栅极到达栅—阴极空间，压缩了电子飞行路程，导致灵敏度的降低，故栅极节距选用其最佳值；栅丝直径在保证强度下亦应愈细愈好，这样才能较少截获电子；为充分收集离子，收集极应有足够的长度，以免正离子外泄。

电离计规管的栅极用钼丝或钨丝制成，适合经常高温除气；离子收集极用薄镍皮制成，因其真空性能好，为增加刚度还在其上压有凹槽。阴极是规管的重要组件，一般均用钨丝制成，因钨丝电子发射稳定，热强度好。但钨的工作温度高达 2250～2500K，对残余气体有化学作用，热辐射效应也大。单原子层阴极必须是蒸发率较小的才能采用。钍钨丝(1400K)寿命长、碳化后抗氧化能力强。在钍钨丝上涂覆一层取向一致的钨晶粒涂层，可大大改善电子发射性能。敷钍铱丝比钍钨丝抗氧化能力更强，可适用于氧分压力较高的场合。在氧化物阴极方面，碱土金属氧化物因蒸发率高，不能使用；但属于稀土金属氧化物的氧化钇，则具有良好性能。在铂铑合金基底上覆以氧化钇，可工作到 10^2 Pa。氧化钍阴极比碱土、稀土氧化物阴极具有低电阻率、不生中间层、易激活和不易中毒等优点，它是将氧化钍电泳涂覆于钨丝或铱丝上，并经真空激活而成。氧化钍铱丝发射稳定、工作温度低、化学反应少，已得到广泛应用。在钽基底上涂六硼化镧(LaB_6)作为阴极效果亦较好，但工作温度不宜高于 1400K，否则蒸发太严重。

DL－2规管的灯丝及栅极引线均从管底芯柱引出，收集极则从管顶部单独引出。栅极做成双螺旋状，有两根引出线，需要除气时可直接通电加热除气。收集极从顶部引出的目的是加长玻璃漏电的距离。在高真空时，离子电流很小，任何漏电都会给离子流的测量带来误差。

DL－2型规管对一般高真空测量($10^{-1}\sim10^{-5}$Pa)都能胜任，但有时因特殊需要，可采用特殊构造的规管。例如为了易于除气，有的在玻璃壁上涂上一层导电层(铝、二氧化锡等)以充当收集极，这种规管收集极除气可用火焰或在烘箱中烘烤，而由镍皮制成的筒状收集极需要高频加热法除气。

真空度一定时，离子电流 I_i 对电子加速极电压 V_A、离子收集极电压 V_C 和灯丝发射电子流 I_e 存在一定的依赖关系。依赖关系的具体情况视规管结构而定，但变化的大体趋势是类似的。

离子流 I_i 随电子加速电压 V_A 增大先增大而后下降。最大离子流处对应的加速电压在300～400V之间。这个变化规律实际上是电离几率随电子能量变化规律的反映。但电离几率(设为N_2)的最大值在200V附近，并非在300～400V。这是因电子与分子碰撞系发生在栅状电子加速极之前的空间，故碰撞的平均电子能量比 eV_A 为低。要使电子碰撞平均能量达200V，V_A 就需要300～400V。

I_i 随 V_c 的变化曲线有一极值。当收集极电位 V_c 的绝对值较小时，它不能收集到所有离子，故而当 $|V_c|$ 增大时，离子流 I_i 会增加。但如果超过了最佳值，即过高 $|V_c|$ 的值反而会过早使电子转回栅极，缩短了电子有效运动路程，总的碰撞及电离就随之减少。

I_i 随 I_e 增加而增加，但逐渐偏离线性，I_e 越大偏离越多。这主要是因为 I_e 较大时空间电荷作用大，缩短了电子运动路程，故导致 I_i 降低。

根据DL－2规管的电气特性，对其工作参数做了如下选择：

(1) 加速极电压 V_A 尽量使 I_i 取得最大值，同时考虑实现方便，故而采用200V。

(2) 收集极电压 V_c 应保证尽可能多地收集离子而拒斥电子，其绝对值太小时可能会收集到电子，太大时又会使灵敏度下降，综合考虑采用－25V是合适的。

(3) 发射电子电流 $I_e=5$mA，既保证了足够的离子流，亦不造成严重的空间电荷效应，电清除作用(正比于电子电流)亦不显著。

在上述参数下，DL－2规管系数 $K=0.15\text{Pa}^{-1}$(N_2或干燥空气)。

5.2.3 气体成分对测量的影响

由于不同气体有不同的电离截面或电离效率曲线，所以电离真空计规管系数 K 与气体种类有关。电离真空计的校准曲线随气体种类不同而异。为测量与压力计算方便，引入相对灵敏度 S_r，则

$$S_r=\frac{K}{K_{N_2}} \tag{5-6}$$

即以氮气为基准，取各种气体规管系数与氮气规管系数的比值，称其为相对灵敏度。

不同种类气体的相对灵敏度随电子能量而变化。就同种气体而言，对不同种规管，或同一种规管因采用不同工作电参数致使电极间的电位分布不同，其相对灵敏度亦不尽相同。但若阳极工作电压保持在150～300V范围内，使用同种气体的各种规管相对灵敏度的差别则不超过±20%。传统型电离真空规的相对灵敏度 S_r 如表5-1所示（此值仅供参考）。

表5-1 传统型电离真空规的相对灵敏度

气体	对 N_2 相对灵敏度	气体	对 N_2 相对灵敏度
H_2	0.46	CO_2	1.53
He	0.17	干燥空气	1.00
Ne	0.25	H_2O	0.90
Ar	1.31	Hg	3.40
Kr	1.98	扩散泵油气	9～13
Xe	2.71	HCl	0.38
N_2	1.0	CH_4	1.26
O_2	0.95	CCl4	0.70
CO	1.11		

由于电离真空计是以 N_2 校准的，若被测气体不是 N_2，则电离真空计的读数 p_{read} 是被测气体离子流所对应的等效氮压力，非为真实压力 p_{real}。若知道被测气体相对灵敏度 S_r，则其真实压力为

$$p_{real} = p_{read}/S_r \tag{5-7}$$

例如，以普通型电离计对纯 H_2 进行压力测量，若以 N_2 校准的电离计压力读数为 $p_{read} = 2\times10^{-4}$ Pa，则可以说此时被测气体 H_2 的等效 N_2 压力为 2×10^{-4} Pa，而其真实压力为

$$p_{real} = p_{read}/S_r = \frac{2\times10^{-4}}{0.46} = 4.3\times10^{-4}\ \text{Pa}$$

由这个例子可以看出，用电离真空计进行压力测量时，一定要注意被测气体种类，否则将产生较大的误差。

5.2.4 校准曲线及压力测量范围

由于电离真空计是一种相对真空计，其离子流与压力的关系要经校准才能确定。普通型电离真空计的校准曲线如图5-4所示。由图可见，当压力较高时离子流有达到最大值后下降的趋势；在压力较低时则出现离子流不再变小而保持恒定的趋势。由此观之，普通型电离计的量程为 $1\times10^{-1}\sim1\times10^{-5}$ Pa（线性测量范围）。

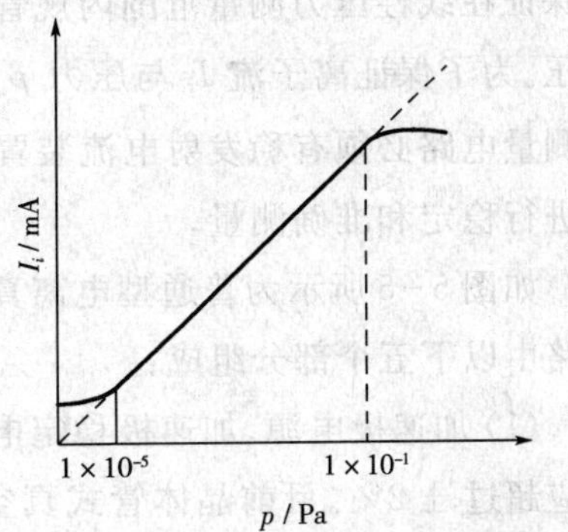

图5-4 普通型电离真空计校准曲线

电离现象与压力关系本是线性的，现在校准曲线两端严重地偏离线性，这意味着在此处某些寄生现象已越来越显著，甚至占主要地位。

这里有必要讨论一下关于电离计压力下限的问题。在20世纪30年代至50年代，高真空技术已在科学技术中得到广泛应用，但却长期未能突破10^{-5} Pa这个极限，这主要就是受到测量工具的限制。实际上，人们已获得远较10^{-5} Pa高的真空度，但却无法加以证实。后来才逐步清楚达到压力下限时的那个电流，实际上大部分已是收集极的光电发射电流，离子电流已越来越小。因光电子与正离子电性相反，故光电子的发射在电流方向上恰似正离子的流入，造成离子流的假象。光电子发射是由于收集极受到各种辐射引起的，主要的辐射是荷能电子轰击阳极产生的软X射线；其次是灯丝发出的光和外界照射光。如能减小光电发射的危害，就可降低电离真空计测量下限。在50年代初期，贝阿德(Bayard)和阿尔珀特(Alpert)两人首先在这方面取得突破，研制出B－A型电离真空计可测量到10^{-9} Pa数量级，于是真空技术开始进入超高真空时代。

电离真空计提高测量上限问题，后来也受到较大的重视。在这个问题上首先由舒尔茨(Schulz)等开展研究，我国在这方面也做了许多工作。压力较高时，电子自由程变小，电子与气体分子碰撞的几率增加，因为加速电压(200V)比电离电位(一般气体在十多伏以内)高十多倍，电离产生的电子有可能在电场中取得高于电离电位的能量，能够引起电离作用，如此发展下去，可产生电子繁流现象。电子繁流现象与压力是指数关系，并不是线性关系。实际上压力高时，还有很多效应会导致线性的偏离。例如电子自由程很短，大多数碰撞都是低能量碰撞，不能引起电离；由于碰撞频繁及空间电荷的影响，使电子振荡的路程缩短了；离子在抵达收集极前可能与电子发生复合作用，等等。这些现象都能导致离子流往下偏离线性。

5.3 热阴极电离真空计的测量电路

热阴极电离真空计是以气体电离后的离子电流反映压力的，其计算公式为$I_i = KI_e p$。为保证在线性压力测量范围内规管系数K是一常数，要求对规管各电极施以一定的额定电压。为了保证离子流I_i与压力p的线性关系，必须保证发射电流I_e为一既定的常数值，故测量电路必须有稳发射电流装置。由于离子流I_i一般较小，必须有微电流放大器对离子流进行稳定和准确测量。

如图5-5所示为普通型电离真空计测量电路方框图。所用电离计规管为DL－2型，其电路由以下五个部分组成：

(1) 加速极电源。加速极稳定电源对地为225V，一般要求外电源变化±10%时其波动不应超过±2%。目前晶体管式真空计电路中，多用硅稳压管来完成。另外，此部分中还有供加速极通电加热除气电源，DL－2型规管用10～12V、2～3A交流电源除气(压力$p<10^{-3}$ Pa时需除气，以减小放气对测量的影响)。

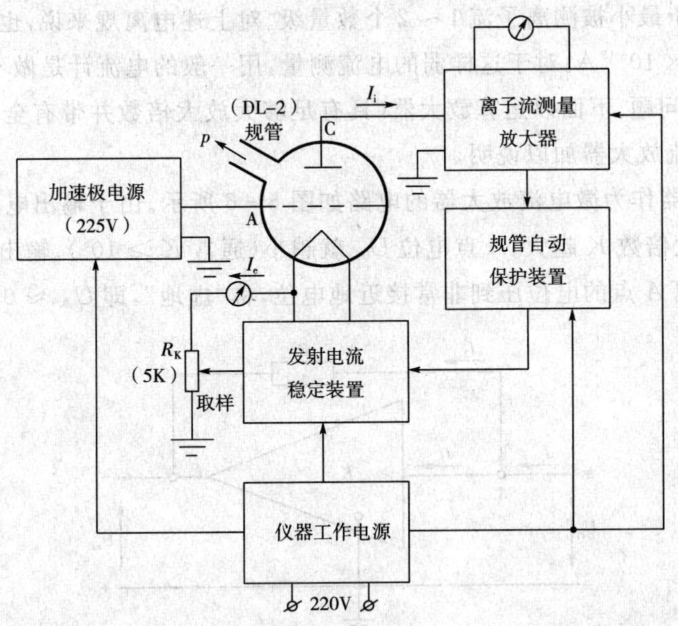

图 5-5　普通型电离真空计测量电路方框图

由于收集极电压不高($V_{CF}=-25V$),因此常用规管的稳发射电流产生的自给偏压直接从加速极的高压电源获得。偏压电阻 $R_K=5k\Omega$,发射电流 $I_e=5mA$,在其上的压降为

$$R_K \times I_e = 5k\Omega \times 5mA = 25V$$

由于离子收集极通过微电流放大器输入电阻接地,近似为地电位,而灯丝 F 对地电位为 25V,所以 $V_{CF}=-25V$;又加速极 A 对地电位为 225V,故有 $V_{AF}=225-25=200V$。至此,规管各电极电位已给出,并保证具有一定的稳定度。

(2) 发射电流稳定装置。在工作原理中已指出,在仪器压力测量范围内,为保证离子流与压力呈线性,必须维持发射电流恒定。在规管工作过程中,由于阴极发射情况的变化,电源电压波动,被测压力的变化等都会引起发射电流的变化,结果造成测量的不稳和误差的增大。因此,发射电流稳定装置是电离真空计的关键部分之一。这种装置主要是通过电子自动调节系统来调整规管灯丝加热功率,以保持发射电流不变。控制发射电流稳定装置的输入信号来自阴极电阻 R_K,取样信号反映发射电流大小,与基准相比来控制灯丝加热功率,以维持发射电流恒定。若改变发射电流大小,调取样电位器 R_K 即可。一般要求 $+20℃$ 下外电源电压变化 $\pm 10\%$ 时,发射电流变化小于 $\pm 1\%$;规管内压力从 10^{-3}Pa 增至 10^{-1}Pa 时,发射电流最大变化小于 2%;发射电流 24h 内的时间漂移小于 1%;环境温度从 $+20℃$ 突变到 $+40℃$,发射电流的变化小于 0.1%/℃。

(3) 离子流放大器。它是电离真空计测量电路的心脏。在超高真空测量中,电离计规管收集极收集的正离子流十分微弱,ZJ-5 型规管在测量压力 $p=1\times10^{-1}\sim1\times10^{-8}$Pa 时,可以计算出相应的离子流为 $I_i=1.5\times10^{-5}\sim1.5\times10^{-12}$A(当 $K=0.075Pa^{-1}$,$I_e=2\times10^{-3}$A 时)。

为了使测量仪表有足够清晰可靠的指示,要求微电流测量仪表的灵敏度(最小能分辨的指示值）应高于最小被测离子流 1～2 个数量级。对上述电离规来说，也就是要求测量仪表最小能测至 1×10^{-13} A。对于这样弱的电流测量，用一般的电流计是做不到的，微电流放大器可解决这个问题。下面以运算放大器（具有足够大放大倍数并带有全负反馈的直流放大器）作为离子流放大器加以说明。

以运算放大器作为微电流放大器的电路如图 5－6 所示。由于输出电压 U_{out} 总是有限的，放大器的放大倍数 K 越大，A 点电位 U_A 就越小（通常 $K\geqslant10^5$）。输出电压通过电阻 R 很强的负反馈，把 A 点的电位压到非常接近地电位，称“虚地”，即 $U_A\approx0$，这样就有

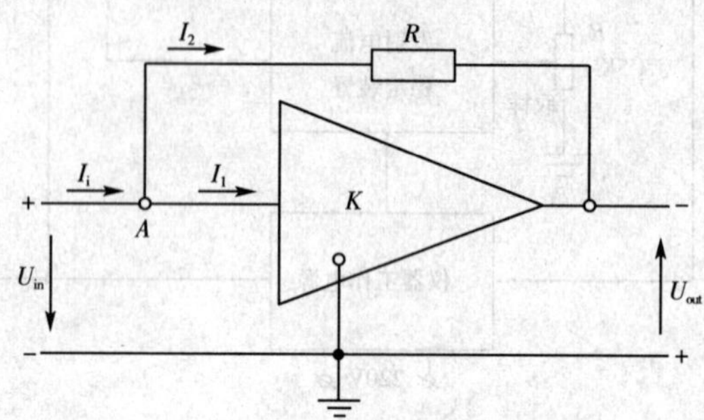

图 5－6　微电流放大器

$$I_1 \ll I_i \tag{5-8}$$

$$I_2 \approx I_i \tag{5-9}$$

因为

$$U_{in} = I_2 R - U_{out} \tag{5-10}$$

由式(5－9) 和式(5－10)，得

$$U_{in} = I_i R - U_{out} \tag{5-11}$$

或

$$I_i R = U_{out}\left(1+\frac{1}{U_{out}/U_{in}}\right) = U_{out}\left(1+\frac{1}{K}\right) \tag{5-12}$$

因为 $K\gg1$，有 $\frac{1}{K}\rightarrow0$，则

$$I_i R = U_{out} \tag{5-13}$$

所以

$$I_i = U_{out}/R \tag{5-14}$$

离子流放大器输出阻抗低，其输出电压等于离子流 I_i 在大电阻 R 上产生的压降。从这种概念出发，可以将负反馈的直流放大器看做一种阻抗变换器，它将测量大电阻上的电压变为测量低电阻上的电压，这样用普通电磁系仪表就可简单又准确地测量了，从而也就可准确地确定通过大电阻上的离子流。一般输出指示电表采用微安表（0～100μA），其内阻约为 1kΩ 或 2kΩ。

例如，试设计一台微电流放大器，输出电表为量程 0～100μA、内阻 $R_i=800\Omega$ 的微安表。电离计规管为 ZJ－5（$I_e=2$mA，$K=0.075\text{Pa}^{-1}$），放大器可测压力量程为 1×10^{-1}～

1×10^{-8} Pa，若放大器输出电压为 705mV 时，输出电表为满刻度，计算放大器反馈电阻和配表电阻。

由于压力量程为多个数量级，故放大器反馈电阻也就有多个。每个反馈电阻对应一个倍率，有时称反馈电阻为倍率电阻。放大器如图 5－7 所示。所测压力为输出电表的格数（满刻度时为 10 格）乘以倍率电阻的倍率数。由于输出为 705mV 时，输出电表为满刻度，即 100μA，所以配表电阻 R_b 为

$$R_b=\frac{705\times10^{-3}}{100\times10^{-6}}-R_i$$

$$=7050-800$$

$$=6250\Omega$$

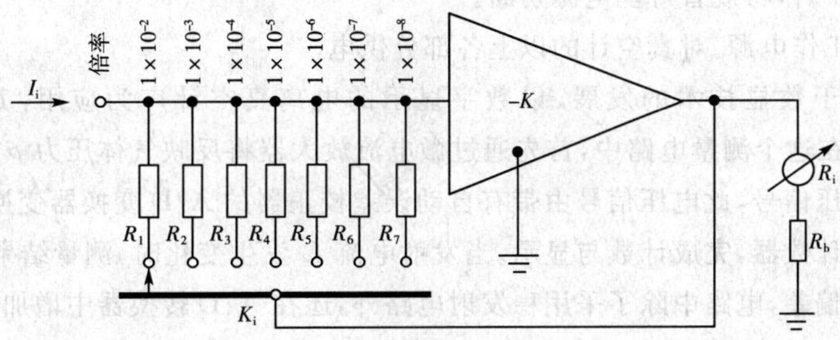

图 5－7 电离规的离子流放大器

当倍率开关 K_1 在倍率 $\times10^{-2}$ 档时，倍率电阻为 R_1，设想在压力 p 下，输出表为满刻度（10 格），则此时 $p=10\times10^{-2}=1\times10^{-1}$ Pa。在此压力下的离子流 I_i 为

$$I_i=KI_ep=0.075\times2\times10^{-3}\times1\times10^{-1}=1.5\times10^{-5}\text{A}$$

于是倍率电阻 R_1 可确定下来，即

$$R_1=\frac{705\times10^{-3}}{1.5\times10^{-5}}=4.7\times10^{4}\Omega$$

同理可计算出其他倍率电阻分别为

$$R_2=4.7\times10^{5}\Omega\quad（倍率为\times10^{-3}）$$

$$R_3=4.7\times10^{6}\Omega\quad（倍率为\times10^{-4}）$$

$$R_4=4.7\times10^{7}\Omega\quad（倍率为\times10^{-5}）$$

$$R_5=4.7\times10^{8}\Omega\quad（倍率为\times10^{-6}）$$

$$R_6=4.7\times10^{9}\Omega\quad（倍率为\times10^{-7}）$$

$$R_7=4.7\times10^{10}\Omega\quad（倍率为\times10^{-8}）$$

值得注意的是，微电流放大器是线性的，测量前一定要先调零（当输入为零时，输出也应为零）和调“校准”（即输出为一标准信号，比如例题中为 705mV，输出应为满刻度）。

一般来说，对微电流放大器的要求，除了必须具有很高的电流灵敏度外，还应在很高的输入阻抗下具有足够的稳定性。因此，微电流放大器设计的关键是这两个矛盾着的方面的合理统一。实际上，直流放大器的灵敏度往往决定于干扰的水平，因为干扰是影响放大器稳定性能的直接因素。干扰分高频与低频两种，高频干扰是短时的连续的杂乱脉冲，通常称为噪声；低频干扰是以长期输出电压连续地偏离额定值的形式出现，这种干扰称为“零点漂移”。

(4) 规管自动保护装置。在真空测量过程中，可能会出现被测真空装置大量漏气或某种原因使真空度突然下降($p>10^{-1}$Pa)的情况，它致使热阴极电离真空计规管灯丝迅速氧化而烧毁。为使规管免遭破坏，需要有规管自动保护装置。这种装置应设计成：当被测真空度急剧降低，离子流放大器输出信号相应地增大，大到保护灵敏度(选为被测信号档满量程的3倍左右)时，将规管灯丝电源切断。

(5) 仪器工作电源。对真空计的以上各部分供电。

近年来由于数显技术的发展，以数字显示的电离真空计广为应用，其结构框图如图5-8所示。在这个测量电路中，首先通过微电流放大器将反映气体压力p的离子流I_i变换成相应的电压信号，此电压信号由带有自动误差校正器的A/D变换器变换成计数脉冲，最后脉冲进入计数器，完成计数与显示。当发射电流I_e发生变化时，测量结果将发生误差。为了克服这种偏差，电路中除了采用稳发射电路外，还在A/D转换器中增加了自动误差校正器，因而就从原理上抑制了发生误差的主要因素。这种电路的优点是：① 能自动进行指数计数与显示，无需进行传统真空计的量程的手动切换，因此避免了切换带来的误差；② 消除了发射电流变化对测量结果的影响，大大提高了测量结果的准确性；③ 取消了零点、满度和发射电流的调节，使操作变得极其简单；④ 数字显示，超程自动保护，并具有超程报警功能。

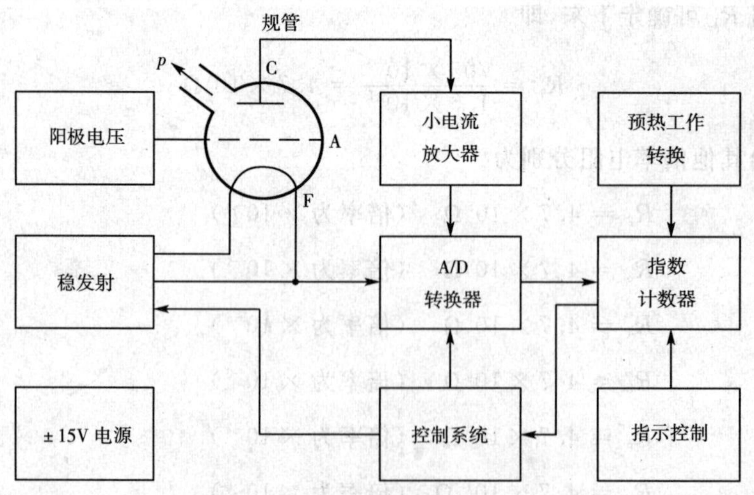

图5-8 数显式电离真空计结构方框图

5.4 高压力热阴极电离真空计

5.4.1 压力测量上限的扩展

一般热阴极电离真空计的压力测量上限为 10^{-1}Pa，而在实际应用中，常常要求能测量高于 10^{-1}Pa 的压力。这就要用两种工作原理的真空计组合起来测量，比如用普通型电离真空计加上热偶真空计。虽然这种组合的压力测量范围宽达 $1\times10^{-5}\sim100$Pa，但是，在测量时要用两种规管，这给使用带来很多不便。此外，热偶式真空计压力测量下限与电离真空计的测量上限都是 1×10^{-1}Pa，由其测量原理的不同，就出现了 1×10^{-1}Pa 处的衔接问题。而 10^{-1}Pa 压力恰好是真空冶金、真空热处理、半导体单晶制备的工作压力，需要准确地进行测量。因此，扩展电离真空计的测量上限，即实现较高压力的测量是电离真空计的一个重要发展方向。习惯上称这种电离真空计为高压力电离真空计或中真空电离真空计。

限制热阴极电离真空计测量上限的主要原因是：

(1) 在高于 1×10^{-1}Pa 压力下，热规的钨丝阴极将氧化，寿命大为缩短，甚至烧毁。

(2) 在高于 1×10^{-1}Pa 时，离子流与压力的关系曲线开始偏离线性。

前者是比较容易解决的，可以采用抗氧化的阴极，比如选纯铱丝(纯度99.9%以上)为基材并在其表面上涂上氧化钇(Y_2O_3)以提高电子发射性能，能在较高压力下工作且使用寿命长。但也必须指出，氧化钇阴极不宜在有大量油蒸气的环境下工作，因为阴极被油蒸气玷污后，其表面分解碳分子就停留在发射体表面，使发射性能下降。涂氧化钇阴极发射电流为 1mA 时，其工作温度约为 1000℃，但铱加工比较困难。

早期对传统型电离规测量上限研究时发现：当压力升到 10^{-1}Pa 时，离子流 I_i 趋于“饱和”，即离子流 I_i 保持不变而与压力 p 无关；压力测量上限 p_{max} 与所用的电子流 I_e 的大小有关，即 I_e 愈大，p_{max} 愈低。这主要是由于电极间的离子增多，形成空间电荷电场，使电子运动轨迹发生变化所致。

舒茨在研究 B—A 规测量上限时提出：离子流 I_i 趋于“饱和”的原因，是电离过程中出现的二次电子不断增多，而这种二次电子能量很小，对电离气体没有贡献，因而有

$$\frac{I_i}{I_e}=\frac{I_i}{I_{e0}+I_i} \tag{5-15}$$

式中：I_i—— 离子电流；

I_e—— 电子电流；

I_{e0}—— 阴极发射的初始电子流。

假设 $I_i/I_{e0}=Kp$，且不受 p 增大的限制，式(5-15)可写成

$$\frac{I_i}{I_e}=\frac{I_i/I_{e0}}{1+I_i/I_{e0}}$$

有
$$\frac{I_i}{I_e}=\frac{Kp}{1+Kp} \tag{5-16}$$

当 $Kp \gg 1$ 时，$I_i/I_e \approx 1$，即“饱和”。若当 $Kp \ll 1$，则式(5-16)变为

$$\frac{I_i}{I_e}=Kp$$

由此可见，保持 I_i/I_e 正比于压力 p 关系的条件为 $Kp \ll 1$。因此规系数 K 愈低，测量上限就愈高，这就是舒茨型高压力电离规的主要设计依据。电子由灯丝F直接飞到阳极A，其距离只有1.5mm，阳极电压 V_A 也降到60V，使规系数 K 大为降低($K_{N_2}=4.5\times10^{-3}\,Pa^{-1}$)，这样测量上限可延伸到80Pa，其量程为 $1\times10^{-3}\sim80$Pa。

舒茨规中，灯丝与阳极板之间产生的离子将与电子作相反方向运动，两者轨迹易于相互干扰。将电极改为两对相互垂直的平行平板电极结构，电子和离子轨迹互不相干，DL—5型中真空电离规就是如此。图5-9所示为DL—5型规电极截面示意图(垂直于灯丝 F 的横截面)。这种结构的抗氧化阴极安装在规管的中心轴上，收集极为两块大的长方形板状电极，加速极为两块小的长方形板状电极，它们对称地安装在阴极的四周。规管外壳一般用DM—305钼组玻璃制成，也有金属裸式结构。其各电极材料和结构尺寸如下：

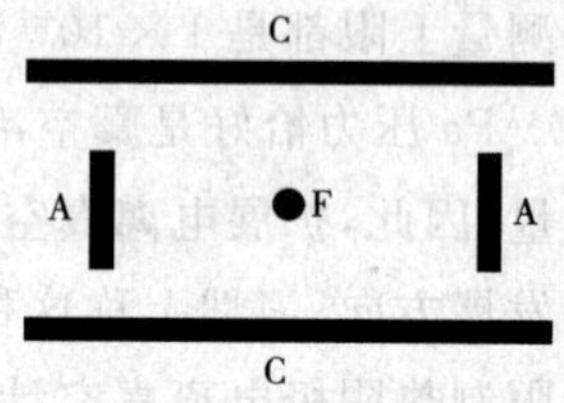

图5-9 DL—5规电极结构图

A—加速极 C—收集极 F—阴极

阴极	纯铱丝涂0.05mm厚的 Y_2O_3，ϕ0.15，长24mm
加速极	1Cr18Ni9Ti，20×3×0.4两块
收集极	1Cr18Ni9Ti，20×15×0.4两块

各电极的工作电参数和灵敏度如下：

加速极电位	+165V(对地)
收集极电位	0
阴极电位	+50V
发射电流	50μA
规管系数	$1.5\times10^{-2}\,Pa^{-1}$

有时为了降低对离子流测量放大器的要求，在测量 $10^{-3}\sim10^{-4}$ Pa时，可将发射电流增大至500μA。

这种结构的特点是：① 加速极与阴极间距离很近，电子在飞向板状加速极时基本上是直线运动，电子路径短，减少了电离几率，因而降低了规系数；② 缩短了加速极与收集极间的距离，并增大了收集极的面积，使收集极带有较高的负电位，提高了离子收集效率，减少了复合机会；③ 采用低的发射电流，减少了高压力时电子和离子对规管电位分布的影响，并减少了两者的复合机会。由于这些特点，使得它的测量范围为 $1\times10^{-4}\sim70$Pa。此外，还具有电极结构尺寸较大、公差要求较低、制造简单、除气容易等特点。

5.4.2 DL—8 型电离真空计

实际上，关于离子流趋于饱和的理论，并不符合实验结果，这是因为早期没有抗氧化的阴极，不可能在较高的压力下继续实验下去，可以说是“推测”为饱和。在式(5-16)的推导中，忽略了随着电子平均自由程的缩短，电子的碰撞序增多、能量衰减，即使自阴极发射的初始电子，其电离效率也大为降低，所以关于 $I_i/I_{e0}=Kp$ 不受 p 限制的假定是不能成立的。

在电离计的电源线路中，稳定 I_e 和 I_{e0} 在技术上是同等的，同样可以由 $I_i/I_{e0}=Kp$ 的关系测定 p。离子流并不存在饱和而是有一极大值。这可由斯托列托夫效应的非自持放电理论得到解释。

由斯托列托夫效应，自阴极发射的电子数 n_0 经过路程 L，与到达阳极繁流电子数 n_1 之间有以下关系

$$\frac{n_1}{n_0}=\exp\int_0^L Wp\exp\left(-\frac{C}{E}p\right)\mathrm{d}r \tag{5-17}$$

式中：W—— 电离效率；

p—— 气体压力；

E—— 电极间电场强度。

其中

$$C=Z_0U_i\frac{273}{T} \tag{5-18}$$

式中：Z_o—— 在 $p=1\mathrm{Pa}$，$T=273\mathrm{K}$ 时，电子行经过 1m 路程中与气体分子的碰撞次数；

U_i—— 电离电位；

T—— 热力学温度。

对于电离真空计，阴极发射电流 I_{eo}，阳极电子流 I_e。和离子流 I_i，有

$$\frac{n_1}{n_0}=\frac{I_e}{I_{eo}} \tag{5-19}$$

因为 $I_e=I_{eo}+I_i$，所以

$$\frac{n_1}{n_0}=\frac{I_e}{I_{eo}}=1+\frac{I_i}{I_{eo}} \tag{5-20}$$

将式(5-20)代入式(5-17)并取对数，得

$$\ln\left(1+\frac{I_i}{I_{eo}}\right)=\int_0^L Wp\exp\left(-\frac{C}{E}p\right)\mathrm{d}r \tag{5-21}$$

假设式中 W 与 p 无关，并取 E 为常数(均匀场)，则可作以下定性分析：

(1) 令式(5-21) 对 p 微商为零，可得对应于 $(I_i/I_{e0})_{max}$ 的 p_m，即

$$p_m=\frac{E}{C} \tag{5-22}$$

(2) 在 $p \ll p_{\rm m}$ 时，因为$(I_{\rm i}/I_{\rm eo}) \ll 1$，故

$$\ln(I_{\rm i}/I_{\rm eo}+1) \approx I_{\rm i}/I_{\rm eo}$$

又

$$\exp(-\frac{C}{E}p) = \exp(-\frac{p}{p_{\rm m}}) \approx 1$$

式(5-21) 变为

$$\frac{I_{\rm i}}{I_{\rm eo}} = \int_0^L W{\rm d}rp = Kp \tag{5-23}$$

这就是高真空时电离规线性公式(5-3)，只不过此时令系数 α 和 β 均为 1。

(3) 式(5-21) 右边积分项随 p 增高而减小，并趋于零，即

$$\lim_{p\to x}\ln(\frac{I_{\rm i}}{I_{\rm eo}}+1) = 0$$

或

$$\lim_{p\to\infty}\frac{I_{\rm i}}{I_{\rm eo}} = 0 \tag{5-24}$$

通常对于 $I_{\rm i}/I_{\rm e}-p$ 的关系，由

$$\ln(\frac{I_{\rm i}}{I_{\rm eo}}+1) = -\ln(1-\frac{I_{\rm i}}{I_{\rm eo}})$$

结合式(5-21) 同样可导出如上三个结论。

由式(5-22) 可见，对于一定气体在一定温度下，离子流达到峰值时所对应的压力 $p_{\rm m}$ 取决于电场强度 E。为了提高线性测量上限，必须使 $p_{\rm m}$ 值升高，这可通过增强电场强度 E 来实现，使电子自由程较小时仍能获得足够能量发生电离碰撞，同时也须抑制繁流放电现象。这又要求规管系数 K 应足够低。

DL—8 型电离真空规就是基于上述思想而设计的。其电极结构可以同时满足上述两方面要求，如图5-10所示为其电极结构图。这种规管采用两块不锈钢平行电极C作为离子收集极，两块板距离 $d_1 = 5{\rm mm}$，在中心平面处置有四根相互间隔为 $d_2 = 1.32{\rm mm}$ 的丝状电极，K 为外涂氧化钇的铱阴极，A 为加速极。两侧为辅助电极 S，A 和 S 均为 $\phi 0.5{\rm mm}$ 钼杆。利用电极C和S上的适当负电位可改变电极 K—A 间的电位分布，如在辅助电极S与C极(或 K 极) 同电位时，电极 K—A 间分布的电位将受四周负电位的作用而普遍降低，负压愈大，降低愈甚，靠近加速极 A 附近的区域电场强度 $E = {\rm d}v/{\rm d}r$ 就愈大。这意味着电子由K到 A 的大部分路程中只有很低的能量，故电离几率很低；电子只有在靠近阳极的极小部分由强电场迅速获得较大的能量，即使在压力较高、电子自由程很短的情况下也能有足够的电离几率。同时，这种电位分布对电子有聚焦作用，迫使电子沿轴线作最短的直线运动，也促使规管系数降低。表 5-2 为 DL—8 型规管的工作参数。

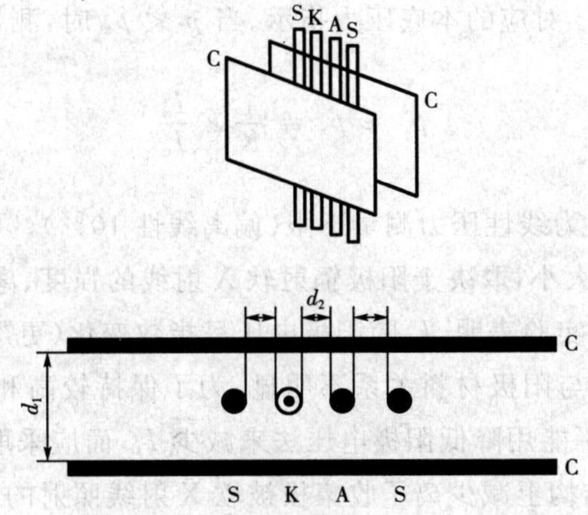

图 5-10 DL-8 型规管结构示意图

表 5-2 DL-8 型规管的工作参数

测量压力范围(Pa)	130 ～ 0.13	0.13 ～ 1.3×10^{-3}	1.3×10^{-3} ～ 1.3×10^{-4}
V_A(V)	162	162	162
V_K(V)	60	10	10
V_S(V)	60	162	162
V_C(V)	0	0	0
I_e(μA)	4	50	500
K(Pa^{-1})	3.76×10^{-3}	0.376	4.14

5.5 超高真空热阴极电离真空计

5.5.1 影响测量下限的原因及其扩展措施

早在 20 世纪 30 年代，在一些研究阴极发射的真空系统中就曾发现，即使由表面效应估计压力已低于 10^{-8} Pa 时，传统电离真空规指示值却不低于 10^{-6} Pa。直至 50 年代初期，诺丁汉(Nottingham)提出一种假说：栅状阳极受电子轰击而产生软 X 射线(一种较 X 射线波长稍长、穿透能力稍弱的射线)，离子收集极接收此射线会产生光电子发射，收集极发射光电子与收集到离子是等效的，这样在离子收集极电路中形成了与压力无关的本底电流 I_x，有时也称之为虚假离子流(以区别于反应气体压力的真实离子流)。因此，实际上离子流的测量值为 $I'_i = I_i + I_x$。按式(5-5)，I'_i 对应的压力值为 p'，有

$$p' = \frac{1}{K}\frac{I'_i}{I_e} = \frac{1}{K}\frac{I_i + I_x}{I_e} = p + \frac{1}{K}\frac{I_x}{I_e} = p + p_x \tag{5-25}$$

式中：p_x 为虚假离子流 I_x 对应的本底压力指示。当 $p \ll p_x$ 时，测量值

$$p' \approx p_x = \frac{1}{K} \times \frac{I_x}{I_e} \tag{5-26}$$

通常取 $p_{\min} = 10p_x$ 为线性压力测量下限(偏离线性 10%)。

光电本底电流 I_x 的大小，取决于阳极辐射软 X 射线的强度、离子收集极接收辐照程度及其光电发射率的大小。实验表明，I_x 随阳极电压呈指数变化(更严格地说 I_x 与 V_A 之间呈不连续折线关系)。但 I_x 与阳极材料关系不明显。为了保持较高和稳定的 K 值，阳极电压 V_A 不宜选择过低。因此不能用降低阳极电压法来减少 I_x，而应采取如下措施：

(1) 从电极的几何结构上减少离子收集极被软 X 射线照射的面积，这就是 B—A 型电离计的设计思想。

(2) 在离子收集极附近，安置一相对于离子收集极为负电位的电极(抑制极)，可以使离子收集极表面发射的光电子被电场折回，以消除本底光电流，这种方法称为光电子抑制法，如抑制电离规。

(3) 在离子收集极电流中扣除本底光电流，这是离子流调制法，如调制 B—A 电离规。

(4) 由式(5-26)可知，本底光电流对应的本底压力指示 p_x 与规系数 K 成反比，所以提高规系数 K 能够降低测量压力下限 $p_{\min}$，如弹道规和热阴极磁控管电离规。

在冷阴极磁控放电现象中，没有固定的热电子电流 I_e，只有随压力降低而不断减少的放电电流，这就从原理上克服了光电发射形成的本底电流对测量下限的影响。

5.5.2 B—A 规

20 世纪 50 年代初期，贝阿德(Bayard) 和阿尔珀特(Alpert) 提出新结构热阴极电离真空计，是从电极结构上减少离子收集极被软 X 射线辐照的面积，人们称之为 B—A 规。它采用尽量减小离子收集极面积的办法以避免软 X 射线的照射。实际上，只用一根细金属丝充当收集极。为了保证有足够的离子收集效率，将收集极置于栅状电子加速极之内，这样栅内的所有离子都将被它所收集。灯丝则移至栅外，对称安装两根：一根工作，另一根备用。B—A 规有两种形式：一为管式规，一为裸规，如图 5-11 所示。

普通电离规收集极为圆筒形，且加速极在其内，收集极几乎全部接收栅极所发出的软 X 射线；B—A 规收集极改为细丝后，接受软 X 射线减小了约 100 倍，故测量下限可延伸两个数量级，即达 10^{-8} Pa。B—A 规的结构还加大了加速极栅径以扩大电离空间，增大了电子在空间的飞行路径，故规管系数可达 $7.5 \times 10^{-2} \sim 1.9 \times 10^{-1}\,\mathrm{Pa}^{-1}$，高者可达 $3.8 \times 10^{-1}\,\mathrm{Pa}^{-1}$。

B—A 式规管的结构除缩小离子收集极表面积(由圆筒变为细针状)，将灯丝与离子收集极易位外，还加大了加速极栅径，以扩大电离空间，增长了电子在空间的飞行路径；在收集极引线杆外面套上一小段玻璃管，以屏蔽加速极产生的软 X 射线照射到这个较粗的引线上，降低了光电流本底，同时又延长了其他电极至收集极的表面漏电路径，包括金属电

极蒸发附着在收集极周围引起的漏电。由于金属电极面积的减小，降低了除气功率，如用电子轰击除气，只需要较低的功率和较短的除气时间，就可以使各电极加热至 1200℃ 左右，进行除气。

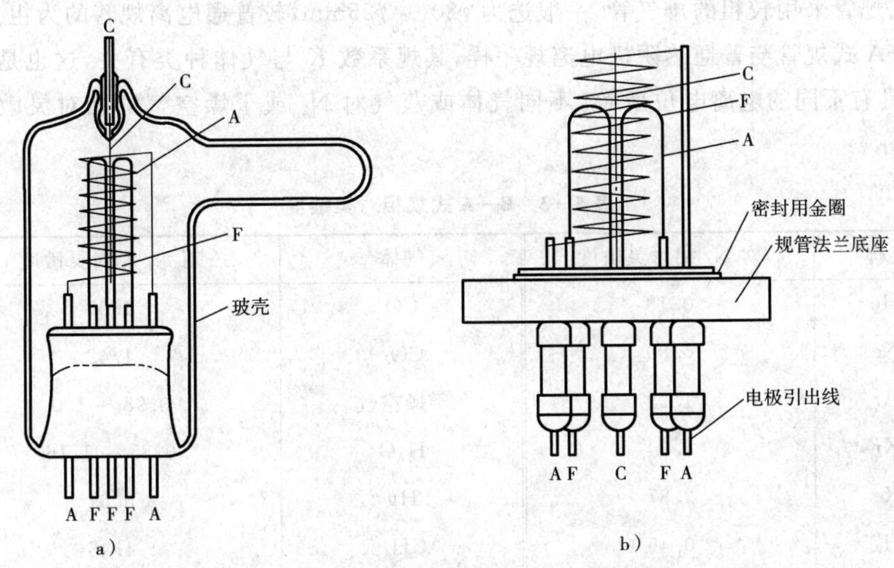

图 5-11 B—A 式规管的结构

a）管式规 b）裸规

将B—A式规管配以适当的测量电路，就可测量超高真空。例如当B—A式规管的规系数 $K=7.5\times10^{-2}\,\mathrm{Pa^{-1}}$，在发射电流 $I_e=1\mathrm{mA}$ 时，压力 $p=1\times10^{-1}\sim1\times10^{-8}\,\mathrm{Pa}$ 对应收集的离子流为

$$\begin{aligned} I_i &= KI_e p \\ &= 7.5\times10^{-2}\times1\times10^{-3}\times(1\times10^{-1}\sim1\times10^{-8}) \\ &= 7.5\times10^{-6}\sim7.5\times10^{-13}\,\mathrm{A} \end{aligned}$$

这样大小的离子流供离子流放大器进行放大。

常用的 ZJ－6 型 B－A 规管主要结构参数为：阴极 ——W，ϕ0.2，长 80mm，V 形，2 根；加速极 ——W 或 Mo，ϕ0.2，带边杆栅结构，螺旋直径 ϕ20mm，螺距 1.8mm，螺旋长 40mm；收集极 ——W，ϕ0.1mm，长 40mm；管壳 —— 钼组玻璃，厚 1.5mm，ϕ5mm 圆筒，排气管为 ϕ25mm。

B—A 式规管的电参数一般选：$V_{AK}=150\mathrm{V}$；$V_{CK}=-25\sim-100\mathrm{V}$；$I_e=0.1\sim10\mathrm{mA}$（通常为 1mA）。

ZJ－6 型 B—A 规管的额定工作参数为：$V_{AK}=150\mathrm{V}$；$V_{CK}=-25\sim-100\mathrm{V}$；$I_e=0.1\sim10\mathrm{mA}$；$K=0.105\,\mathrm{Pa^{-1}}$；$p_x=4\times10^{-9}\,\mathrm{Pa}$（光电流本底压力）。

增大发射电流能得到较大的离子流，这样可以降低对离子流测量放大器灵敏度的要求，但是过大的发射电流所造成的空间电荷将使电子飞行路径缩短，造成灵敏度下降，同时也使规管抽气作用增大。据实验结果，发射电流由 1mA 增至 10mA，其抽气作用增大一万倍，增大了测量误差。

B—A 式规管在工作中的抽气作用是基于电清除和化学清除。一般认为 B—A 规管的抽速为 0.21s^{-1} 左右。由于规管的连接管的阻力使得规管中的压力较被测压力为低。因此，B—A 式规管采用较粗的排气管，一般选为 $\phi20 \sim \phi25$mm，较普通电离规管的为粗。

B—A 式规管与普通热阴极电离规一样，其规系数 K 与气体种类有关，这也是由于不同气体具有不同的电离电位所致。不同气体或蒸气对 N_2 或干燥空气的相对灵敏度如表 5-3 所示。

表 5-3 B—A 式规相对灵敏度

气体	对 N_2 相对灵敏度	气体	对 N_2 相对灵敏度
He	0.18	CO	1.05
Ne	0.30	CO_2	1.42
Ar	1.29	干燥空气	0.98 ~ 1.0
Kr	1.94	H_2O	0.85 ~ 1.16
Xe	2.87	Hg	3.64
H_2	0.46	CH_4	1.48
N_2	1.0	CH_3COCH_3（丙酮）	3.6
O_2	1.01	C_6H_6（苯）	5.86

B—A 式真空计也是相对真空计，不同结构尺寸的规管其灵敏度也不同，即使同一只规管内的两组阴极的灵敏度也有误差，故准确测量前必须进行校准。B—A 规是典型的超高真空规，已得到了广泛的应用。

5.5.3 其他超高真空热阴极电离规

(1) 抑制规

抑制规是用较强的负电场作用于离子收集极表面，让光电发射的电子重新返回收集极，起着抑制光电发射的作用，进而延伸了压力测量下限。规管结构如图 5-12 所示。它由阴极、加速极、离子收集极和带屏蔽罩的抑制极组成。这种结构的电离机构同 B—A 规所不同的是将离子收集极移出加速极内的电离区，将它扩大成圆盘形以增加收集离子的面积，进而提高了离子收集效率。

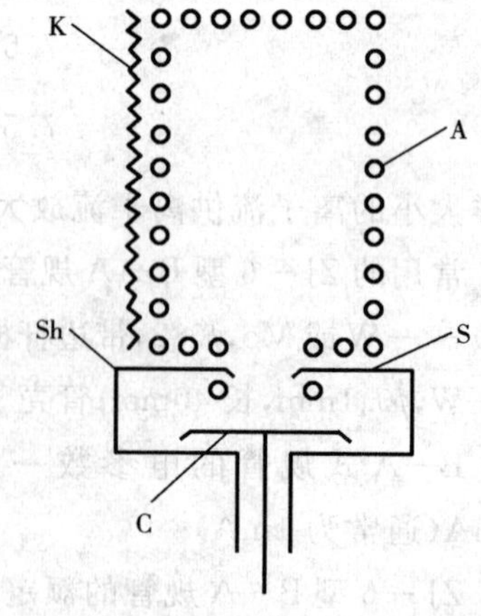

图 5-12 抑制规

K－阴极 A－加速极 S－抑制极

C－收集极 Sh－屏蔽罩

屏蔽罩可阻挡大部分软 X 射线，大大减少了其对收集极的辐照。屏蔽罩与栅状加速极组成静电透镜，对正离子起加速和聚焦作用。屏蔽罩还对抑制极进行屏蔽，使之不受软 X 射线的直接照射。由于收集极有了屏蔽罩的静电屏蔽,减小了外界对微小离子流的干扰。抑制极接负电位,建立起对电子的拒斥场,迫使收集极发射的光电子重新返回,减小了光电流本底,当然也能抑制屏蔽罩的光电发射。

由于此种结构不能完全避免软 X 射线对收集极的影响,一般其测量下限比 B—A 规扩展两个数量级,可达 10^{-10} Pa 左右。但是,由于采用了表面积较大的屏蔽罩和收集极等金属件,在进行极高真空测量时,规管除气将是不容忽视的。

抑制规的电参数及规系数为:$V_A = 200V$;$V_K = 25V$(对地);$V_c = 0$(地电位);$V_{sh} = 0$;$V_s = -450V$;$I_e = 2mA$;$K = 0.12Pa^{-1}$。

(2) 弯注抑制规

弯注抑制规是抑制规的发展,即在抑制式规管的电离机构与离子收集系统之间设置一个 90° 的静电偏转系统。它的电离系统由阴极和加速极组成,与抑制规相同。离子收集系统由收集极、抑制极和屏蔽罩组成,也与抑制规相同。增加的静电偏转系统由聚焦极、内偏转极和外偏转极组成,如图 5 - 13 所示。

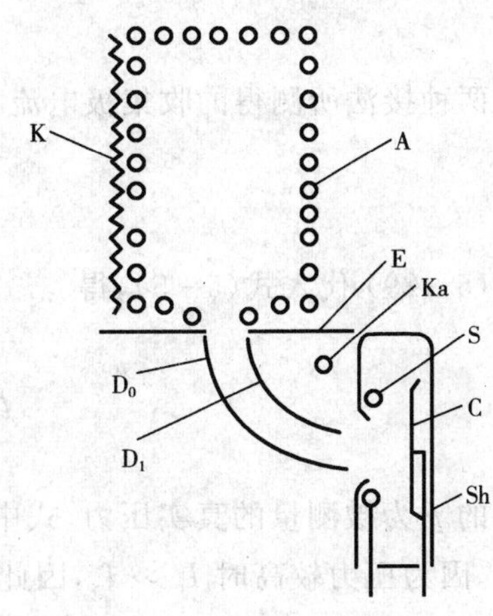

图 5 - 13　弯注抑制规

K — 阴极　A — 加速极　E — 聚焦极

Ka — 辅助阳极　Sh — 屏蔽罩　S — 抑制极

C — 收集极　D_1、D_0 — 内、外偏转极

这种规的工作原理为:规管内被测气体分子经电离系统电离产生正离子,在静电偏转系统作用下,经 90° 偏转后到达离子收集极,形成离子流作为被测压力的指示。由于这种聚焦和偏转系统的存在,使软 X 射线经过多次反射后只有很少一部分能照射到收集极上。另外由于有屏蔽罩和抑制极的存在,还可对因这一小部分软 X 射线引起的光电流进行抑制,使光电流影响进一步减小。在理论上,它的测量下限可比抑制规低两个数量级,达到 10^{-12} Pa 左右。但由于弯注抑制规有高温钨丝存在,电极间存在漏电,还存在微弱离子流($< 10^{-16}$ A) 测量以及大体积金属电极系统除气的困难,致使其实际测量下限约为 10^{-11} Pa。

弯注抑制规管的电参数及规系数为:$V_A = 200V$;$V_K = 25V$(对地);$V_c = V_{sh} = V_E = 0$(地电位);$V_{DO} = -340V$;$V_{Di} = -450V$;$I_e = 2mA$;$K = 0.15Pa^{-1}$。

规管用辅助阴极进行电子轰击除气,除气功率约为 700V × 200mA。

(3) 调制规

调制式规管是在 B—A 式规管的加速栅极中,设置一根和离子收集极相平行的金属杆作为调制极,如图 5 - 14 所示。调制极的作用是从测量方法上消除光电流对压力测量下限的影响。

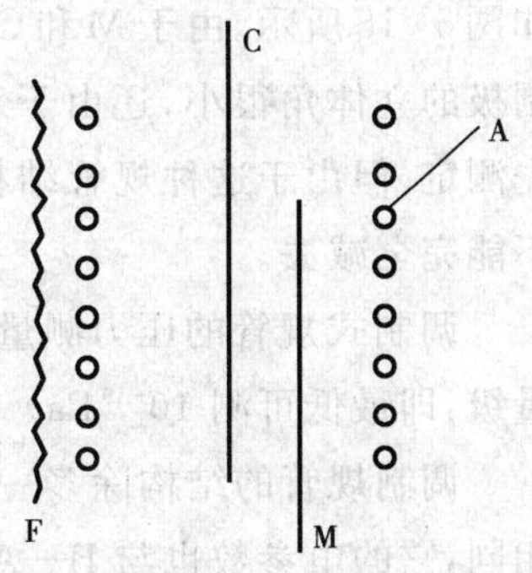

图 5 - 14　调制规

F — 灯丝　A — 加速极

C — 收集极　M — 调制极

测量时,先使调制极与收集极处于相同电位($V_M = V_C$),

调制极得到一部分离子流 βI_i，β 为调制系数。若收集极上的本底电流 I_x 不变，此时收集极的电流为

$$I_{C1} = (1-\beta)I_i + I_x \tag{5-27}$$

然后再使调制极的电位与加速极电位相等($V_M = V_A$)。这时，调制极不收集离子，收集极的电流与 B—A 式规管中情况一样，有

$$I_C = I_i + I_x \tag{5-28}$$

将这两种接法所测得的收集极电流相减，可得

$$I_C - I_{C1} = \beta I_i \tag{5-29}$$

将式(5-29)代入式(5-5)，得

$$p = \frac{I_i}{KI_e} = \frac{I_C - I_{C1}}{\beta K I_e} \tag{5-30}$$

此处的 p 为被测量的真实压力。式中调制系数 β 可在较高压力时用上述测量方法从实验中测出。因为压力较高时 $I_i \gg I_x$，因此 I_i 即为 I_C，由式(5-29)可得

$$\beta = 1 - \frac{I_{C1}}{I_C} \tag{5-31}$$

β 一般约为 0.3～0.4。粗看起来，这种方法似乎可以完全消除光电流 I_x 的影响，但当 $V_M = V_A$ 时，调制极也要产生软 X 射线，它同样会使收集极产生光电流发射，造成额外的光电流。由于收集极对调制极也有一相应的立体角，因此，这种额外光电流引起误差可达 15%。同时，测量下限还受到 I_x 绝对值的限制，当 $I_x \gg I_i$ 时，式(5-28)与式(5-27)相减不仅十分困难，而且误差很大。

为了减少这种立体角的影响，将 M、C 极制成对称结构，如图 5-15 所示。由于 M 和 C 电极尖端相对，收集极对应于调制极的立体角很小，还由于对称，可认为 $\beta = 0.5$，不一定预先测定。但由于这种规管结构中光电流也将被调制，因此仍不能完全减去。

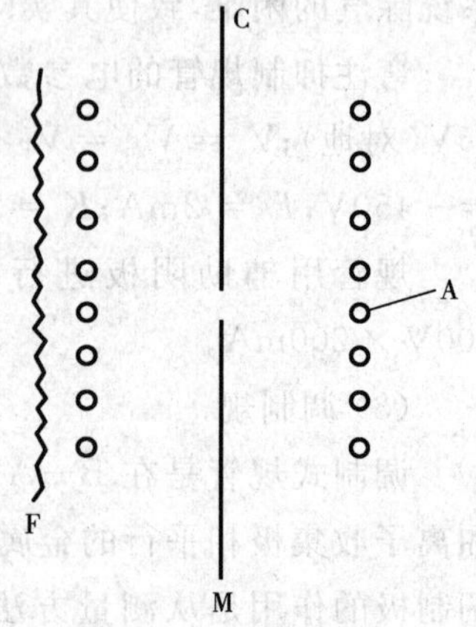

图 5-15 对称调制规

调制式规管的压力测量下限比 B—A 规延伸 1～2 个数量级，即最低可测 10^{-10} Pa。

调制规管的结构除多一调制极外，其余均与 B—A 规管相同，它的电参数也与 B—A 规相同。为了调制方便，也有在调制极上加交变调制电压(方波或正弦波)，并用锁相放大器作离子流放大，消除人工调制造成的读数误差。

(4) 分离规

分离规属于外收集极式规管的一种。图 5－16 所示的分离规(带调制极)，其电离系统是由环状阴极和加速极组成，离子收集系统由离子收集极、离子反射极和屏蔽罩组成。它的工作原理是：利用离子收集极的电场作用把电离区产生的正离子流从屏蔽罩小孔中提取出来，经带正电位的离子反射极的反射，聚焦到丝状的短收集极上，从而使规管灵敏度得到提高。由于屏蔽罩阻挡了绝大部分软 X 射线对离子收集极的照射，同时环状阴极发射电子轰击加速极时，由端栅产生的软 X 射线对离子收集极照射的立体角很小，因此也相应地降低了光电流本底。

图 5－16 所示的带调制极的分离规测量压力可以低至 10^{-11}Pa。其主要特性参数如下：$V_A = 305V$；$V_K = V_M = V_s = 25V$(对地)；$Vc = 0$(地电位)；$I_e = 1mA$；$K = 0.1Pa^{-1}$。

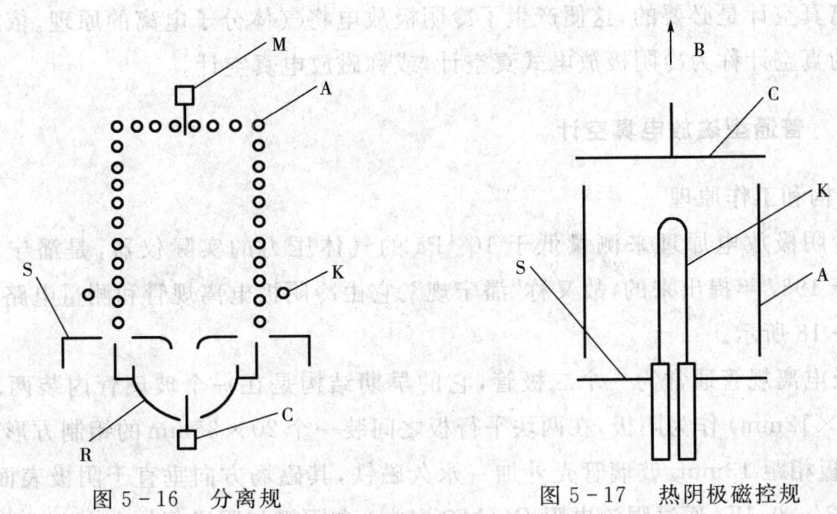

图 5－16 分离规

K－阴极 A－加速极 C－收集极 R－离子反射极 S－屏蔽极 M－调制极

图 5－17 热阴极磁控规

(5) 热阴极磁控规

为了扩展热阴极电离真空计的测量下限，除了减少或消除光电流 I_x 影响之外，增加规管系数 K 是另一重要措施。在热阴极电离规管中加以适当的磁场，就可以大大延长电子飞行路径，使电离几率增加，进而提高规管系数 K。同时，由于在热阴极规管中存在着恒定的发射电流，能够克服磁控式规在低压下放电不稳定的缺陷，还能避免采用很高的阳极电压与很强的磁场。热阴极磁控规往往采用很小的阴极发射电流($10^{-6} \sim 10^{-8}$A 或更小)，这将进一步减小规管的电清除和化学清除作用。与此同时，随着发射电流的减小可相应地减小光电流 I_x 的影响。因此，热阴极磁控电离规有很低的压力测量下限。图 5－17 给出了典型的热阴极磁控电离规的结构原理简图。其电极系统由阴极 K、阳极 A、收集极 C 与屏蔽极 S 四部分组成。

阳极是圆筒状，具有较高的电离效果。在距离阳极两端 1.5mm 处各设置一圆片形电极，其中一片中间有一圆孔，套在阴极底部作为屏蔽极，以防电子从端部逸出，另一块为离子收集极。阴极装在阳极筒的轴线上，整个电极系统置于圆筒形轴线方向的磁场中。其工作参数为：$V_A = 300V$；$V_C = -45V$；$V_S = -10V$；$B = 2.5 \times 10^{-2}T$（轴向中心磁场）；$I_e = 10^{-7}A$；灵敏度 $S = 6.8 \times 10^{-4}A \cdot Pa^{-1}$。

热阴极磁控规线性压力测量下限可达 $10^{-11}Pa$，美中不足的是它的压力测量上限不如 B—A 规好，当 $p > 10^{-5} \sim 10^{-6}Pa$ 时就偏离线性，当然，这对于用作极高真空测量来说并不重要。

5.6 冷阴极电离真空计

由于热阴极电离真空计规管存在着发射电子的高温阴极，在高压下不能工作甚至被烧毁，且存在着规管放气、化学清除作用等有害现象，所以限制了它的应用范围。特别是在工作过程中具有大量放气和易于暴露大气的真空设备上不太适用。因此，发展一种不用热阴极的电离真空计是必要的，这便产生了冷阴极放电将气体分子电离的原理。依靠冷阴极放电电离的真空计称为冷阴极放电式真空计，或称磁放电真空计。

5.6.1 普通型磁放电真空计

(1) 结构和工作原理

利用冷阴极放电原理来测量低于 $10^{-1}Pa$ 的气体压力的实际仪器，是潘宁（F·M·Penning）于 1937 年提出来的，故又称“潘宁规”。它由冷阴极电离规管和测量电路两部分组成，如图 5-18 所示。

冷阴极电离规管通常为一个二极管，它的早期结构是在一个玻璃管内装两块平行的金属板（10×12mm）作为阴极，在两块平行板之间装一个 20×35mm 的钼制方形环作为阳极，两阴极板相距 13mm。玻璃管壳外加一永久磁铁，其磁场方向垂直于阴极表面，磁场 B 一般为 0.03～0.1T。通过限流电阻 R（1MΩ 左右）在阴极与阳极间加上 1000～2000V 直流电压。

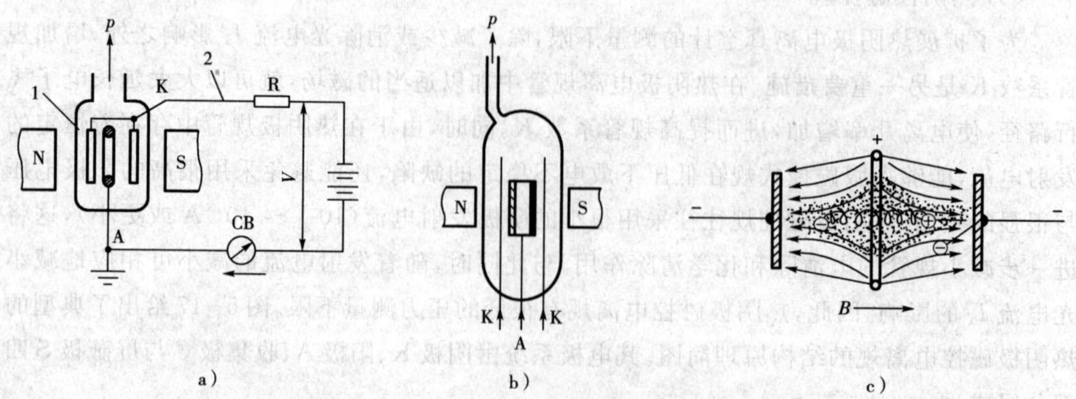

图 5-18 冷阴极电离真空计示意图

a) 具有环状阳极的冷阴极电离计结构原理图 b) 圆筒式阳极的冷阴极电离规管结构示意图 c) 冷阴极电离规管工作原理图

1—冷规管壳 2—测量电路 K—阴极 A—阳极 R—限流电阻 B—磁场

冷阴极电离真空计与热阴极电离真空计一样，也是利用低压下气体分子的电离电流与压力有关的特性，用放电电流作为真空度的测量指示，由电流表 CB 作为真空度指示仪表(一般用量程为 0 ～ 100μA) 给出读数。不同之处在于电离源：热阴极电离真空计是由热阴极发射电子，而冷阴极电离真空计是靠冷发射(场致发射、光电发射、气体被宇宙射线电离等) 所产生的少量初始自由电子，在正交电磁场的共同作用下，能够长时间在两块阴极板之间往返作螺旋线运动，直至与气体分子碰撞，使被测气体电离。电子沿螺旋形轨道迂回地飞向阳极，大大延长了电子到达阳极的路程，使碰撞气体分子的机会增多；同时又因阳极是一个中空的环，在其中轴线附近运动的电子还可能穿过阳极环，凭原有动能继续前进，而后又被带负电位的阴极排斥而折回。这样飞行中的电子可能在两阴极间往返振荡直到最后被阳极吸收为止。电子到达阳极的实际路程远大于两极间的几何尺寸，故碰撞几率大大增加。电子碰撞气体分子时，有一部分为电离碰撞，电离后形成的正离子在阴极上打出的二次电子，也参与到这一电离过程中。如此这般，电离过程连锁地进行，就可以使气体分子在极间产生复杂的繁流放电(一般称为潘宁放电)，所产生的电流与空间的气体分子密度有关，因此可以用来指示相应的真空度。

实验表明，潘宁放电的放电电流 I 与气体压力 p 有如下关系

$$I = Kp^n \tag{5-32}$$

式中：K—— 规管常数，可通过校准确定；

n—— 常数，一般在 1 ～ 2 之间，与规管结构有关。

由于影响 K 和 n 的因素很多，很难通过计算求得。在规管结构、电参数一定的条件下，用校准的方法绘制出 p—I 关系曲线，如图 5-19 所示。在测量时，由指示仪表读出离子流 I，就可以从校准曲线上查出相对应的压力 p 值。因此冷阴极电离真空计也是一种相对真空计。

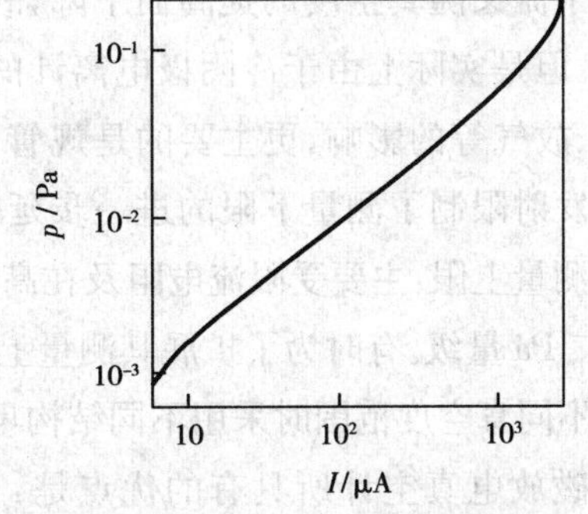

图 5-19　冷阴极电离真空计的刻度曲线

(2) 对规管和测量电路的要求

对冷阴极电离计规管的要求是：灵敏度要高；工作稳定性能要好；测量范围要宽；电极间漏电要小；吸气作用要小；结构简单、牢固，最好能方便拆卸。这就要求选用的电极材料具有化学稳定性能好、无磁性及电极在受到正离子轰击时溅射小等特征。一般阴极材料采用镍、铝、不锈钢等，现在用铝和不锈钢较多；阳极材料多用镍、钼、不锈钢以及镍铬合金等。

为提高灵敏度，除合理选用电极材料外，还应对结构进行合理的设计。一般来讲，结构尺寸较大时，测量低压力的灵敏度就高，同时又可降低工作磁场强度。

由于阴极与阳极之间电压很高，并且由于离子轰击电极溅射于玻璃壁的结果，规管的漏电问题显得突出。因此两个电极引线最好分别从两端引出以及套上玻璃管以增长漏电距离。一般要求阴极与阳极间的绝缘电阻应高于 1000MΩ。

实验发现，改变磁场强度可使规管灵敏度取得最大值。因此，可通过试验调试选用合适的永久磁铁。

冷阴极电离计的测量电路很简单，主要由直流高压稳压电源和放电电流测量仪表两部分构成。规管的高压电源之所以采用直流，是因为它比同样数值的交流高压可提高灵敏度2.5倍左右，一般常用负高压工作，即将规管阳极接地电位，以免正高压的引线在磁场内可能引起放电。提高工作电压可提高测量电路的灵敏度，但过高的电压不仅使测量线路复杂且不利于工作人员的安全，通常采用2000V左右。

为了保证测量的可靠性，直流高压必须稳定，一般要求在外电源变化$\pm 10\%$时，其输出变化小于$\pm 2\%$。采用硅高压稳压管或高压充气稳压管稳压电路，稳定性可达$\pm 1\%$左右。

另外，磁放电真空计的校准曲线受限流电阻R的影响较大。限流电阻的作用是保护规管，因为有了它，当放电电流增大时，规管电极间的电压就会下降，使通过规管的电流不致增长到产生弧光放电的危险程度。但在放电电流减小时，规管电极间的电压就会升高，使放电得以维持。这个电阻不能用得太大，太大了在进行较高压力测量时会降低灵敏度，降低测量上限，一般采用1MΩ左右。

(3) 磁放电真空计的特点及使用

普通型磁放电真空计的测量范围较窄，一般在$1\times 10^{-1}\sim 7\times 10^{-4}$ Pa，校准曲线如图5-19所示。

测量下限：冷阴极电离计在开始工作时，由场致发射等产生的原发电子很少，在工作过程中电子流又随真空度的提高而下降，故它的测量下限要比热阴极电离计受软X射线的限制低得多。但是实际上由于冷阴极电离计的工作不稳定、不激发(即在低压下不放电)以及规管的吸气、放气等的影响，更主要的是规管在很强的工作电场作用下，阴极(离子收集极)产生的场致发射限制了测量下限的进一步延伸，所以一般其测量下限为10^{-4} Pa量级。

测量上限：主要受限流电阻及在高压强时电子与电离的复合几率增加等因素的限制，一般在10^{-1} Pa量级。有时为了扩展其测量上限，可采用两个不同电极结构尺寸的组合方式的规管，在测量不同真空度范围时采用不同结构尺寸的电离室，其测量范围可达$1\sim 10^{-5}$ Pa。

磁放电真空计所具有的优点是：

① 由于没有热阴极存在，不怕突然暴露大气或工作中的大量放气，规管使用寿命长。

② 规管灵敏度较高，放电电流较大，其测量电路一般不需要放大电路。

③ 受化学活性气体影响小，不怕毒化影响电子发射。

④ 反映的是全压力并可以连续测量，有利于远距离测量和实现自动控制与保护。

⑤ 规管及仪表结构简单，易于制造。

其存在的缺点是：

① 离子流与压力呈非线性关系，同时电清除作用也较大，因此测量误差较大。

② 规管放电稳定性差，在真空度较高时放电很困难甚至不可能激发。

③ 常发生放电型式的跃迁，使电流产生与压力无关的变动。

④ 高压致使电极场致发射，这是与压力无关的现象，限制了测量下限。

⑤ 规管的互换性差，如更换规管时，真空计应重新校准。

磁放电真空计在使用中应注意以下几个问题：

① 它与热阴极电离计一样，在测量不同的气体时，因各种气体的电离电位不同致使测量结果也不同，所以在测量其他气体（非干燥空气或氮气）或特殊混合气体时，必须对真空计进行相应气体的校准或换算。

② 冷阴极电离计比热阴极电离计有较大的电清除作用，即在测量过程中它伴随着较大的抽气作用，使被测系统的局部压力发生变化，造成较大的测量误差，一般测量误差可达到±50%。尤其当连接管路的流导由 $1Ls^{-1}$ 降到 $0.01Ls^{-1}$ 时，冷阴极电离计规管内的真空度与被测系统中的真空度可差一个数量级。

③ 规管长期工作后应进行清洗，这是因规管在较高压强下或某些蒸气条件下工作时间过长之后，会因电极的溅射或规管内壁上附有分解的碳水化合物而导致管壁漏电增大，当电极间的绝缘电阻小于 1000MΩ 时，就应进行清洗。可用酒精、苯、丙酮、四氯化碳、乙醚等溶剂清洗油污；对电极部分污染可先用10%稀盐酸擦洗，直至露出金属光泽为止。然后对规管进行老化，即在 $10^{-1} \sim 10^{-2}$ Pa 真空度下通电老化 3h 以上，再在真空校准系统上重新校准，绘制出新的校准曲线。

④ 因真空计工作电压较高，其外壳必须接地良好，以防高压漏电造成事故。

5.6.2 倒置磁控管式真空计

由磁放电真空计的工作原理可知，它不存在固定的电子电流，而热阴极电离计正是由于这个电子流导致与压强无关的软 X 射线光电发射效应，从而限制了其测量下限。冷阴极电离计即使放电时电子轰击阳极出现软 X 射线，其效应亦将随电流降低而减小，它是与压力无关的，因此从原理上它就不存在软 X 射线下限，而是与压力无关的场致发射限制了测量下限的延伸。只要从结构上合理设计，就有可能将磁放电真空计的测量下限延伸到超高真空范围。

雷德海(Redhead) 等人对磁放电真空计规管结构做了重大改革，如1958年霍伯森—雷德海报导的"倒置磁控管式真空计" 和雷德海报导的"磁控管式真空计" 等，其测量范围可达 $10^{-2} \sim 10^{-11}$ Pa。这种冷阴极磁控管式真空计，采用了正交电磁场，电子在电场中的运动与微波磁控管相似，故称为磁控管式真空计。

倒置磁控管式规管，就是将磁控管的阴极当阳极、阳极当阴极来使用，其结构如图 5-20 所示。阳极为中间的金属杆；阴极，即离子收集极，是两端盖住、中间留有小孔的短形圆筒。另外采用一个辅助阴极，从外面将整个离子收集极完全包围屏蔽住，并伸入两个喇叭状（上下各一）边缘于阴极与阳极之间，以屏蔽该处强电场。其屏蔽作用通过两点来实现：第一点是喇叭状边缘将电场均匀过渡，避免了尖端的出现；第二点是在电路连接中，辅助电极的电流回路，不经过测量放大器，故即使出现场致发射，亦不妨碍离子电流的测量。电路连接在图中亦已表明，辅助阴极直接接地，阴极则通过测量放大器接地；阳极接 5 ～

10kV 直流高压，整个电极系统安置在 $B=0.2\text{T}$ 的轴向磁场中。

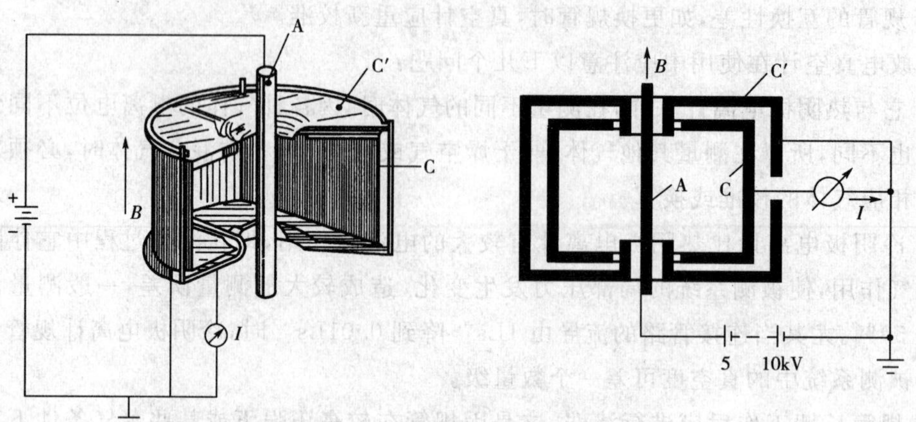

图 5-20 倒置磁控管式规管示意图

A—阳极 C—离子收集极 C′—辅助阴极 I—离子流 B—磁场

进行测量时，在一定的真空度（$<10^{-2}$ Pa）下，由于场致发射、宇宙射线等产生的少量初始电子，在强大的电场和磁场的共同作用下向阳极运动，当与气体分子发生非弹性碰撞时将气体分子电离，发生放电现象，利用放电电流与压力存在的关系表征出压力的变化。

电子及离子的运动情况是这样的：电子沿轴向的任何扩展趋势都受到阴极（即离子收集极）端板电位的限制，它们被压缩在中间；电子在径向又受到阳极电位的作用，有向阳极杆运动的趋势，但同时受到强大的轴向磁场的作用，使其发生偏转。例如从阴极发出的电子，其运动轨迹在垂直于阳极轴的平面上的投影是一滚轮线的弧，如果不与气体分子相碰撞，它们将回到阴极；如果发生非弹性碰撞，它就沿新的滚轮线的弧继续运动而不能回到阴极。每发生一次非弹性碰撞，电子就损失一部分能量，并向阳极接近一步，经过若干次非弹性碰撞后，电子最终就落在阳极上，如图 5-21 所示。由此可见，在强电磁场作用下，电子运动路程增长了，而且它们必须在对电离作出贡献后才能到达阳极；没有遭到碰撞的电子仍回到阴极，不构成任何阳极电流。放电机理上的这种优越性使得该型真空计在超高真空下仍能维持放电。放电产生的正离子在飞向收集极时，尽管受到磁场的作用而偏转，但因其质量大并未能够转回，很快便达到阴极（离子收集极）。在整个放电空间，由于电子滞留时间长，离子滞留时间短，故空间电荷是负电性的。这个结论只在压力较低时才成立。当压强较高（大于 10^{-1} Pa）时，离子在路途中遭受大量的分子碰撞，滞留时间较长，空间电荷变为正电性。空间电荷符号的改变必然导致放电模式的改变，不利于低压力的测量。因此一般测量上限只限于 10^{-2} Pa。

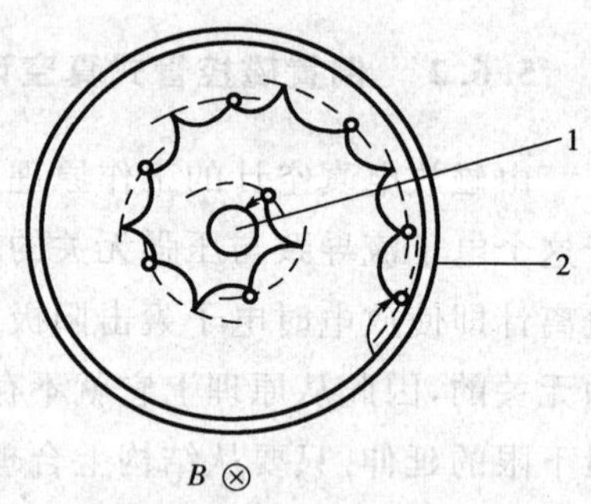

图 5-21 电子运动轨迹

1—阳极 2—阴极 B—磁场

倒置磁控管式真空计的放电电流与气体的压力在较宽的范围内存在如下关系

$$I = Kp^n \tag{5-33}$$

式中：K 为常数，单位为 APa^{-1}，相当于热阴极电离计的灵敏度，它不仅与气体种类有关，而且还随气体的压力变化而有所改变；n 为常数，在 1.1～1.4 之间，它几乎与阳极电压无关，且与规管的结构尺寸的关系也很小，只随磁场的增加而接近于 1。

在倒置磁控管式规管的电极结构中，增加了一个辅助阴极，它起到了这样几个作用：屏蔽了阳极对阴极边缘的强电场，抑制了阴极的场致发射；辅助阴极本身处于阳极的强电场作用下，在很低压强时，它能提供规管放电所必需的初始发射电子；屏蔽了外界电场对规管工作的干扰；辅助阴极直接接地电位，产生放电的初始电流不经过离子流测量放大器，从而使其与离子流分开。这些作用的结果，就是克服了一般冷阴极电离真空计在延伸测量下限时所受到的限制。此外，由于规管的放电电流与压强有关，因此它的测量下限几乎不受软 X 射线的影响，使磁控管式真空计的测量下限达到 10^{-11} ～ 10^{-12} Pa。

综合上述分析，倒置磁控管式真空计在正常工作条件下，其测量范围在 10^{-2} ～ 10^{-11} Pa。

5.6.3 正磁控管式真空计

正磁控管式真空计的规管电极结构与倒置式相似，只是阴极在中间，阳极在外围，如图 5-22 所示。阳极为一多孔的圆筒，其作用是增大气体进入电极空间的通导能力。阴极的形状像一个“线轴”，轴心是一个小圆筒，在其两端各焊接一个圆板。在阳极和阴极之间设置两个圆形的辅助阴极，即将辅助阴极放在电场最强的阴极与阳极圆筒边缘最近处的间隙之中。为了减小场致发射，将辅助阴极的圆环表面加工得光洁度很高。在规管玻璃壳内壁涂一层导电薄膜，并利用弹簧触点将其与辅助阴极相连作为静电屏蔽。将规管置于 $B = 0.1T$ 的轴向磁场。

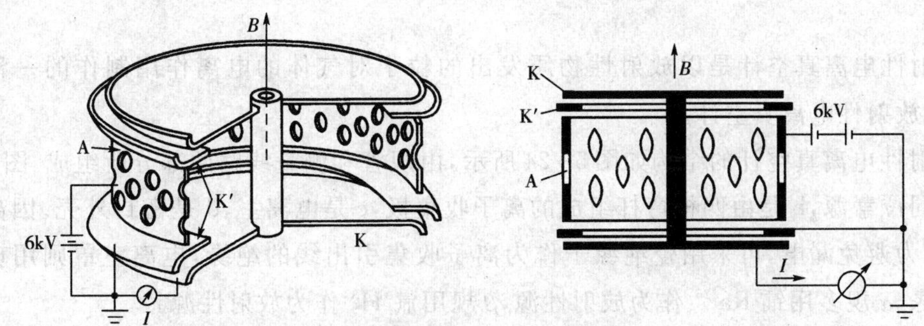

图 5-22 正磁控管式规管结构示意图

A—阳极 K—阴极 K′—屏蔽极

从图 5-22 可看出，其电路接法与倒置磁控管式真空计相似。阳极接 6kV 直流电压；只让阴极（离子收集极）电流经过放大器；辅助阴极直接接地，其电流不被测出。

在进行测量时，初始电子在强大的电场和磁场的共同作用下向阳极运动，其电子和离子的运动情况与倒置磁控管式真空计相似，电子的运动轨迹在垂直阳极轴平面上的投影也是一个滚轮线的弧，如图 5 - 23 所示。

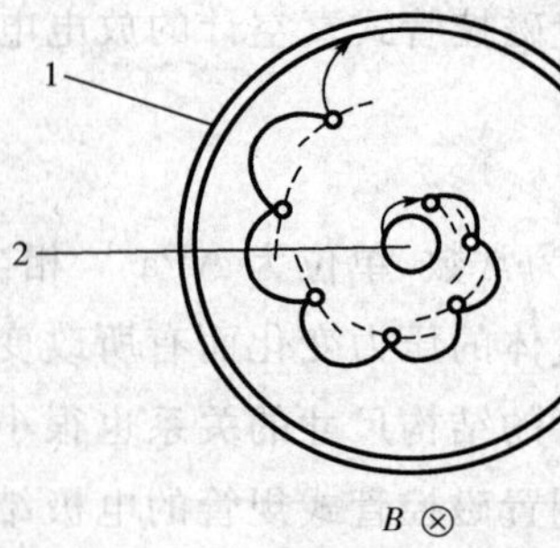

图 5 - 23 正磁控规电子运动轨迹

1 — 阳极 2 — 阴极 B — 磁场

正磁控管式真空计在正常工作条件下，放电电流与压力的关系如下：

当 $p > 10^{-8}$ Pa 时，$I = Kp$ (5 - 34)

当 $p < 10^{-8}$ Pa 时，$I = Kp^{n}$ (5 - 35)

式中：K 为常数，一般用实验求得；n 为常数，在 1.43 ～ 1.70 之间。

从关系式可看出，在压力高于 10^{-8} Pa 时，放电电流与压力成直线关系。这种真空计的测量下限为 10^{-11} ～ 10^{-12} Pa。

一般来说，正磁控管式真空计较倒置磁控管式真空计具有较多的优点，主要为：

① 正磁控管式规管灵敏度较高，它比 B—A 规高 50 ～ 100 倍，比倒置磁控管式规管高 5 倍以上。

② 工作磁场强度低，为倒置磁控管式的一半左右，磁铁尺寸和重量大为减小。

③ 电极系统除气较简单。

④ 压力在 10^{-2} ～ 10^{-8} Pa 间校准曲线的线性好。

这两种型式磁控管式真空计的共同缺点为：

① 都需要高压稳压电源和笨重的磁铁。

② 测量误差大，这是由规管放电不稳定、电清除作用大等因素引起的。

5.7 放射性电离真空计

放射性电离真空计是以放射性物质发出的粒子对气体的电离作用制作的一种真空计，故称放射性电离真空计。

放射性电离真空计的结构如图 5 - 24 所示，由规管和测量线路两部分所组成。图中 a 是放射性同位素源，b 是由四根弯杆组成的离子收集极，c 是电离室，d 是密封外壳。因离子电流很小，为避免漏电，可采用瓷绝缘子作为离子收集引出线的绝缘，电离室罩则用玻璃绝缘子绝缘。α 规多用镭 Ra^{226} 作为放射性源，β 规用氚 H^{3} 作为放射性源。

放射性电离真空计是基于放射性同位素辐射出来的高能粒子，在规管中与气体分子碰撞并使其电离，在一定的压力范围内，电离所产生的离子流与气体压力呈线性关系来实现对压力的测量的。这种关系可表示为

$$I = Kp \qquad (5-36)$$

式中：I—— 离子流，A；

p—— 被测的气体压力，Pa；

K—— 与气体种类和规管结构有关的常数，通过校准标定。

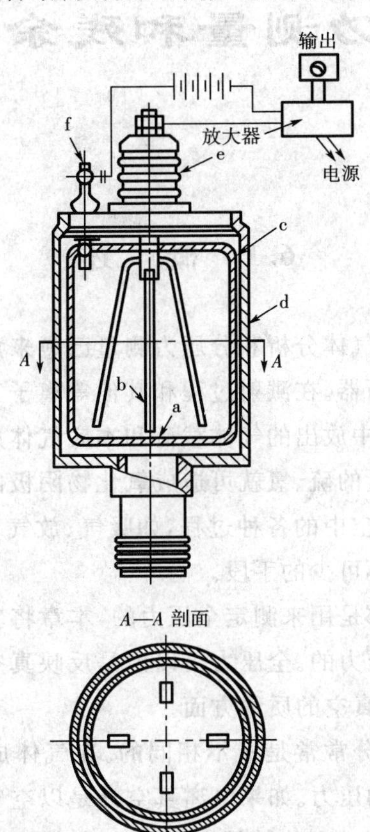

图 5-24 放射性电离真空计的结构图

a—放射源 b—离子收集极 c—电离室罩

d—外壳 e—瓷绝缘子 f—玻璃绝缘子

放射性电离真空计也是一种相对真空计，其测量范围通常为 $1 \sim 10^{-1}$ Pa，经扩展后可达 10^{-2} Pa 左右。

放射性电离真空计具有结构简单、使用方便、压力测量上限较高、特性稳定、不怕蒸气影响等一系列的优点，其不足之处是同位素价格昂贵，并且对人体健康有一定的危害，在食品、医药等工业部门不宜选用。

6 分压力测量和残余气体分析

6.1 概 述

在真空测量技术中，残余气体分析和分压力测量已愈来愈重要，在实验室或者在生产线上经常会见到残余气体分析器。在溅射过程和其他等离子工艺过程中，残余气体分析器可用来测量气体纯度、从薄膜中放出的气体载荷和本底气体成分，这些都是工艺过程中必须的。在电真空器件中，极少量的硫、氯就可造成氧化物阴极的严重中毒，而惰性气体稍微多些却无甚妨碍。为了研究真空中的各种过程，如吸气、放气、阴极激活、中毒现象等，分压力测量或残余气体分析是必不可少的手段。

前面几章介绍的真空计都是用来测定全压力的，本章将叙述的分压力真空计，是用来测量混合气体组成成分的分压力的。全压力可以说是反映真空的数量方面，而分压力既反映数量方面，更重要的是反映真空的质量方面。

在超高真空下，气体的成分常常是极不相同的。在气体成分未明的情况下，超高真空计的读数就无法确定其对应的压力。如果电离真空计是以空气或氮校准的，所测得的压力值为与混合气体离子流总和相对应的等效空气压力或等效氮压力。由于电离真空计对不同气体的相对灵敏度相差很大，所以它所测得的混合气体等效氮压力并不是混合气体的真实压力，有时甚至会有数量级的误差。为了测量真空中混合气体组分和相应的分压力值，必须进行分压力测量，所用的仪器称为分压力真空计。由分压力真空计测得的混合气体各组分分压力之和才是其全压力，这就同时给出了真空的量与质两个方面。

分压力真空计是专用的小型质谱仪器 —— 真空质谱计。精度不太高的分压力真空计，可以用来分析气体各种成分的存在并估计其大小，不能进行精确的定量测定，这时称为残余气体分析器。

作为分压力真空计或残余气体分析器的真空质谱计都属于电离类型的，按原子离子或分子离子的质荷比进行分析。分析有三个阶段：

(1) 在离子源中用电子碰撞的办法将气体电离，这时尽管仅有部分气体电离，但每一成分气体都产生若干数量离子，将这些离子加速到一定能量，聚焦后让其进入质量分析器。

(2) 在质量分析器中利用磁偏转、共振、飞行时间不同等质量分离技术，将离子按质荷比不同进行分离，只要离子束和方向是均匀的，质量分析器就会处在最佳工作状态。

(3) 检测器(或离子收集极) 接收分离的离子，将离子流放大，在显示装置上显示出每一质荷比的离子流强度。

真空质谱计不同于分析实验室里的那些质谱计。后者可分析质量差小于1原子质量单位(u)的离子。例如,用一台双聚焦扇形磁铁质谱计能很容易地分开一氧化碳离子(M＝27.9947u)和氮离子(M＝28.0061u)。真空质谱计能扫描1～50u以至1～300u的质量范围,并能分辨相隔1u的相邻离子。所以真空质谱计的结构比较简单,有时可制成便携式。

质谱计组成的三部分中,关键部件是质量分析器。这里以磁分析器为例,说明质量分离的原理,以期了解质谱分析的初步知识。

设有一批不同质量单电荷离子,以相同的能量射入磁场中,如图6-1所示,因磁场方向垂直于离子运动方向,故离子以圆形轨道飞行。但因离子质量大小不同,偏转的结果就不一样,质量轻的离子偏转多一些,质量重的离子偏转小一些,于是离子在磁场中被分开。假设离子收集极2从左往右逐步移动,则收集极将分别收集到各种离子,其输出离子流如图6-2所示。图中纵坐标表示输出指示幅度,横坐标表示离子质量数。各种离子的电流按其质量的大小排列成的谱线图,就称为质谱图。

实际仪器当然不是靠移动收集极的办法来取得质谱图的,而是借助于控制影响离子偏转的某个参量来达到目的。例如改变离子的加速电位,则离子进入磁场能量就不同,它们的偏转半径也就不同,这就等于将所有离子的轨迹一齐改变,使质量不同的离子依次进入收集极。

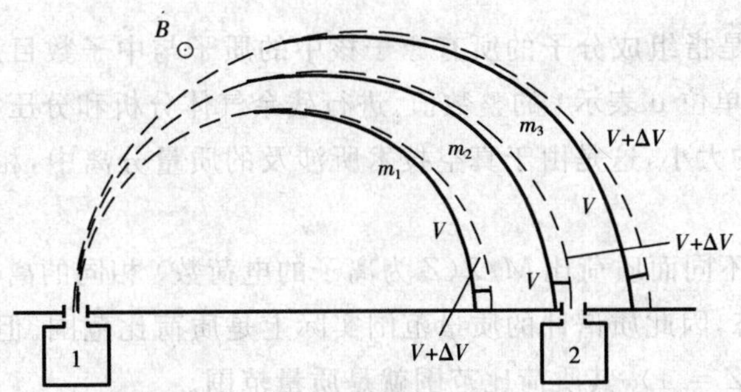

图6-1 改变加速电位以改变离子轨迹

1—离子源 2—收集极 B—磁场 V—离子加速电位

m_1、m_2、m_3—三种不同质量的离子 ΔV—加速电位改变量

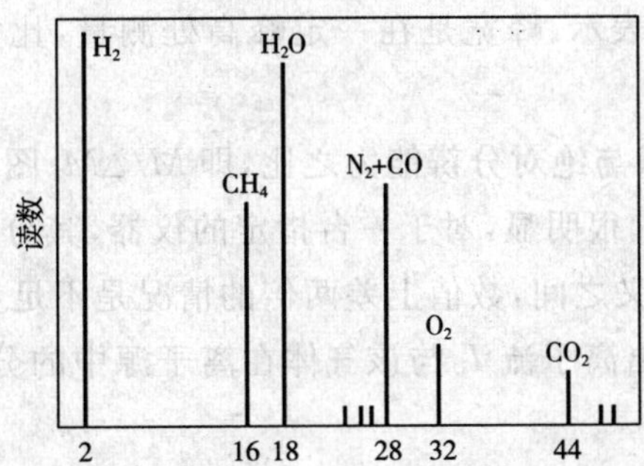

图6-2 用离子的质量数来表示的质谱图

以上是理想情况，图 6－2 所示的质谱图有时称为“质谱棒图”。实际测得结果往往是如图 6－3 所示的情况，可见线条已被一些峰所代替，这是由离子初速分散、聚焦的好坏、磁场的均匀性等一系列因素决定的。

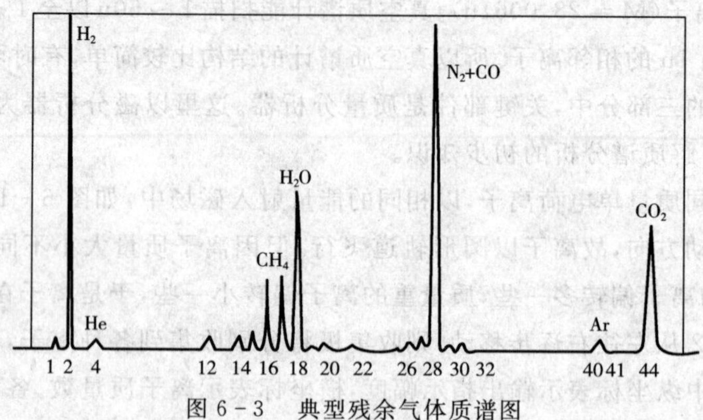

图 6－3 典型残余气体质谱图

质谱计的种类很多，可根据质量分析系统的工作原理来表征和命名。如磁偏转质谱计、回旋质谱计、飞行时间质谱计、射频质谱计、谐振感应质谱计和四极质谱计等。

质谱计的主要性能参数如下：

(1) 质量范围：在满足一定分辨能力的前提下，质谱计所能分析的质量数范围叫做该质谱计的质量范围。

所谓“质量数”是指组成分子的所有原子核中的质子与中子数目总和，在数值上等于分子量（以原子质量单位 u 表示）的整数值。进行残余气体分析和分压力测量时，常用质量数近似表示原子量的大小，这是由于真空技术所涉及的质量分离中，相邻两离子质量差等于或大于 1u 之故。

由于质量数 M 不同而质荷比 M/Z（Z 为离子的电荷数）相同的离子，在质谱分析器中具有相同的运动状态，因此质谱计的质量范围实际上是质荷比范围。但在许多情况下出现的主要是单荷离子（$Z=1$），其质荷比范围就是质量范围。

在大多数情况下，真空容器中残余气体的成分是由质量数低于 50u 的气体组成的，分子量高于 50u 的气体只有 Kr、Xe。

(2) 分辨能力和分辨本领：仪器的绝对分辨能力是仪器对给定质量 M 的离子的分离能力的一种量度，由峰宽 ΔM 表示。峰宽是在一定峰高处测量，比如在十分之一峰高处测得的，如图 6－4a 所示。

仪器的分辨本领是质量与绝对分辨能力之比，即 $M/\Delta M$。图 6－4 给出了分辨本领两种定义（$\Delta M|_{0.1h}$ 和 $\Delta M|_{0.5h}$）。很明显，对于一台指定的仪器，其分辨本领的数值将随定义的不同而有所不同。在这些定义之间，数值上差两倍的情况是不足为奇的。

(3) 灵敏度：质谱计输出离子流 I_i 与该气体在离子源中的分压力 p_{pi} 之比称为灵敏度 S_i，即

$$S_i = I_i / p_{pi} \tag{6-1}$$

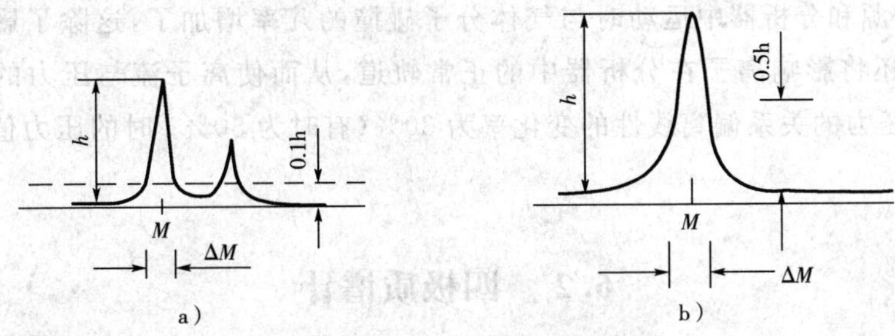

图 6-4 分辨本领的两种定义

a)$R=\frac{M}{\Delta M}\mid$ 在 0.1h 处的 ΔM b)$R=\frac{M}{\Delta M}\mid$ 在 0.5h 处的 ΔM

同全压力真空计一样，质谱计的灵敏度通常是对 N_2（或 Ar）测定的。由于灵敏度随分辨能力的增高而降低，所以必须注明测试灵敏度时的分辨能力值。

质谱计对某种气体的灵敏度 S_i 与对 N_2 的灵敏度 S_{N_2} 之比，称为质谱计对该气体的相对灵敏度 S_{r_i}。它除了与离子源的电离灵敏度有关外，还与质谱计的质量歧视效应有关，故它与全压力的相对灵敏度不同。

在质谱管中，被测气体电离后会出现多荷离子、碎片离子和同位素离子，因此用于灵敏度计算的离子流除主峰外，还应包括这些谱峰的离子流总和。例如，N_2 的离子流应是主峰 28 和碎片峰 14 的离子流之和。由质谱图进行分压力定量计算时，却往往只采用主峰离子流进行灵敏度计算。

若离子流是用法拉第筒接收测得的，由此计算出的灵敏度叫法拉第筒接收灵敏度 S_F。当用倍增器接收离子流时，则质谱计输出电流为 GI_i（G 为倍增器增益），故质谱计的倍增器接收灵敏度 $S_m=GS_F$。

(4) 最小可检分压力 $p_{p_{min}}$：在所分析的气体样品中，质谱计可以检测出的气体 i 的最小分压力称为最小可检分压力 $p_{p_{min}}$。假设质谱计在检测该气体时，最小可检离子流 $I_{i_{min}}$ 在数值上等于二倍噪声电流（$2I_n$），则

$$p_{p_{min}}=I_{i_{min}}/S_i=2I_n/S_i \tag{6-2}$$

可见，最小可检分压力是反映质谱计灵敏度和仪器噪声的综合指标。若式(6-2) 中灵敏度 S_i 采用质谱计对 N_2 的灵敏度 S_{N_2}，则由此测得的最小可检分压力 $p_{p_{min}}$ 值是相应的等效氮压力。例如，质谱计的 $S_{N_2}=1\times10^{-6}\,A\cdot Pa^{-1}$，$I_n=2\times10^{-15}\,A$，则 $p_{p_{min}}=4\times10^{-9}\,Pa$。

(5) 分压比灵敏度 γ_{min}：在一定背景的总压力 p_{tot} 中，质谱计能检测出某种气体的最低分压力 $p_{p_{min}}$ 的能力，称为分压比灵敏度 γ，即

$$\gamma_{min}=p_{p_{min}}/p_{tot} \tag{6-3}$$

分压比灵敏度是质谱计用作检漏和质量分析的重要指标，显然它与选定的气体种类有关。被检测气体的质量数与背景气体质量数差别越大，谱峰越清楚，性能就越好，所以测试时必须注明被检测气体。

(6) 最高线性工作压力：质谱计的工作压力通常指总压力。随着工作压力的增高，电子

和离子在离子源和分析器中运动时与气体分子碰撞的几率增加了，这除了影响离子源的电离特性外，还将影响离子在分析器中的正常轨道，从而使离子流与压力的关系偏离线性。离子流与压力的关系偏离线性的变化率为 30%（有时为 50%）时的压力值称为最高线性工作压力。

6.2 四极质谱计

6.2.1 概述

四极质谱计又称四极滤质器。四极结构作为质量分离器是保罗（Paul）和他的合作者在 1953 年首先提出来的，其研究成果奠定了四极质谱计的理论基础。

离子在四极结构中的工作原理相当复杂，很难像其他仪器那样把最重要的离子轨迹简化后描述出来，但是只描述被传输的离子经过四极结构的要求还是容易的。四极质谱计的质量分离是基于不同质荷比的离子在高频和直流四极场中运动轨迹稳定与否来实现的。它是近代残余气体分析器中最为流行的无磁滤质器，其性能指标较高。

四极质谱计的探测器结构示意图如图 6－5 所示。它由三部分组成：离子源、分析器和收集器。离子源由灯丝、反射极和阳极组成。电子由加热的灯丝发出，被阳极加速，有一部分穿过阳极孔而进入离化室，电子在离化室内与气体分子碰撞电离，产生正离子。离化室

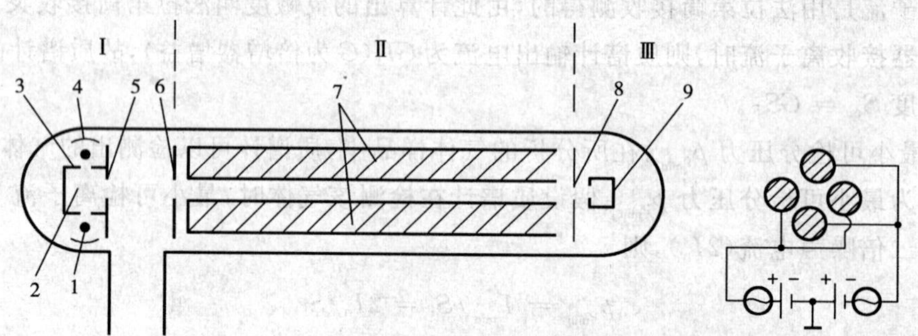

图 6－5 四极滤质器探测器结构示意图

1－灯丝 2－离化室 3－阳极 4－反射极 5－离子膜片 6－离子入口 7－四极杆 8－离子出口 9－离子收集极 Ⅰ－离子源 Ⅱ－分析器 Ⅲ－收集器

内的离子被离子入口膜片加速并吸出，进入分析器。分析器由四根对称排列的四极杆组成，两个相对的极杆彼此连接起来，两对极杆之间加直流电压和高频电压，直流电压和高频电压幅值保持一定比值（一般约为 1/6）。当直流电压和高频电压低时，低质量的离子在四极场中运动轨迹稳定（有界），且运动轨迹幅度小于四极场半径，故低质量的离子可以通过四极杆空间，通过离子出口打到离子收集极上。当直流电压和高频电压高时，高质量的离子可以通过四极场空间。在一特定的电压下，只有一种质量的离子可以通过，其余的离子都通不过，所以称为质量过滤器或简称滤质器。依据滤质器的特点，当直流电压和高频

电压由小逐渐变大时，质量不同的离子，从质量小到质量大依次地通过分析器达到收集极。因此，根据收集极离子流的变化，可以判断各种气体的成分和相对多少。

一般商品质谱计的质量范围为 1 ～ 500u，分辨本领 100 ～ 500，灵敏度为 10^{-5} ～ 10^{-6} A·Pa^{-1}，带倍增器的达几安每帕，最小可检分压力为 10^{-9} ～ 10^{-11} Pa，分压比灵敏度为 20×10^{-6}，最高工作压力为 10^{-1} ～ 10^{-2} Pa。

6.2.2 离子运动微分方程

(1) 四极场（双曲面场）

四极杆排列如图 6-6 所示，其极杆的截面为双曲线，极杆和轴线之间距离为 r_0（称为场半径），相对两极杆距离为 $2r_0$，两对杆对地各施加 Φ_0 和 $-\Phi_0$ 的电压，则四极杆之间的电场将是一个双曲面场。所谓双曲面场就是这个电场中的等位面是一系列双曲面。

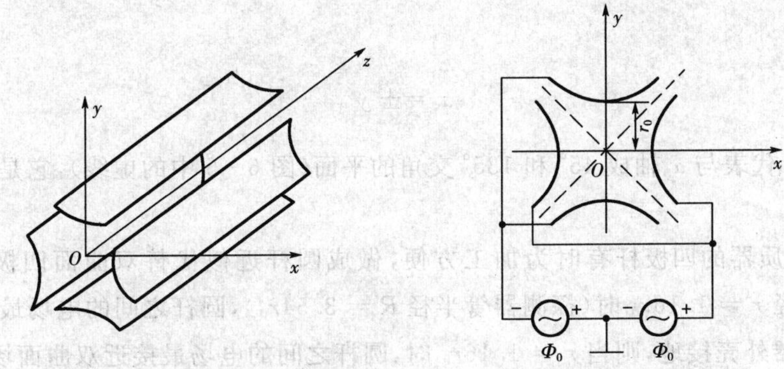

图 6-6 四极杆结构及所施电压图

设坐标选择如图 6-6 所示，以杆轴方向为 z 方向，以施正电压 Φ_0 的一对杆为 x 方向，施负电压 $-\Phi_0$ 的一对杆为 y 方向，则四极杆之间的电位分布满足

$$\Phi(x,y,z,t)=\Phi_0\frac{x^2-y^2}{r_0^2} \tag{6-4}$$

从式(6-4) 可以看出，等位面是一系列双曲面，因为令 $\Phi=\Phi_1$ 时，等位面坐标应满足

$$\Phi_1=\Phi_0\frac{x^2-y^2}{r_0^2} \tag{6-5}$$

或

$$x^2-y^2=\frac{\Phi_1}{\Phi_0}r_0^2$$

它是一个双曲面方程。如令 $\Phi=\Phi_2$，又能得到一组双曲面。

如令 $\Phi=\Phi_0$，则式(6-4) 变为

$$x^2-y^2=r_0^2 \tag{6-6}$$

令 $\Phi=-\Phi_0$，则式(6-4) 变为

$$x^2 - y^2 = -r_0^2 \tag{6-7}$$

式(6-6)和式(6-7)就是四极杆横截面轮廓线方程。由式(6-6)可知，当 $y=0$ 时，$x=\pm r_0$；由式(6-7)可知，当 $x=0$ 时，$y=\pm r_0$，这就是两对双曲线四个顶点，相对的极杆间距离为 $2r_0$。

如令 $\Phi=0$，则式(6-4)变为

$$x^2 - y^2 = 0$$

故有

$$\left.\begin{aligned} x+y&=0 \\ x-y&=0 \end{aligned}\right\}$$

或

$$x = \pm y \tag{6-8}$$

式(6-8)代表与 x 轴成 45°和 135°交角的平面(图 6-6 中的虚线)，它是电位等于零的等位面。

实际的滤质器的四极杆有时为加工方便，做成圆杆近似代替双曲面四极杆。计算证明，当圆杆半径 $r=1.16r_0$ 时(探测器管半径 $R=3.54r_0$)，圆杆之间的电场最接近双曲面场。如果分析器外壳接地，则当 $r=1.16r_0$ 时，圆杆之间的电场最接近双曲面场。

(2) 离子在四极场中的受力

带电粒子在电场中所受的力 F 等于粒子所带电量 Q 与电场强度 E 之积，即

$$F = QE \tag{6-9}$$

对于带 Z 个单位电荷的正离子，它的电量 Q 等于电子电量 e 的 Z 倍($e=1.6\times10^{-19}$C)，离子电荷为正，所以式(6-9)为

$$F = eZE \tag{6-10}$$

在四极场中，电场 E 可用其分量 E_x、E_y 和 E_z 表示。任意点(x,y,z)的电场强度分量可以从电位分布函数式(6-4)的偏微分求得

$$\left.\begin{aligned} E_x &= -\frac{\partial \Phi}{\partial x} = -\Phi_0\frac{2x}{r_0^2} \\ E_y &= -\frac{\partial \Phi}{\partial y} = \Phi_0\frac{2y}{r_0^2} \\ E_z &= -\frac{\partial \Phi}{\partial z} = 0 \end{aligned}\right\} \tag{6-11}$$

因此，正离子在四极场中所受的力也可以分量表示

$$\left.\begin{aligned} F_x &= QE_x = -Q\Phi_0\frac{2x}{r_0^2} \\ F_y &= QE_y = Q\Phi_0\frac{2y}{r_0^2} \\ F_z &= QE_z = 0 \end{aligned}\right\} \tag{6-12}$$

如果在两极杆上既加上直流电压也加上高频电压，即

$$\Phi_0 = U + V\cos\omega t \tag{6-13}$$

式中：U—— 直流电压；

V—— 高频电压峰值；

ω—— 高频电压角频率；

t—— 时间。

将式(6-13)代入式(6-12)，则得到离子在四极场中所受的力

$$\left.\begin{aligned} F_x &= -2Q(U+V\cos\omega t)\frac{x}{r_0^2} \\ F_y &= 2Q(U+V\cos\omega t)\frac{y}{r_0^2} \\ F_z &= 0 \end{aligned}\right\} \tag{6-14}$$

(3) 离子运动微分方程

离子运动微分方程根据牛顿第二定律按力的分量写出

$$\left.\begin{aligned} F_x &= m\frac{d^2x}{dt^2} \\ F_y &= m\frac{d^2y}{dt^2} \\ F_z &= m\frac{d^2z}{dt^2} \end{aligned}\right\} \tag{6-15}$$

将式(6-14)代入式(6-15)，经整理后得

$$\left.\begin{aligned} &\frac{d^2x}{dt^2}+\frac{2Q}{mr_0^2}(U+V\cos\omega t)x = 0 \\ &\frac{d^2y}{dt^2}-\frac{2Q}{mr_0^2}(U+V\cos\omega t)y = 0 \\ &\frac{d^2z}{dt^2} = 0 \end{aligned}\right\} \tag{6-16}$$

式(6-16)就是离子运动微分方程，从中可得

$$\frac{dz}{dt} = v_z = \text{常数} \tag{6-17}$$

它说明离子在 z 方向上是匀速运动。从式(6-16)还可以看出,离子在 x 和 y 方向的运动是彼此独立的,这样就可以分别进行研究。

下面作一变换,令

$$\left.\begin{aligned} \xi &= \frac{\omega t}{2} \\ a &= \frac{8QU}{m\omega^2 r_0^2} \\ q &= \frac{4QV}{m\omega^2 r_0^2} \end{aligned}\right\} \tag{6-18}$$

由式(6-18) 和式(6-16)得离子在 x 和 y 方向运动微分方程

$$\frac{\mathrm{d}^2 x}{\mathrm{d}\xi^2} + (a + 2q\cos 2\xi)x = 0 \tag{6-19}$$

$$\frac{\mathrm{d}^2 y}{\mathrm{d}\xi^2} - (a + 2q\cos 2\xi)y = 0 \tag{6-20}$$

式(6-19)和式(6-20)的形式和马丢方程(Mathieu)完全相同。马丢方程为

$$\frac{\mathrm{d}^2 u}{\mathrm{d}\xi^2} + (a_u - 2q_u\cos 2\xi)u = 0 \tag{6-21}$$

比较式(6-21)和式(6-19),只要令

$$\left.\begin{aligned} u &\to x \\ a_u &\to a \\ q_u &\to -q \end{aligned}\right\} \tag{6-22}$$

式(6-21)就可变为式(6-19)。把式(6-20)与式(6-21)比较,只要令

$$\left.\begin{aligned} u &\to y \\ a_u &\to -a \\ q_u &\to q \end{aligned}\right\} \tag{6-23}$$

式(6-21)就可变为式(6-20)。数学上已经研究过马丢方程的解,它可直接反映式(6-19)和式(6-20)的解。下面先介绍马丢方程的解,然后用它来解释离子在四极场中运动轨迹问题。

6.2.3 马丢方程的解

马丢方程

$$\frac{\mathrm{d}^2 u}{\mathrm{d}\xi^2} + (a_u - 2q_u\cos 2\xi)u = 0$$

的解为以下无穷级数形式

$$u=\alpha'\exp(\mu\xi)\sum_{s=-\infty}^{\infty}C_{2s}\exp(2js\xi)+\alpha''\exp(-\mu\xi)\sum_{s=-\infty}^{\infty}C_{2s}\exp(-2js\xi) \quad (6-24)$$

式中：α'、α''—— 积分常数；

μ、C_{2s}—— 系数，由 a_u、q_u 决定。

马丢方程的解分为两类：一类是稳定解，表示 $\xi\to\infty$ 时，运动的振幅 u 为有限值；另一类是不稳定解，表示 $\xi\to\infty$ 时，u 为无限值。方程的稳定与否取决于 μ 值，即由 a_u 和 q_u 决定，与初始条件无关。

马丢方程解的稳定范围如图 6-7 所示，当 a_u 和 q_u 数值处在影线区内时，u 的解是稳定的；影线的边界上及在影线区之外，解是不稳定的。当 q_u 为负值时，稳定范围和 q_u 为正值时完全对称，因为只要把马丢方程（式 6-21）的高频初相角 ξ_0 提前或滞后 90°，q_u 值就改变符号，这与解的稳定与否显然无关。因此，在考虑解的稳定性或解的其他性质时，不需要考虑 q_u 的符号，即只考虑 $q_u=|q_u|$ 就可以了。

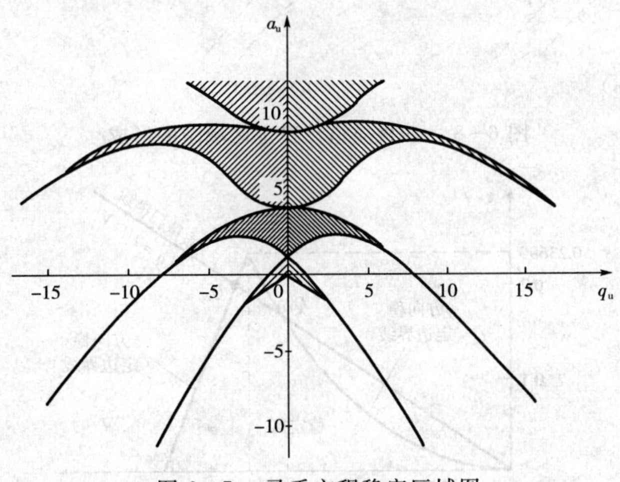

图 6-7 马丢方程稳定区域图

6.2.4 四极质谱计的稳定区域图

图 6-7 所示的几个稳定区域中，只有原点附近的第一稳定区具有实用价值，因为其他稳定区的 a_u、q_u 值太大，即所用的高频电压和直流电压太大。

在对比离子运动微分方程和马丢方程时曾引出，对 x 方向运动，$a_u=a$，$q_u=-q$（其实只要考虑 $q_u=q$ 就可以了），因为按定义 a_u、q_u 都是正值，因此（a_u，q_u）值处在第一稳定区上半部，才是稳定的（如图 6-8a 所示影线部分），离子在 x 方向运动才是稳定的。对 y 方向运动来说，$a_u=-a$，$q_u=q$，即 a_u 为负值，因此（a，q）值只有处在第一稳定区下半部的倒像区（如图6-8b 所示），这样 a_u、q_u 才能处在稳定区域，离子在 y 方向上的运动才能稳定。综合这两个条件，只有（a，q）值处在如图 6-8c 所示的双重影线区域，离子在 x、y 方向运动才能同时稳定，这就是四极质谱计的稳定区域图。

如图 6－9 所示为放大了的四极质谱计稳定区域图，其外形像三角形，故又称稳定三角形。稳定图由 q 轴以及 x、y 方向稳定边界组成，稳定三角形的顶点坐标为

$$\left.\begin{aligned} a_T &= 0.23699 \\ q_T &= 0.70600 \\ a_T/q_T &= 0.33568 \end{aligned}\right\} \quad (6-25)$$

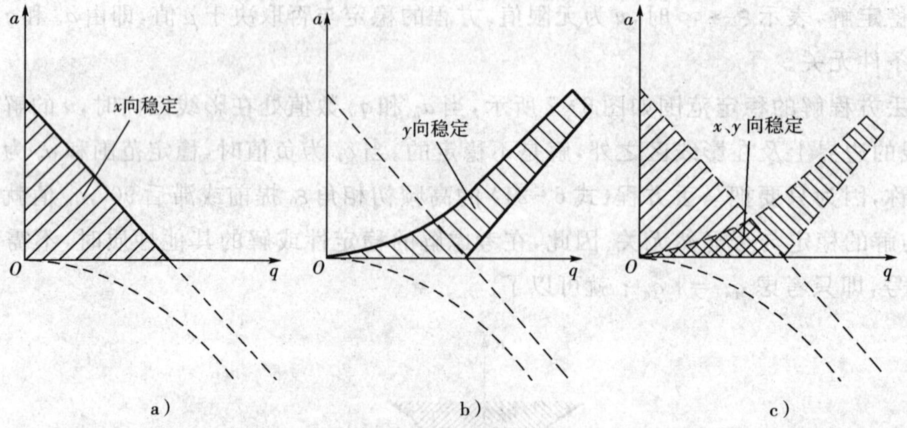

图 6－8 四极质谱计稳定区域图的形成

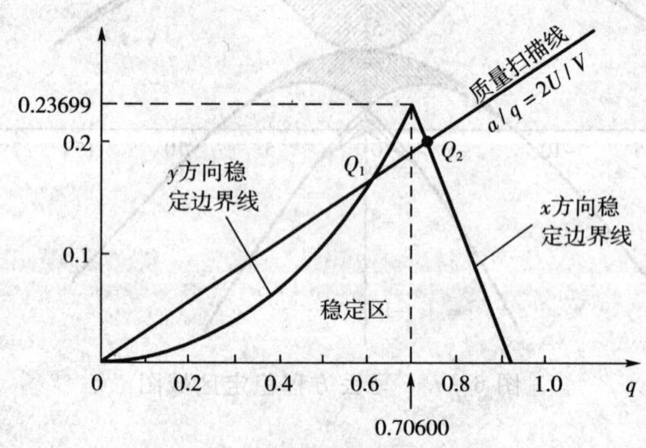

图 6－9 四极滤质器稳定图

x 方向稳定边界线近似为直线，其方程为

$$a = 1 - q - \frac{1}{8}q^2 + \cdots \quad (6-26)$$

它与横轴交点 $q \approx 0.9$。

y 方向稳定边界线近似为抛物线，它的方程为

$$a = \frac{1}{2}q^2 - \frac{7}{128}q^4 + \cdots \quad (6-27)$$

x 方向稳定边界的左侧是 x 方向稳定区，右侧为不稳定区。与 x 方向不稳定区内的 (a,q) 相对应的小质荷比离子（由式(6－18) 确定）是不稳定的，它们将在 x 方向与极杆碰

撞而失去电荷，故不能通过分析器。y 方向稳定边界线的右侧是 y 方向稳定区，左侧为不稳定区。与 y 方向不稳定区内的 (a,q) 值相对应的大质荷比离子也是不稳定的，它们将在 y 方向与极杆碰撞而失去电荷，亦不能通过分析器。只有与稳定图内的 (a,q) 值相对应的离子才是稳定的，它们在 x 和 y 方向的最大振幅都为有限值。若离子入射速度和位移足够小，使得 x 和 y 向的振幅都小于场半径 r_0，那么这些离子就能通过分析器。

6.2.5 质量扫描

由 a 和 q 的定义(式 6-18)可得到 $a/q = 2U/V$。因此，如果保持直流—交流峰值电压比值 U/V 不变，则 a/q 值亦不变。

设质谱计能保证 U/V 不变，即当 V 增加时 U 也相应地增加，V 减小时 U 也同样地减小。在给定场参数 (r_0,ω,U,V) 下，相同质荷比的离子有相同的 (a,q) 值，不同质荷比的离子具有不同的 (a,q) 值。所有 (a,q) 值皆落在通过原点的斜率为 $a/q = 2U/V$ 的直线上。质量大的离子，a 和 q 值小，它们的 (a,q) 值对应的点应离原点较近；质量轻的离子 a 和 q 值大，它们的 (a,q) 值的对应点离原点较远。不同质荷比的离子的 (a,q) 值都分布在这条线上，这条线叫质量扫描线。

在质量扫描线上，只有与稳定图(如图 6-9 所示)边界相交的两点 $Q_1(a_1,q_1)$ 和 $Q_2(a_2,q_2)$ 之间的 a、q 值所对应的离子才是稳定的。当质量扫描线斜率增大，即直交比 U/V 增大时，与 Q_1、Q_2 所对应的质量间隔 ΔM 减小，因而质谱计分辨本领 $R = M/\Delta M$ 增加。当 $U/V = 0.16784$ 时，质量扫描线通过稳定图顶点，此时 $\Delta M = 0$，因而分辨本领为无穷大。四极质谱计的分辨本领可以用改变直交比 U/V 值的方法调节，这是它的优点之一。

在稳定图顶点工作时，因为所有离子运动的最大振幅 x_m、y_m 均大于或等于场半径 r_0，故不能到达离子收集极，即收集极离子流为零。因此，实际的质量扫描线不通过稳定图顶点，而是十分接近顶点，即质谱计电源提供的直交比 U/V 应比 0.16784 稍小一点。当离子的 (a,q) 值正好处在稳定区内(即正好在稳定图顶点下面一点的地方)时，使离子可以通过四极场。只要选择适当的高频电压，使离子的 (a,q) 值正好在顶点附近，即 $a \approx 0.23699$(比 0.23699 稍小一点点)、$q \approx 0.706$，则这种离子可到达收集极。

将式(6-25)代入式(6-18)中，从而求得稳定离子的质荷比展开式

$$\left.\begin{aligned} \frac{M}{Z} &= \frac{U \times 10^8}{1.212 f^2 r_0^2} \\ \frac{M}{Z} &= \frac{V \times 10^8}{7.219 f^2 r_0^2} \end{aligned}\right\} \tag{6-28}$$

式中：r_0——场半径，m；

f——高频频率，Hz；

M——离子质量，u；

Z——离子所带单位电荷数；

U——直流电压，V；

V—— 高频电压峰值，V。

对于常见的单电荷离子，$Z=1$，故由式(6－28)可得单电荷离子的质量展开式为

$$\left.\begin{aligned} M &= \frac{U\times 10^8}{1.212f^2r_0^2} \\ M &= \frac{V\times 10^8}{7.219f^2r_0^2} \end{aligned}\right\} \tag{6-29}$$

由于四极滤质器是在U/V近于恒值的条件下工作的，测出其中一个参量，即可确定另一个参量，故式(6－29)中任一个都可作为质量M的展开式。

式(6－29)表明，分析器参数确定后，如果频率f为常数，则质量数M随交流电压峰值V呈线性展开，即电压展开；如果V等于常数，M随f^2呈反比展开，即频率展开。由于电子电路方面的原因，大多数采用电压展开，此时离子质量的标度与V呈最简单的直线关系。

电压展开时，有两种扫描方式：如果质量扫描线斜率不变，即直交比U/V为定值，由稳定图(图6－9)和式(6－18)推得分辨本领R为

$$R = M/\Delta M = q_T/\Delta q \tag{6-30}$$

此时，分辨本领R近为常数，这种扫描方式称为恒分辨本领扫描；如果把质量扫描线的斜率$2U/V$随M的增大而略加提高，从而达到不同质量数的谱峰宽度ΔM维持不变，这就是大多数四极质谱计所采用的恒峰宽扫描方式。

例如，今有一四极质谱计，四极场场半径$r_0=3.5\text{mm}=3.5\times10^{-3}\text{m}$，高频电压频率$f=3\text{MHz}$，则高频角频率$\omega=2\pi f=6\pi\times10^6 s^{-1}$。我们知道，任何四极质谱计工作时，直交比$U/V$都比0.16784稍小些，即$U/V\approx1/6$。现计算为使$H_1^+$的$q=0.706$所需的高频电压$V$。

由式(6－18)可得

$$V = \frac{qm\omega^2 r_0^2}{4Q} \tag{6-31}$$

H_1^+的质量$m=1.672\times10^{-27}\text{kg}$，电量$Q=1.6\times10^{-19}\text{C}$，故

$$V = \frac{0.706\times1.672\times10^{-27}\times(6\pi\times10^6)^2\times(3.5\times10^{-3})^2}{4\times1.6\times10^{-19}} = 8.05\text{V}$$

而$U\approx V/6=1.35\text{V}$。

因此，当高频电压峰值等于8V左右而直流电压$U=1.35\text{V}$时，H_1^+的$a\approx0.236$，$q\approx0.706$，H_1^+离子的(a,q)值正好在稳定图内(在稳定图顶点下边一点点)，故H_1^+离子可以通过四极杆之间的空间到达收集极。而H_2^+的质量比H_1^+大一倍，故H_2^+离子的(a,q)值比H_1^+的小一半，He^+的质量是H_1^+的四倍，He^+离子的(a,q)值是H_1^+的1/4…余者依此类推，$M=150$的离子的(a,q)值只有H_1^+的1/150。这些离子的(a,q)值虽然不同，却都处在质量扫描线上，即处在稳定图顶点左边的质量扫描线上，除H_1^+的(a,q)值在稳定图内，其余的(a,q)值均在稳定图之外。

若把高频电压升高一倍，即 $V = 16\text{V}$ 时，H_1^+ 的 (a,q) 值也高一倍，即其 $a = 0.236 \times 2$，$q = 0.706 \times 2$，而 H_2^+ 的 a 值却正好等于 0.236，q 值也正好等于 0.706，这时 H_2^+ 离子可达到收集极。同理，当高频电压峰值升到 8V 的 3 倍时，$M = 3$ 的离子可以达到收集极。当高频电压继续升高，其值为 $V = 32$、40、48、… 时，$M = 4$、5、6、… 的离子依次通过四极场到达收集极。若仪器可分辨的最高质量数为 $M = 150$，为了使 $M = 150$ 的离子通过四极场到达收集极，所需的高频电压峰值为 8V 的 150 倍，即 $V = 8 \times 150 = 1200\text{V}$，所需的直流电压 $U = V/6 = 200\text{V}$，这时 $M = 150$ 的离子的 $a = 0.236$，$q = 0.706$，其 (a,q) 值正好在稳定图内，而所有其他较轻的离子的 (a,q) 值都处在稳定图顶点右边的质量扫描线上。若滤质器电源提供一个 $U/V < 0.16784$ 的直流电压和高频电压，而且高频电压从零开始随时间线性增加，则当 $V = 8\text{V}$、16V、24V、32V、…、1200V 时，H_1^+、H_2^+、$M = 3$、4、…、150 的离子依次通过四极场到达收集极。因此收集极离子流随时间的变化，将反映气体各种成分的质谱图。

若分析器电极所加直流分量 $U = 0$，则质量扫描线与 q 轴重合。电极上只要加很小的高频电压 V，就可以起到离子聚焦作用，使所有质荷比的离子全部通过分析器，故理论上可作全压力测量。当高频电压逐步增加时，将依次有 $M = 1$、2、… 的离子相继通过 $q \approx 0.9$ 的 x 稳定边界线（见图 6－9）而被剔除，此时离子流与高频电压 V（或质量 M）的关系呈阶梯式谱峰图，称为积分谱。图 6－10a 所示为理想注入条件下的典型积分谱，而实际积分谱如图 6－10b 所示，它是在非理想注入条件下得出的。此外，它的形状和高度还与气体成分有关，所以不能简单地用作全压力测量。

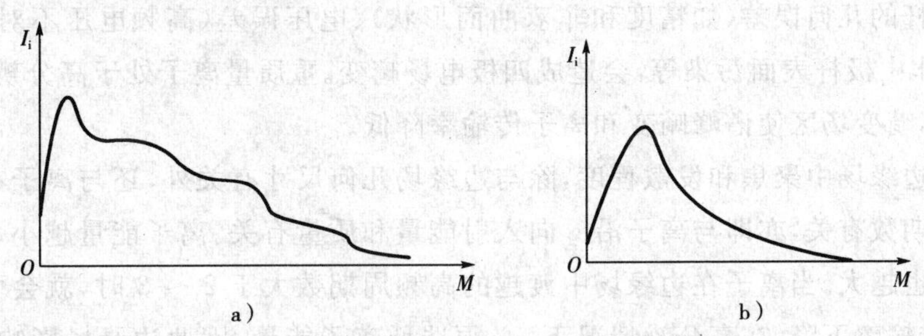

图 6－10 四极质谱计的积分谱

a）理想注入条件下的典型积分谱 b）非理想注入条件的积分谱

6.2.6 离子传输率、分辨本领和质量歧视

通过分析器的稳定离子流与入射离子流的比值，称为离子传输率。

在整个高频周期内所有入射离子，若其最大振幅 x_m、y_m 都小于场半径 r_0，则这些离子全部能达到收集极，此时离子传输率为 1。离子传输率与离子进入分析器的初始条件有关，即与初始位移 x_0、y_0 和初始径向速度 $\dot{x}_0$、$\dot{y}_0$ 有关。分析器输入端的边缘场虽然很短，但却强烈地决定着离子入射条件，影响离子的传输率。

如不考虑离子入射初始条件的影响，当离子在分析器中的高频周期数足够大时，分辨本领 $R = M/\Delta M$ 可近似等于稳定图上质量扫描线从原点到稳定图中心的长度与其在 x 和

y 稳定边界线两交点的间距之比，即式(6-30)

$$R = q_T / \Delta q$$

满足离子传输率为 1 的谱峰呈平顶峰，其分辨本领的经验公式为

$$R = \frac{0.178}{0.23699 - a_{0.706}} \tag{6-32}$$

式中：$a_{0.706}$——稳定图中质量扫描线上 $q = 0.706$ 点所对应的 a 值。

如考虑初始条件，即 x_0、y_0、$\dot{x}_0$、$\dot{y}_0$ 均不为零，则分辨本领的计算方法极为复杂。

质谱计对不同气体的灵敏度，虽经电离几率修正，仍不相同，这种现象叫质量歧视效应，在质谱图上表现为：相同峰高的两种气体，即使电离几率相等，并不对应相同的分压力。真实的分压力还须考虑质量歧视效应的修正，给定量分析带来了困难。

四极质谱计的主要缺点是质量歧视较严重，不易进行分压力定量标定。产生质量歧视效应的主要原因是离子入射条件的分散、分析器四极场的畸变和离子注入端边缘场的影响。

目前通用四极质谱计采用离子注入孔径远大于理论值，使仪器在低分辨能力工作时能得到高的灵敏度，而要得到高的分辨能力则可提高 U/V 值。这样加剧了质量歧视效应，使所得的谱峰不是梯形，而是三角形或钟形。同时，在恒峰宽扫描时，因为分辨本领 R 随质量 M 的增大而提高，所以离子在分析器中的传输率随着质量增大而下降得更明显。

由于极杆的几何误差(如精度和非双曲面形状)、电压误差(高频电压不对称性、波形失真)和工作中极杆表面污染等，会造成四极电场畸变。重质量离子处于高分辨本领状态，离子振幅大，畸变场区使谱峰畸变和离子传输率降低。

离子在边缘场中聚焦和发散程度，除与边缘场几何尺寸有关外，还与离子在此场中的渡越高频周期数有关，亦即与离子沿 z 向入射能量和质量有关。离子能量越小，质量越大，渡越周期数也越大。当离子在边缘场中渡越的高频周期数大于 2～3 时，就会引起入射条件恶化，使传输率下降。在高分辨情况下，必须选低离子能量，因此边缘场影响就加重。在相同离子能量下，重离子传输率要比轻离子低得多。

6.3 其他质谱计

6.3.1 回旋质谱计

回旋质谱计又称欧米加质谱计。当质量为 m 的单电荷离子，受到电位差 V 的加速后，射入与其运动方向垂直的磁场 B 中时，运动轨迹为半径 R 的圆，即

$$R = \frac{1}{B}\sqrt{\frac{2mV}{e}} \tag{6-33}$$

由此不难求得其离子运动的旋转角频率为

$$\Omega = \frac{e}{m}B \tag{6-34}$$

可见，对一定 e/m 的离子，当磁场 B 不变时，旋转角频率为常数，而与其运动半径及速率大小都无关。即使运动速率和半径不断变大，旋转角频率依然不变。这一结论很重要，根据这一点，可利用一固定频率的正弦波电场 $E = E_0 \sin\omega t$，在每一旋转中都给离子加速，结果离子的旋转半径不断扩大，呈一阿基米德螺旋线，如图 6－11 所示。显然，只有旋转角频率 Ω 等于电场角频率 ω 的那些离子，才能形成这种运动；其他离子，由于超前或滞后于电场的改变，故不能形成这种运动。前者称为谐振离子，后者称为非谐振离子。对谐振离子运动，可在适当的位置设一收集极收集离子，达到分析的目的。

回旋质谱计结构原理如图 6－12 所示。电离室由一方框及上、下两板状电极（它们与方框电极分开，以保证电绝缘）组成。上、下板状电极施以高频电场。方框上相对开有两个小孔，灯丝发射电子受方框电位加速，由小孔进入电离箱。这些电子因受到平行于小孔连线的磁场 B 的作用，集成一电子束穿过第二小孔，由电子收集极收集。电子束在电离室中碰撞气体产生各种离子，受上、下极板的高频电场作用，其回旋频率等于电场角频率的离子就得到不断加速，并扩大半径，飞抵下面的离子收集极（它由下板空槽伸入），被收集的离子流由直流放大器测出。非谐振离子不能打到离子收集极，便扩散于箱壁各处。质量扫描由调节高频电场频率实现。

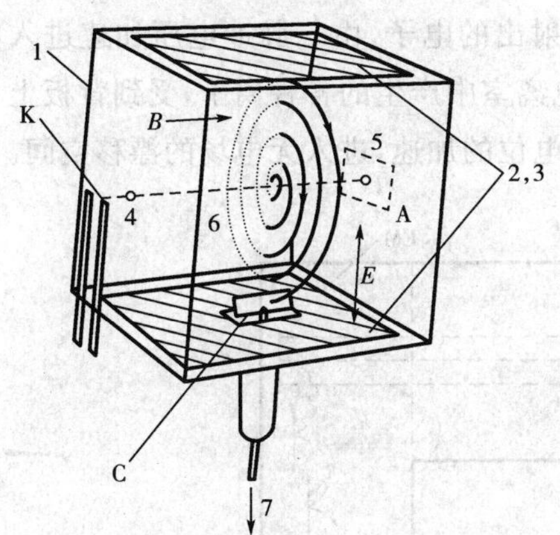

图 6－11　回旋质谱计结构示意图

K－阴极　A－阳极　C－收集极　1－箱板

2、3－高频电极　4、5－电子束入孔出孔

6－离子轨迹　7－接直流放大器

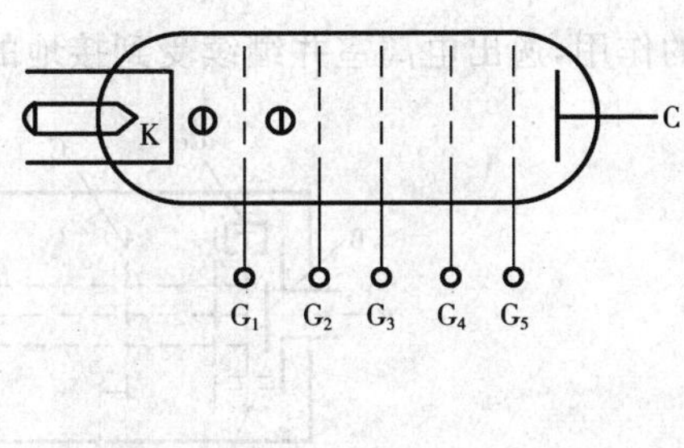

图 6－12　射频质谱计结构原理图

K－阴极　$G_1 \sim G_5$－栅极　C－收集极

6.3.2　射频质谱计

射频质谱计没有笨重的磁铁，只靠电场来达到质量分析的目的。其工作原理结构图如

图 6－12 所示。K 为阴极，$G_1 \sim G_5$ 为等距的栅极，C 为离子收集极。以阴极电位为参照，G_1 加正电位，做电子收集极；G_5 加正电位，以对向收集极运动的离子形成一适当的拒斥场；在 G_3 与 G_2、G_4 间加一角频率为 ω 的高频电压。于是，G_2、G_3 间的电位差为

$$V_{23} = V_0 \sin(\omega t + \theta) \tag{6-35}$$

G_3、G_4 间的电位差为

$$V_{34} = -V_0 \sin(\omega t + \theta) \tag{6-36}$$

因为 G_1 正而 G_2 负，故阴极发射的电子在 G_1 前后来回振荡。它在 G_1、G_2 间产生的离子群受 G_2 加速，除 G_2 截获一部分外，其余进入高频电场，在 G_2、G_3 和 G_4 间进行分析。原来，离子经 G_2 加速后，不同质量的离子已具有不同的速度，在合适相位时进入高频电场的离子就会受到电场的加速。如果有一种离子，它们的速度使得当其飞抵 G_3 并进入 $G_3 \sim G_4$ 时，电场相位正好改变，那么它们就能从电场获得最大能量；其余离子因速度不合适，能量有大有小，但都未能达到此最大值。这样，便可以调节 G_5 的拒斥场，使只有动能最大的离子才能穿过 G_5 飞抵离子收集极。质量扫描由改变高频电场的频率来实现。

6.3.3 飞行时间质谱计

飞行时间质谱计也称渡越时间质谱计，其原理是依据能量相同的离子，因质量不同而具有不同速率的现象。在这种质谱计中，电子流或离子流都是不稳定流动的，而是仅仅发出一批离子（所谓脉冲离子），让它们的效应分别显示出来，然后再发出第二批，如此等等。

如图 6－13 所示为飞行质谱计原理图。灯丝发射出的电子，由一脉冲电压加速进入电离室，在电离室中电离分子后飞入电子阱被收集掉。电离室中产生的各种离子，受到背板上一正脉冲的作用，逸出电离室并继续受到接地的直流栅电位的加速，进入无电场的漂移空间。

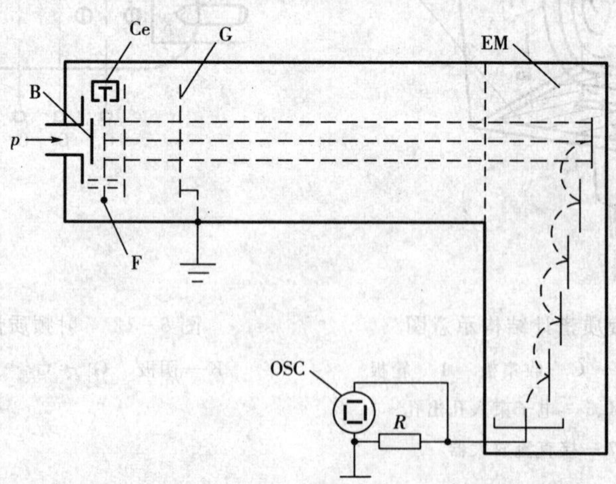

图 6－13 飞行时间质谱计原理图

F－灯丝 Ce－电子收集极 B－背板 G－加速极

EM－电子倍增器 OSC－示波器

离子开始进入漂移空间时能量是相同的(设不考虑初始速度),但它们的速率却取决于其质荷比。设所有离子均为单电荷离子,则其速率就取决于质量,轻者快,重者慢。在飞抵收集极前,它们已按轻重顺序分成许多批,轻者在前,重者在后,最后按轻重次序分批抵达收集极。因此,收集回路将出现一个个大小不等的电脉冲,经放大后用示波器就可将它们显示出来。示波器的各个峰对应于各种离子,峰高低标志其分压力的大小。这样,只用一个脉冲便可得到整个质谱。实际测量则既可用单个脉冲,也可用一定频率(可高达 50kHz)不断重复的脉冲。

图中用电子倍增器在管内将信号放大。电子倍增器具有反应迅速、时间常数小的优点,特别适合于放大,因为离子流脉冲很快($0.01 \sim 0.05\mu s$)。

6.4 识谱技术

质谱计对残余气体或气体样品分析的结果,实际上是离子流与分析器扫描参数的关系图,即质谱图。如何由该图正确判断样品的化学成分及其含量是一个比较复杂的问题,它是建立在详细了解系统中所找到的气体和蒸气碎片图型的基础上的。在熟悉了残余气体分析之后,残余气体的许多主要成分的定量分析就相当简单了。然而,精确的定量分析需要细致的校准和许多复杂的分析技术。质谱分析的精确性除了与质谱计本身性能有关外,还与使用方法、分析技术等有关。

6.4.1 质量数的标定

对质谱图进行分析,首先应准确地判断出各个谱峰对应的质量数。

真空系统中常见的残余气体质量数 $M < 50$,这些气体谱峰的位置和高度有一定的规律和特征。如图 6-3 所示,主要成分是${}^{2}H_2^+$、${}^{4}He^+$、${}^{16}CH_4^+$、${}^{18}H_2O^+$、${}^{20}Ne^+$、${}^{28}CO^+$、${}^{28}N_2^+$、${}^{32}O_2^+$、${}^{40}Ar^+$、${}^{44}CO_2^+$,这些谱峰的质量数比较容易确定,据此可推断出其他位置谱峰的质量数。

如果质谱图无特征峰可据,则质谱峰质量数的标定,尤其是在高质量数端,可以通过预先校核确定。校核的方法是把已知质量数的气体注入质谱计,记录谱峰和相应的质量扫描参数值,根据该质谱计质量数与质量扫描参数之间的函数关系,如四极质谱计的式(6-28),可以计算出其他谱峰的质量数。必须指出,由于分析场参数的误差,谱峰质量数的精确值一般是不能由质量展开式直接求得的。

6.4.2 碎片图形

真空质谱计采用电子碰撞电离型离子源。当一种被分析的气体受到其能量会引起电离的电子碰撞时,会产生数种质荷比的碎片,即产生单荷和多荷离子、分子离子、碎片离子和同位素离子。每种气体有其独有的碎片的质荷比数值,而峰的幅值则和气体及仪器的工作条件有关。这种分裂物图型为气体碎片图型。可根据每种气体的独有的碎片图型来鉴别该种气体的存在,所以有人称碎片图形是鉴定气体存在的“指纹”。

6.4.3 分压力计算

分辨本领为 50 ～ 150 的残余气体分析器不能作为定量分析的仪器。因为它既不能消除重叠峰，碎片图型也不如定量分析器的那么稳定。具有独特碎片图形的单一成分气体或具有分离谱的几种成分气体的混合物的定量分析，要比含有重叠峰的混合物的定量分析来得简单。下面介绍具有分离碎片图型和重叠碎片图型气体的近似分析技术与精确分析技术。

对于具有分离谱的气体，如 Ar、O_2、N_2 和 H_2O 的混合物，可以采用下面常用的分压力近似估算法。

① 由一种气体产生的主峰离子流 I_i，与质谱计对 N_2 的灵敏度 S_{N_2}（N_2 的主峰离子流与 N_2 的分压力之比）计算等效氮分压力，即

$$p_{pe} = I_i / S_{N_2} \tag{6-37}$$

② 由离子流相对比例和全压力 p 计算等效氮分压力，即

$$p_{pe} = pI_i / \sum I_i \tag{6-38}$$

③ 由式(6-37)并用质谱计相对灵敏度 S_r（也可近似地用电离真空计的相对灵敏度或气体的电离几率）进行修正算得气体的分压力为

$$p_p = I_i / (S_r S_{N_2}) \tag{6-39}$$

④ 由式(6-38)进行灵敏度修正，算得气体分压力估计值为

$$p_p = pI_i / (S_r \sum I_i) \tag{6-40}$$

必须指出，用电离计对混合气体测得的全压力 p 只是等效氮压力，它不代表真实的全压力。

对非重叠谱的气体进行分压力精确测量时，最好对系统内每种有关气体进行校准。如果可能的话，在记录本底谱以前应对真空系统进行彻底清洗和烘烤，然后再充气到适当的压力，以记录碎片图型并测出气体灵敏度。此时应记下离子源的全部电压和电流、电子倍增器的增益和压力的数值。在每次进行连续的本底扫描和充气之间，应对系统进行彻底排气和清洗。这是一道费力的工序，只有在需要知道特定气样的分压力精确数值时才那样做。尽管如此，比如在质量数 $M = 28$ 处对氮气灵敏度的定期测定仍然是需要的。

混合气体在离子源中形成分子离子、碎片离子、同位素离子，除单荷离子外，还可能形成多荷离子。质谱计将 M/Z 相同的谱峰叠加在一起形成重叠谱，质谱图就显得更为复杂。

重叠谱的分析更为困难，由于系统中痕量污染物会给待研究气体较小的峰增加未知量，使给定气体的峰的比值随着时间推移会愈来愈不稳定。重叠谱的定量分析要求准确、

经常地测量碎片图形，还表现在痕量气体峰和较大组分峰重叠时，痕量气体的精确定量测量是困难的。

碎片峰离子流与其主峰离子流的相对比值称碎片峰的图像系数。某种质谱计在恒定工作条件下，碎片峰的种类及其图像系数是一定的。查阅相关文献或仪器说明书能够获得特定仪器的图像系数。碎片峰虽增加了识谱困难，但可用来区分相同质量数的不同物质成分。例如，$M/Z=28$ 的谱峰主要是 $^{28}N_2^+$ 和 $^{28}CO^+$ 叠加成的，而 $^{28}N_2^+$ 的峰高值可根据 $M/Z=14$ 的峰高和图像系数扣除 CH_4 碎片峰求得；$^{28}CO^+$ 的峰高值可根据 $M/Z=12$ 的峰高和图像系数并扣除 CH_4、CO_2 碎片峰求得。此外，利用碎片峰的规律还可推测重质量分子的存在，增加了质谱计的质量范围。例如，质量范围小的质谱计可从多荷离子来确定高质量数的单荷离子的存在，从 Kr^{++}、Xe^{++} 甚至 Kr^{+++}、Xe^{+++} 可推测 Kr^+、Xe^+ 的存在。由于多荷离子与单荷离子的同位素峰形相似，只要是仪器分辨本领足够高，检测是很方便的。图像系数除与离子源工作条件，如离子引出电压、电子能量、电子空间电荷和阴极温度等有关外，还取决于质谱计的质量歧视效应。各种质谱计严格的图像系数，应在固定的工作状态下用实验方法求得。

即使一个真空系统中只存在有限数目的低分子量气体，由于实际上常会有几种气体在同一质量处产生峰，也会使分析步骤复杂化。例如，CO、N_2、C_2H_4 和 CO_2 都会在质量数 28 处产生离子流；而 CO_2、O_2、CH_4 和 H_2O 会在质量数 16 处产生离子流。

由质谱图的图像系数可以计算出待测气体成分的分压力值。若质谱计对分压力为 p_p 的气体 i 的灵敏度为 S_i（气体 i 的主峰离子流 I_i 与分压力 p_{p_i} 的比值），则气体 i 的主峰离子流为

$$I_{ji}=\beta_{ji}I_i=\beta_{ji}S_i p_{p_i} \tag{6-41}$$

n 种气体在 $M/Z=j$ 处的离子流之和为

$$J=\sum_{i=1}^{n}I_{ji}=\sum_{i=1}^{n}\beta_{ji}I_i \tag{6-42}$$

式(6-42) 还可以写成

$$J_j=\sum_{i=1}^{n}\beta_{ji}S_i p_{p_i}=\sum_{i=1}^{n}\beta_{ji}S_{ri}S_{N_2}p_{p_i} \tag{6-43}$$

式中：S_{ri}—— 气体 i 对 N_2 的相对灵敏度；

S_{N_2}—— 对 N_2 的灵敏度。

式(6-43) 可写成矩阵形式如下

$$\{J\}=[B]\{p\} \tag{6-44}$$

矩阵[B] 的元素为

$$b_{ji}=\beta_{ji}S_i S_{N_2} \tag{6-45}$$

式(6-44)可展开写成

$$\begin{bmatrix} J_1 \\ J_2 \\ \vdots \\ J_m \end{bmatrix} = \begin{bmatrix} b_{11}, b_{12}, \cdots, b_{1n} \\ b_{21}, b_{22}, \cdots, b_{2n} \\ \vdots \\ b_{m1}, b_{m2}, \cdots, b_{mn} \end{bmatrix} \begin{bmatrix} p_{\mathrm{P}_1} \\ p_{\mathrm{P}_2} \\ \vdots \\ p_{\mathrm{P}_n} \end{bmatrix} \tag{6-46}$$

这里 J_{j} 是质量 j 处的离子流，b_{ji} 为碎片图型矩阵元素，$p_{\mathrm{P}_{\mathrm{i}}}$ 为第 i 种气体的分压力。

大多数气体的峰多于一个，所以 $m>n$，系统是超定义的。将最小均方准则或其他平滑准则用于数据，可以得到最佳的吻合。假如图型是仔细地取得的，并且标准差也是仔细测得的，那么主要组分精度可达 3%。先进的质谱仪已经由计算机来完成信息获取、数据处理、结果分析和全程控制。

7 真空计校准

7.1 概 述

7.1.1 真空计校准的重要性

真空计校准是真空测量的基础，是研究和发展真空测量的有力工具。它不但能使已有的相对真空计统一在可靠的标准之下，而且还可对发展中的真空计进行性能的研究。

所谓“真空计校准”就是对相对真空计进行“刻度”。真空计刻度是在一定条件下对一定种类气体进行的，从而得到校准系数或刻度曲线。因此气体种类的改变或工作条件的变化，使得原校准曲线不能使用，必须重新进行校准。同一台测量仪器，更换规管时校准曲线也会发生变化。由此观之，对相对真空计校准是非常必要的，又要定期进行，否则会产生超过允许的测量误差。

校准是对真空计整体而言，既包括所谓的一次仪表的真空规管，又包括所谓的二次仪表的电子线路。通常是二者合在一起进行校准，也可以分别对真空计规管和电子线路进行校准，而后者是较为理想的。

真空计校准的前提是必须有标准真空计和校准系统，并通过一定方法进行。现在从标准大气压以下直到 10^{-10} Pa 的压力范围内，已建立了各种类型的标准真空计和校准系统。

目前真空校准发展的动向，是在扩展压力校准区间和提高校准精度上下工夫。近几十年来，真空技术在原子能、电子、空间技术等领域得到了广泛应用，大大促进了真空标准的发展。超高真空和极高真空标准的建立，主要是由于空间研究的需要。美国 10^{-10} Pa 校准系统的研制是阿波罗计划的一部分。我国研制的极高真空校准系统也与空间研究有关。由于火箭、导弹等要求高精度测量粗真空，导致对压力范围 10^5～10^2 Pa 标准的重视。

真空获得、真空测量和真空校准三者是相互制约又是相互促进的。因为真空获得是真空测量的对象；从真空获得角度来看，总要求测量走在前面，这样才能鉴定获得的水平；而精确可靠的测量需要校准，校准又需要更高的真空获得。目前国际上真空度最高的真空获得设备多数是应用在真空校准系统之上。

真空标准有绝对真空计、标准相对真空计（或副标准真空计）和绝对校准系统。所有绝对真空计均可作为真空标准。而以绝对真空计为基准，将经过压力衰减后精确计算出的再生低压力作为标准的真空计校准系统称为绝对校准系统。如膨胀法校准系统应用静力热平衡，其理论基础为理想气体的玻意耳定律，把U型管压力计校准下限延伸至高真空（10^{-4}Pa）。动态流导法校准系统，利用动力学平衡，其理论基础是理想条件下的分子流流导，可建立真空标准为10^{-10}Pa。稳定性和精度高的真空计，经过校准之后，可作为次级标准，对工作真空计进行校准，称这种真空计为副标准真空计。

近年来出现利用热力学平衡原理建立真空标准。已经利用的有：固态氢的饱和蒸气压，氢一金属二元系平衡压力。

7.1.2 真空计量器具检定系统

在计量学中，所谓标准是按精度等级排列的一个体系。国家技术监督局批准并于1990年5月1日实施“真空计量器具检定系统”（JJG2022－1989）。根据当前真空技术发展水平，真空获得和真空测量范围已从大气压（10^5Pa）至极高真空（$<10^{-10}$Pa）。但工业生产和科学研究中，实际广泛应用的压力范围为$10^{-8}\sim10^5$Pa。为了保证该范围内真空度量值的准确一致，制定了检定系统，进行真空度量值传递，检定各级真空计量器具。该检定系统主要适用于$10^{-3}\sim10^5$Pa范围内计量、科研和工业部门使用的真空标准装置和真空计的检定。

(1) 真空国家基准

真空国家基准主要用于复现和传递真空度量值，是统一全国真空度量值的最高依据。真空国家基准由三个不同范围的真空装置组成。

① $5\times10^{-5}\sim1$Pa压缩式真空计装置，不确定度$\delta=2\times10^{-2}(3\sigma)$。

② $1\sim1\times10^3$Pa压缩式真空计装置，不确定度$\delta=2\times10^{-2}(3\sigma)$。

③ $5\times10^2\sim1\times10^5$Pa液体压力装置，不确定度$\delta=(0.2\sim2)\times10^{-2}(3\sigma)$。

(2) 一等真空标准器

一等真空标准器有四种。

① 一等标准流导法真空装置，测量范围为$10^{-6}\sim10^{-1}$Pa，不确定度$\delta=5\times10^{-2}(3\sigma)$。

② 一等标准膨胀法真空装置，测量范围为$10^{-3}\sim10^2$Pa，不确定度$\delta=5\times10^{-2}(3\sigma)$。

③ 一等标准液体压力计，测量范围为$10^2\sim10^5$Pa，不确定度$\delta=1\times10^{-2}(3\sigma)$。

④ 一等标准压缩式真空计组，由$10^{-3}\sim1$Pa和$1\sim10^3$Pa两个不同范围的一等标准压缩式真空计组成，其总测量范围为$10^{-3}\sim10^3$Pa，不确定度$\delta=5\times10^{-2}(3\sigma)$。

一等标准流导法、膨胀法和压缩法三种真空装置一旦建成，有些参数很难再重新测定。因此，上述三种标准装置的周期检定是：整台装置通过一只稳定性优于1×10^{-2}的参考真空计（例如磁悬浮转子真空计或电容薄膜真空计），用国家真空基准进行定点间接检定，验证一等装置的理论分析不确定度数值。此外，为进一步保证这些真空装置的准确可靠，还应根据需要不定期地用参考真空计在这些装置之间开展比对，以消除可能的系统误差。

(3) 二等真空标准

二等真空标准器有六种。

① 二等标准热阴极电离真空计，测量范围 $10^{-8}\sim10^{-1}$Pa(目前尚未建立)，允许误差 $\Delta=\pm30\times10^{-2}$。

② 二等标准热阴极电离真空计，测量范围 $10^{-5}\sim10^{-1}$Pa，允许误差 $\Delta=\pm10\times10^{-2}$。

③ 二等标准磁悬浮转子真空计，测量范围 $10^{-3}\sim10$Pa，允许误差 $\Delta=\pm10\times10^{-2}$。

④ 二等标准电容薄膜真空计，测量范围 $10^{-1}\sim10^{2}$Pa，允许误差 $\Delta=\pm10\times10^{-2}$。

⑤ 二等标准电容薄膜真空计，测量范围 $10^{2}\sim10^{5}$Pa，允许误差 $\Delta=\pm10\times10^{-2}$。

⑥ 二等标准压缩式真空计，由测量范围为 $10^{-3}\sim1$Pa 和 $1\sim10^{3}$Pa 的两只二等标准压缩式真空计组成，允许误差 $\Delta=\pm10\times10^{-2}$。

(4) 工作计量器具

工作计量器具共分六大类。

① 热阴极电离真空计，分三个测量范围，相应的允许误差如下：

范围:	$10^{-8}\sim10^{-1}$Pa	$10^{-5}\sim10^{-1}$Pa	$10^{-3}\sim10$Pa
Δ:	$\pm70\times10^{-2}$	$\pm50\times10^{-2}$	$\pm50\times10^{-2}$

② 冷阴极电离真空计，分两个测量范围，相应允许误差为：

$$10^{-5}\sim10^{-1}\text{Pa}\qquad \Delta=\begin{cases}+100\times10^{-2}\\-60\times10^{-2}\end{cases}$$

$$10^{-3}\sim10\text{Pa}\qquad \Delta=\begin{cases}+100\times10^{-2}\\-60\times10^{-2}\end{cases}$$

③ 电容薄膜真空计，分两个测量范围，相应的允许误差为：

$$10^{-1}\sim10^{2}\text{Pa}\qquad \Delta=\pm20\times10^{-2}$$

$$10^{2}\sim10^{5}\text{Pa}\qquad \Delta=\pm20\times10^{-2}$$

④ 热偶真空计，分两个测量范围，相应的允许误差为：

$$10^{-1}\sim10\text{Pa}\qquad \Delta=\pm50\times10^{-2}$$

$$10^{-1}\sim10^{4}\text{Pa}\qquad \Delta=\pm50\times10^{-2}$$

⑤ 电阻真空计，分两个测量范围，相应的允许误差为：

$$10^{-1}\sim10\text{Pa},\qquad \Delta=\pm50\times10^{-2}$$

$$10^{-1}\sim10^{4}\text{Pa},\qquad \Delta=\pm50\times10^{-2}$$

⑥ 压缩式真空计组

总测量范围为 $10^{-3}\sim10^{3}$Pa，允许误差为 $\Delta=\pm50\times10^{-2}$。

(5) 真空计量器具检定系统框图

真空计量器具检定系统框图(JJG 2022—1989) 如图 7-1 所示。

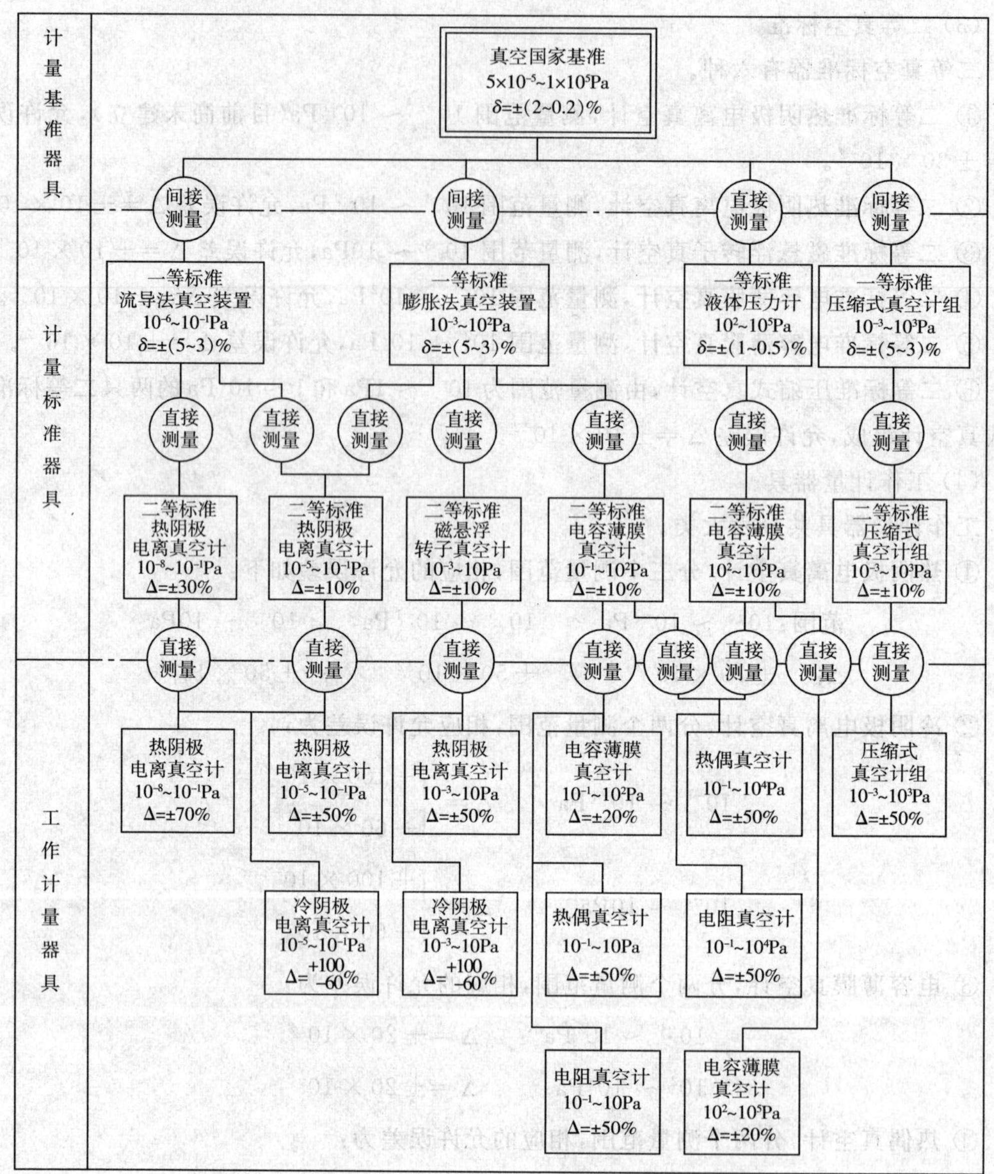

图 7-1 真空计量器具检定系统框图(JJG 2022—1989)

7.2 静态膨胀法

1910 年克努曾最早提出静态膨胀法压力校准系统。静态膨胀法校准低真空计时,因为容器壁吸、放气不显著,校准精度较高。在高真空校准时,由于器壁吸气、放气显著,必须设法减小其影响。此方法制作简单、操作方便、运算迅速、检定效率高,且排除了汞蒸气对人的危害。

膨胀法校准是基于波义耳定律,即在恒定的温度下,一定质量的气体的压力与体积之积为一常数。

单级膨胀系统工作示意图如图 7-2 所示。首先将气源室中充有需要压力为 p_1 的校准气体，由标准真空计 G_2 测量；再将校准室抽气至低于校准压力下限两至三个数量级，这样可略去校准室本底压力对校准的影响。

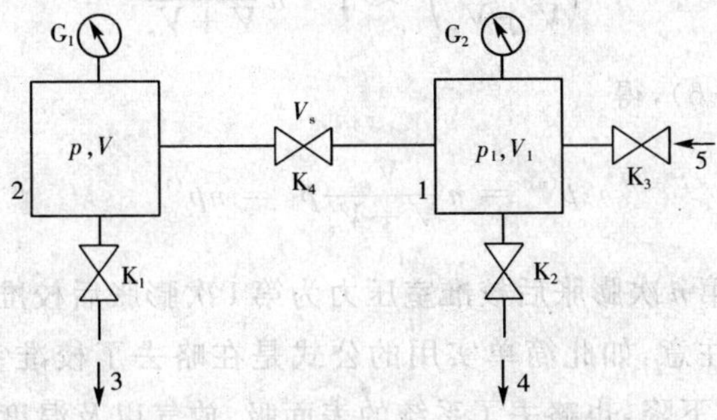

图 7-2　单级膨胀系统原理图

1—气源室　2—校准室　3、4—接泵　5—接校准气体

G_1—待校计　G_2—标准计　K_1、K_2、K_3—真空阀　K_4—传递阀（传递容积为 V_s）

V、V_1—分别为校准室和气源室容积　p、p_1—分别为校准室和气源室压力

每操作一次传递阀 K_4，就将气源室中压力为 p_1、容积为传递容积 V_s 的气体输送到校准室。第一次膨胀后，校准室压力为

$$p^{(1)} = \frac{V_s}{V+V_s}p_1 \tag{7-1}$$

因为 $V_s \ll V$，所以

$$p^{(1)} \approx \frac{V_s}{V}p_1 \tag{7-2}$$

又因为 $V_s/V \ll 1$，所以 $p^{(1)} \ll p_1$。由已知体积 V、V_s 和标准压力 p_1，就可计算出膨胀后的压力 $p^{(1)}$，由此对待校真空计 G_1 进行刻度。

第二次膨胀（传递阀又由气源室向校准室输送 p_1V_s 气体）后，校准室的压力为 $p^{(2)}$，有

$$p^{(2)}(V+V_s) = p_1V_s + p^{(1)}V \tag{7-3}$$

得

$$p^{(2)} = \frac{V_s}{V+V_s}\left(\frac{V}{V+V_s}+1\right)p_1 \tag{7-4}$$

同理，第 n 次膨胀之后，校准室的压力 $p^{(n)}$ 为

$$p^{(n)} = \frac{V_s}{V+V_s}\left[\left(\frac{V}{V+V_s}\right)^{n-1}+\left(\frac{V}{V+V_s}\right)^{n-2}+\cdots+1\right]p_1 \tag{7-5}$$

整理后得

$$p^{(n)} = \frac{V_s p_1}{V+V_s}\,\frac{1-\left(\frac{V}{V+V_s}\right)^n}{1-\frac{V}{V+V_s}} \tag{7-6}$$

式中

$$\left(\frac{V}{V+V_s}\right)^n = \left(1-\frac{V_s}{V+V_s}\right)^n \tag{7-7}$$

因 $V_s \ll V$，式(7-7)展开后略去高阶项，得

$$\left(\frac{V}{V+V_s}\right)^n \approx 1 - n\frac{V_s}{V+V_s} \tag{7-8}$$

将式(7-8)代入式(7-6)，得

$$p^{(n)} = n\frac{V_s}{V+V_s}p_1 = np^{(1)} \tag{7-9}$$

从式(7-9)可知，第 n 次膨胀后校准室压力为第1次膨胀后校准室压力的 n 倍，这对校准计算非常方便。但要注意，如此简单实用的公式是在略去了校准室本底压力、气源室因多次取样而产生的压力下降，也略去了系统的表面吸、放气以及温度变化等。为保证式(7-9)的正确性，应尽量满足上述条件。比如因多次取样，气源室压力降低，影响校准准确度，可用 K_3 阀调整使气源室压力恢复到初始值 p_1，或在计算时考虑其影响。

若传递容积与校准室容积之比 $V_s/V = 10^{-4}$，要求校准压力范围下限 $p_{min} = 10^{-1}$ Pa，上限 $p_{max} = 10$ Pa。为了操作简单，可令第一次膨胀后的校准室压力 $p^{(1)} = 1\times10^{-1}$ Pa，这样就可以计算出气源室的初始压力 p_1 应为

$$p_1 = \frac{V}{V_s}p^{(1)} = 10^4 \times 10^{-1} = 1\times10^3\,\text{Pa}$$

如此设计，第一次膨胀得校准室压力 $p^{(1)} = 1\times10^{-1}$ Pa，第二次膨胀得 $p^{(2)} = 2\times10^{-1}$ Pa，…，第100次膨胀得 $p^{(100)} = 10$ Pa。为了减少膨胀次数，可用两个传递阀(如图7-3所示)，其传递容积 $V_{s2} = 10V_s$。这样传递阀 K_1 取样10次，得到校准压力分别为 1×10^{-1} Pa，2×10^{-1} Pa，…，1Pa；再改用传递阀 K_2 取样9次，分别得到校准压力为2Pa，3Pa，…，10Pa。总共操作19次，减少了累积误差。

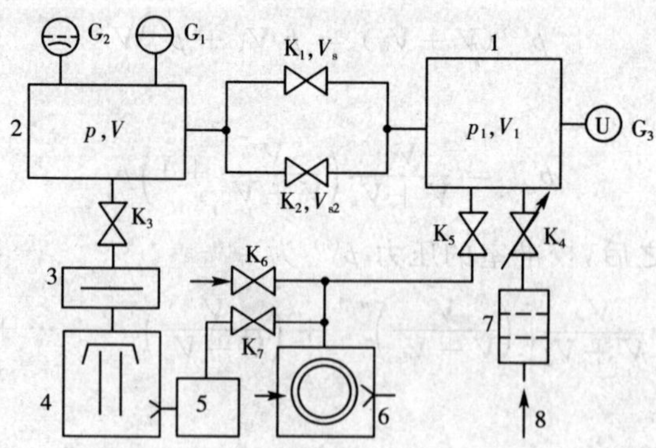

图7-3 真空膨胀校准系统图

1—气源室 2—校准室 3—阱 4—扩散泵 5—储气筒 6—机械泵 7—干燥器 8—接待校气体

K_1、K_2—传递阀 K_3—高真空阀 K_4—微调阀 K_5、K_6—放气阀 K_7—真空阀

G_1—被校真空计 G_2—测量校准室本底压力电离真空计 G_3—油U型管计

p、p_1—分别为校准室和气源室压力 V、V_1—分别为校准室和气源室容积

V_s、V_{s2}—分别为传递阀 K_1、K_2 的传递容积

单级膨胀系统扩展量程需要很大的膨胀比V/V_s，使用容器太大；而使用多级膨胀可用不太大的容器得到大的膨胀比，其校准下限可达10^{-4} Pa。

电离真空计规管对各种气体的抽气作用前面已经讨论过。规管和容器的吸气、放气作用，使校准室气体成分和压力发生变化，从而导致测量误差。为降低电离真空计规管的吸气、放气影响，在系统处于静态前要适度除气。为了获得低的极限压力，合理选择排气方式是重要的，同时要防止系统高温烘烤时漏气对校准的影响。

膨胀法仅适用于某些选定气体，如氮和惰性气体。当用易吸附气体作校准气体时，要考虑它的压力范围及误差。当二氧化碳的压力低于10^{-2} Pa、氢的压力低于10^{-4} Pa 时，会引起同样校准误差（$\Delta p/p = -10 \times 10^{-2}$）。

当校准压力$p \geqslant 10^{-1}$ Pa 时，可用空气作校准气体，但必须加干燥剂，以排除水汽影响。因空气中含有氧等活性气体，故在高真空下不适用，这时需要高纯度的氮。

如果排气系统用油扩散泵，必须注意降低返油。因为返油不仅使系统极限真空变坏，而且污染器壁，使器壁吸气、放气影响增加；此外也会污染被校真空计规管。例如电离真空计规管可能使油分子裂解为轻成分碎片，产生局部高压力，这样都会造成测量误差。

由式(7-2)中参数误差引入的不确定度δ_1为

$$\delta_1 = \sqrt{\delta_v^2 + \delta_{vs}^2 + \delta_{p1}^2} \tag{7-10}$$

装置引入的不确定度为δ_2。因此总的不确定度为

$$\delta = \delta_1 + \delta_2 \tag{7-11}$$

一等标准膨胀法真空装置，在测量下限$p_{min} = 10^{-3}$ Pa 时，$\delta_1 = 3.5 \times 10^{-2}$，$\delta_2 = 1 \times 10^{-2}$，所以

$$\delta = 4.5 \times 10^{-2} \approx 5 \times 10^{-2} (3\sigma)$$

7.3 动态流导法

动态流导法有时也称为动态流量法或小孔校准法，它是建立在气流连续性原理、分子流状态和等温条件基础上的。由于是动态校准，吸气和放气的影响很小。在分子流状态下，流导仅为结构几何尺寸的函数，与压力无关。其校准下限随真空获得和小流量测量水平而延伸，是目前超高真空和极高真空的切实可行的校准方法。

动态流导法校准原理是根据气体分子运动论原理，利用薄壁小孔作标准流导产生已知低压力的。图 7-4 所示是这种校准方法原理示意图。首先将校准室压力抽至校准压力下限以下 2～3 个数量级，这样计算校准压力时可忽略本底的影响。校准气体以稳定流量q_G通过针阀K，由进气管注入校准室。气体以分子流流经一薄壁小孔并由真空系统抽除。在达到动态平衡时，在小孔上方的校准室建立起已知的低压力p，用它来校准真空计 G。校准室的压力可由下式计算

$$p = \frac{q_G}{C} + p_b \tag{7-12}$$

由于系统的有效抽速比小孔流导大很多，故使得小孔下游的压力 p_b 远小于校准室压力 p。这样小孔下游压力测量值误差对校准压力的影响很小。因此，只要根据校准气体流量 q_G、小孔流导 C 和小孔下游压力 p_b，就可以计算出校准室压力来。

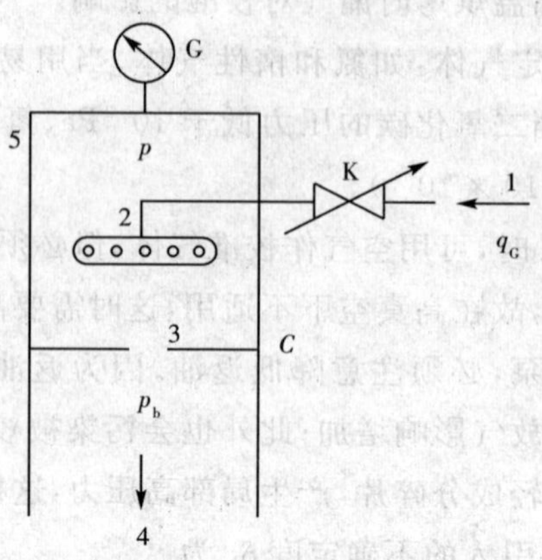

图 7-4 动态流导法校准原理图

1—校准气体 2—散流器 3—薄壁小孔 4—抽气系统 5—校准室

K—微调阀 G—被校真空计 C—薄壁小孔流导

p—校准室压力 p_b—小孔下游压力

校准气体的流量 q_G 由流量计测量。流量范围为 $10^{-7} \sim 10^{-3}\,\text{Pam}^3\text{s}^{-1}$，其测量精度可达 $\pm 5\%$，压力校准范围是 $10^{-5} \sim 10^{-1}\,\text{Pa}$。

由于很难测定微小的流量，也就直接限制了校准压力下限。采用分流的办法，能扩展压力校准下限，这就是二级动态流导校准法。它是单级动态流导法的发展，适用于宽量程和更低的压力——超高真空和极高真空的校准。图 7-5 所示为二级流导校准法系统原理图。这种校准系统共有 1、2 和 3 三个小孔。由小孔 3 连接校准室 A 与 B，这两个校准室分别经小孔 1 和 2 由各自的真空系统抽气。

校准室 A 由流量计作为标准，将校准气体经流量计和微调阀 K 及环形散流器 7 注入 A 校准室，在达到动平衡时，建立校准压力 p_1，这就是前述的普通单级流导法校准系统；除此以外，小孔 3 的分流还起着微流量计的作用。注入校准室的气体总流量 q_G 分流为 q_{G1} 和 q_{G2}，在 B 校准室内注入的气体量为 q_{G2}，在达到动态平衡时，建立了更低的校准压力 p_2，有

$$q_{G2} = Kq_G = C_2(p_2 - p_{b2}) \tag{7-13}$$

$$K = \frac{q_{G2}}{q_G} = \frac{q_{G2}}{q_{G1} + q_{G2}} \tag{7-14}$$

式中：K——分流比。

由式(7-13)得

$$p_2 = K\frac{q_G}{C_2} + p_{b2} \tag{7-15}$$

当分流比 $K \ll 1$ 时，则具有相同下限流量 q_G，校准室 B 压力 p_2 将远比校准室 A 压力 p_1 低，从而可使校准压力 p_2 的下限扩展若干数量级，达到了超高真空甚至可用于极高真空校准。同时，由于校准室 A 还可作高真空校准，这种校准系统能实现宽量程校准。

能影响动态流导法校准误差的因素有很多，例如：气体流量或基准室压力的准确测量；薄壁小孔的气流特性及流导的精确计算；规管和容器的吸气、放气以及校准空间气体分子非麦克斯威速度分布的各种因素，等等。

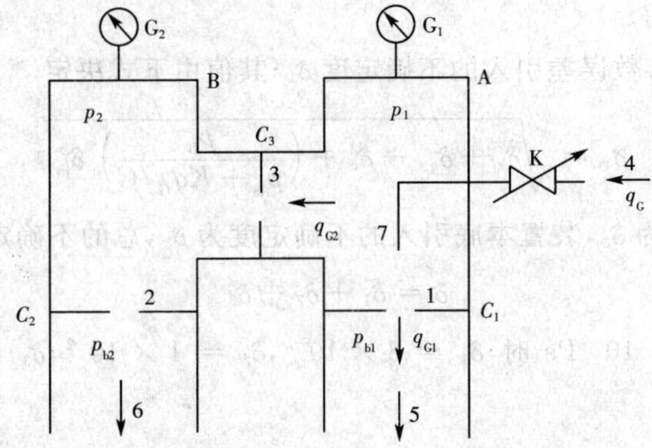

图 7-5　二级动态流导法校准原理图

1、2、3 — 几何尺寸不同的薄壁小孔　4 — 校准气体　5、6 — 分别接真空系统　7 — 散流器
A、B — 校准室　K — 微调阀　G_1、G_2 — 被校真空计　C_1、C_2、C_3 — 分别为三个薄壁小孔的流导
q_G — 校准气体总流量　q_{G1}、q_G — 校准气体分流量
p_1、p_2 — 分别为校准室 A 和 B 的压力　p_{b1}、p_{b2} — 分别为小孔 1 和 2 的下游压力

动态校准系统中存在着产生非麦克斯韦速度分布的各种因素。气体分子的这种分布，使被校规管和校准室内的压力及气体的成分产生变化，从而引起校准误差。

由于抽气系统有效抽速远大于小孔流导，校准室的排气口处会产生大的压力梯度，因而被校规不应安装在接近小孔的地方。

电离规的电清除和化学清除作用，能直接导致规管内压力和气氛的变化。用裸规可以减小这种影响。用有连接管道的规管校准时，只有当连接规管的流导（一般为几 Ls^{-1}）和校准室排气小孔的流导均比规管抽速大得多时，这种影响才可忽略。

规管和容器的吸气、放气，不像静态膨胀法那样严重。但气体分子在局部区域的定向运动将导致气体的不均匀分布。所以系统须在高真空下反复适度地除气，并应在规管的发射电流和表面状况稳定后再进行校准。

一般说来，校准室容积愈大，气体分布愈均匀，但应兼顾极限压力的获得及易于除气等。一般校准室容积至少要大于规管容积 20 倍，并选择尽可能小的容器面积 — 容积比，以减小放气的影响。引入校准室的气体应保证先与器壁碰撞一次，这样校准室的气体就非常接近于麦克斯韦速度分布。选择球形校准室结构比选择柱状为好。

一等标准流导法真空装置，其压力校准范围是 $10^{-6} \sim 10^{-1}$ Pa。压力计算公式由式(7-15) 改写为通用形式

$$p = K\frac{q_G}{C} + p_b \tag{7-16}$$

式中：p—— 校准室压力；

q_G—— 气体流量；

K—— 分流比；

C—— 小孔流导；

p_b—— 下游压力。

由式(7-16) 中参数误差引入的不确定度 δ_1，其值由下式决定

$$\delta_1 = \sqrt{\delta_k^2 + \delta_{q_G}^2 + \delta_c^2 + \left(\frac{p_b}{p_b + Kq_G/C}\right)^2 \delta_{p_b}^2} \tag{7-17}$$

装置真空度不稳定性为 δ_2，装置本底引入的不确定度为 δ_3，总的不确定度

$$\delta = \delta_1 + \delta_2 + \delta_3 \tag{7-18}$$

装置在测量下限 $p = 10^{-6}$ Pa 时，$\delta_1 = 3 \times 10^{-2}$，$\delta_2 = 1 \times 10^{-2}$，$\delta_3 = 1 \times 10^{-2}$，所以有 $\delta = 5 \times 10^{-2}$。

7.4 标准压缩式真空计

标准压缩式真空计不论是在结构上还是在测量方法上与工作压缩式真空计都有所不同，它是用比对法校准其他标准真空计量器具，在 $5 \times 10^{-3} \sim 10^{3}$ Pa 压力范围内，是一可靠的压力标准。因此，各国普遍将它确定为国家真空计量的基准器具。

标准压缩式真空计是在分析了工作压缩式真空计误差的基础上，进行了结构和测量方法的改进而制成的(如图 7-6 所示)，主要有以下几方面：

(1) 采用磨毛毛细管，使毛细管内径更均匀，消除了毛细管不同长度上水银压低值的无规则变化，以及水银在毛细管中运动的异常现象。如毛细管中的“水银跳动现象”、水银在测量毛细管中被“抓住”现象等。有人还在磨毛毛细管内壁均匀地涂一层厚度约为 3μm 的 DC—704 油，它能较好地消除水银在毛细管中的不规则运动，提高了测量精度。

(2) 设置两个无脂阀，防止水银蒸气抽气效应。由于校准时，标准压缩式真空计是通过冷阱与被校真空计相连的，水银蒸气就会被冷阱所捕集，形成一个水银蒸气由水银储藏器至冷阱的定向流动。这种作用与扩散泵的抽气作用完全一样，在水银蒸气定向流动过程中，带走了压缩式真空计压缩球泡内气体，造成了测得的压力偏低的误差。在压缩式真空计升液管口处设置一个磨口无脂球阀 K_2，由于它的重力作用，在水银提升前，升液管口处于关闭状态，阻止水银蒸气向冷阱的流动。当提升水银时，这个阀门被水银面顶开，使水银能通到交叉口上面进行测量。但为防止此时的定向气流抽气效应，可在压缩式真空计通向

冷阱的管道上，再装设一个具有铁芯的球形磨口无脂阀 K_1，这个阀门是常开的，只是开始测量在提升水银之前关闭它。如此设置无脂阀，将导致标准压缩式真空计在测量时对取样气体产生两次压缩，这在计算公式中要给予考虑。

(3) 采用无定标法进行测量。因为标准压缩式真空计是进行精密测量，无法保证水银面提升到指定位置，故不能按照工作压缩式真空计的直线刻度法或平方刻度法进行测量。其水银柱液面是由精度为 10^{-2} mm 或 5×10^{-3} mm 的测高仪读数。

(4) 测量毛细管采用锥形封顶。为防止测量毛细管封顶时，破坏测量毛细管顶端已磨毛的内表面，采用锥形封顶，如图 7-6 右上角所示。这样就要考虑测量毛细管的内顶端位置问题，所以引入压缩后气柱高度修正量 Δ_2。它可以在一定压力下，提升水银得到一系列水银柱高度值，并用回归分析得到。

(5) 要考虑测量毛细管和比较毛细管之间压低值不同的压低值修正量 Δ_1。所谓压低值是指由于水银不浸润玻璃，毛细现象使得水银柱有所下降而形成的下降值。单毛细管压缩式真空计(无比较毛细管) 测量时水银柱差是指侧管水银面和测量毛细管水银面之差，即 $H-h_c$，此时更应考虑两管间的压低值修正量。

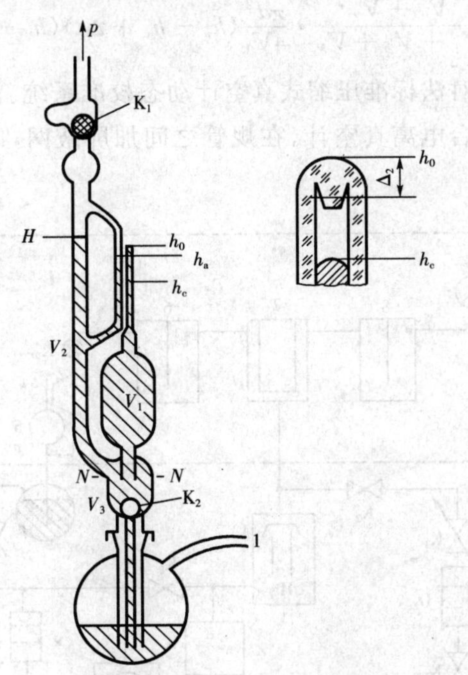

图 7-6　标准压缩式真空计

K_1、K_2 — 无脂球阀　H — 侧管水银面高度　N—N — 交叉口　Δ_2 — 压缩后气柱修正量

h_0 — 测量毛细管外顶端高度　h_a — 比较毛细管中水银面高度值　h_c — 测量毛细管中水银面高度值

V_1 — 交叉口 N 面以上压缩泡的容积　V_2 — 交叉口 N 面以上至无脂阀 K_1 之间的管道容积

V_3 — 交叉口 N 面以下至无脂阀 K_2 之间的容积　1 — 接水银升降系统

标准压缩式真空计的真空度计算公式为

$$p=\rho gKh_1h_2 \tag{7-19}$$

式中：ρ—— 测试温度下水银密度，kgm^{-3}；

g—— 当地重力加速度，ms^{-2}；

K—— 真空计常数，m^{-1}；

h_1—— 有效水银柱高度差，m；

h_2—— 压缩后气柱有效高度，m。

其中

$$K = \frac{V_1 + V_2}{V_1 + V_2 + V_3} \frac{\pi d^2}{4V_1} \tag{7-20}$$

$(V_1 + V_2)/(V_1 + V_2 + V_3)$ 为无脂阀 K_1 引起的预压缩修正。

因为

$$h_1 = h_a - h_c + \Delta_1 \tag{7-21}$$

$$h_2 = h_0 - h_c - \Delta_2 \tag{7-22}$$

所以将式(7-20)、式(7-21)和式(7-22)代入式(7-19)，可以得到标准压缩式真空计真空度计算公式为

$$p = \rho g \frac{V_1 + V_2}{V_1 + V_2 + V_3} \cdot \frac{\pi d^2}{4V_1} (h_a - h_c + \Delta_1)(h_0 - h_c - \Delta_2) \tag{7-23}$$

如图 7-7 所示为比对法标准压缩式真空计动态校准系统。该系统的标准规和被校规对称布置，可同时校准几台电离真空计。在规管之间加屏蔽网，以防止各规管之间的相互干扰，引起校准误差。

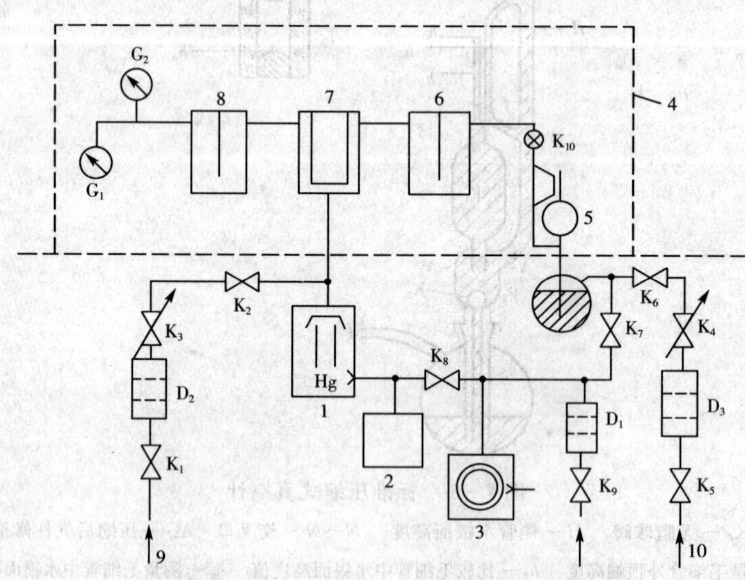

图 7-7 标准压缩式真空计比对法动态校准系统图

G_1、G_2 — 被校规 K_3、K_4 — 微调阀 K_1、K_2、K_5 ～ K_9 — 二通阀 K_{10} — 无脂阀 D_1、D_2、D_3 — 干燥器

1 — 水银扩散泵 2 — 贮气罐 3 — 机械真空泵 4 — 烘箱 5 — 标准压缩式真空计

6、8 — 冷阱 7 — 主冷阱 9 — 接校准气体 10 — 水银提升气体

校准系统的的三个冷阱，被校计的规管以及标准压缩式真空计的球泡和毛细管部分，均应在校准前加温烘烤除气。

动态校准时，被校真空计的吸气、放气量较之通入校准气体量很小，可以略去。只要通入恒定的校准气体量，尽管有被校真空计的吸气、放气作用，整个校准过程中校准压力总能保持稳定，即达到动态平衡。这样就克服了被校真空计(规管)及容器本身所引起的压力变化，这正是动态校准的优点。

标准压缩式真空计虽然是绝对真空计，可作为真空的基准，但也有其弱点：不能测量可凝气体，只能测量永久气体分压力；不能连续测量；操作麻烦，每次测量时间较长；水银蒸气污染大气环境，对人有累积性毒害。因此，除非必要，一般不宜使用。

真空国家基准采用两个范围不同的压缩式真空装置：$5\times10^{-3}\sim1$Pa 压缩式真空装置和 $1\sim10^{3}$Pa 压缩式真空装置。其各参数的误差引入的不确定度

$$\delta_1=\sqrt{\delta_p^2+\delta_g^2+\delta_k^2+\delta_{h1}^2+\delta_{h2p}^2} \tag{7-24}$$

装置的真空度不稳定性为 δ_2，则总的不确定度为

$$\delta=\delta_1+\delta_2 \tag{7-25}$$

装置在测量下限 $p=5\times10^{-3}$Pa 时，$\delta_1=1.5\times10^{-2}$，$\delta_2=2\times10^{-3}$，得

$$\delta=1.7\times10^{-2}\approx2\times10^{-2}(3\sigma)$$

一等标准压缩真空计组由 $10^{-3}\sim1$Pa 和 $1\sim10^{3}$Pa 两台不同范围的一等标准压缩式真空计组成，其总的测量范围为 $10^{-3}\sim10^{3}$Pa。不确定度按式(7-25)计算。装置在测量下限 $p=10^{-3}$Pa 时，$\delta_1=3.5\times10^{-2}$，$\delta_2=1\times10^{-2}$，得

$$\delta=4.5\times10^{-2}\approx5\times10^{-2}(3\sigma)$$

二等标准压缩式真空计组由测量范围为 $10^{-3}\sim1$Pa 和 $1\sim10^{3}$Pa 的两只二等标准压缩式真空计组成。其允许误差 Δ 为

$$\Delta=\sqrt{\delta_s^2+\delta_m^2} \tag{7-26}$$

式中：δ_s—— 基准器的不确定度；

δ_m—— 被检装置(或计)与基准器的最大相对偏差。

在测量下限 $p=10^{-3}$Pa 时，$\delta_s=5\times10^{-2}$，$\delta_m=8\times10^{-2}$，进而得二等标准压缩式真空计允许误差为

$$\Delta=9.4\times10^{-2}\approx10\times10^{-2}$$

7.5 副标准真空计

所谓副标准真空计，实质上是一种高稳定、高精度的相对真空计，它经过一等真空标准器具校准之后，可作为二等真空标准器具，对一般工作真空计进行校准。这种校准法具

有校准迅速和校准压力范围宽等优点。自20世纪60年代以来，国际上采用的副标准真空计有热阴极电离真空计和薄膜真空计。

副标准真空计的校准方法采用动态校准系统，以比对法校准工作计量器具。

二等热阴极电离真空计，测量范围为$10^{-8}\sim10^{-1}$Pa。由于在$10^{-8}\sim10^{-6}$Pa范围的误差是根据真空计规管的剩余电流作线性延伸求得的，因此该二等标准电离真空计允许误差为

$$\Delta=\sqrt{\delta_s^2+\delta_m^2}+\Delta_x \tag{7-27}$$

式中：Δ_x—— 规管剩余电流引入的误差。

在测量下限$p=10^{-8}$Pa时，$\delta_s=5\times10^{-2}$，$\delta_m=8\times10^{-2}$，$\Delta_x=20\times10^{-2}$，因此得此种二等标准热阴极电离真空计的允许误差为$\Delta=\pm30\times10^{-2}$。

测量范围为$10^{-5}\sim10^{-1}$Pa的二等标准热阴极电离真空计，二等标准电容薄膜真空计(测量范围为$10^{-1}\sim10^{2}$Pa)和二等标准电容薄膜真空计(测量范围为$10^{2}\sim10^{5}$Pa)，其允许误差用式(7-26)计算。在其测量下限时，$\delta_s=5\times10^{-2}$，$\delta_m=8\times10^{-2}$，所以它们的允许误差均为

$$\Delta=\pm9.4\times10^{-2}\approx10\times10^{-2}$$

8 真空测量技术

在实际的真空测量中，测量结果不仅仅决定于真空计本身，而且还与许多因素有关。例如气体种类和被测系统状态，测量系统（真空计规管及其连接管）的抽气与放气，规管安装位置和方法，在特殊条件下真空测量的一些特殊问题等。本章讨论的主要内容是影响真空测量的各种因素及对策。

8.1 气体种类对真空测量的影响

在真空测量中，如果被测系统内为氮、氦、氖等单一气体时，那么测量就比较简单。但是，在实际的真空系统中，由于真空泵（机械泵和扩散泵）返油以及密封材料和系统本身放气，被测系统内气体成分往往是空气、水蒸气和油蒸气等多种气体和蒸气的不同组合，而大多数的相对真空计的测量结果是与气体种类有关的，其中影响最大的是氧、水蒸气和油蒸气。

8.1.1 氧气对真空测量的影响

(1) 压缩式真空计：氧气是不可凝性气体，所以可用压缩式真空计测量含氧气氛的压力。但是，如果氧分压过高时，能使汞表面氧化，以致使毛细管内表面受污染，引起汞毛细管压低值无规则变化，产生很大的测量误差。

(2) 热传导真空计：氧气使热丝氧化，而热丝氧化将使加热电流改变并引起零点漂移。同时，因热丝氧化会使热丝表面状态改变而引起其灵敏度变化。因此，常用铂丝作热丝材料，以提高热丝的抗氧化能力。

(3) 热阴极电离真空计：在含氧气气氛中热阴极有明显损耗。如果压力 $p > 10^{-1}$ Pa，钨制热阴极很快会烧毁；而压力 $p < 10^{-3}$ Pa 时，可长期使用。只是这种规管对氧气有较大抽速，因而影响测试精度。

(4) 冷阴极电离真空计：如果用冷阴极电离真空计测量含氧气气氛的压力，因它没有热丝，所以不必担心“热阴极氧化烧毁”的问题。但是，冷阴极电离真空计规管对氧气的抽速更大，故其引起的测量误差也更大。

因此，在粗真空、低真空测量范围内，不宜采用热阴极电离真空计或冷阴极电离真空计测量含氧气气氛的压力，以采用薄膜计或放射性电离真空计为好。

8.1.2 水蒸气对真空测量的影响

(1) 压缩式真空计：水蒸气是可凝性气体，不遵循波义尔定律，故不能用它测量含水蒸气的气体压力。

(2) 热传导真空计：水蒸气对热传导真空计的影响与氧气一样，会使规管零点漂移，灵敏度发生变化。

(3) 热阴极电离真空计：用热阴极电离真空计测量含水蒸气的气体压力时，水蒸气会被高温钨丝表面分解并与钨反应生成氧化钨和原子态氢，氧化钨蒸发后便附着在管壁上，而原子态氢则从规管上的氧化钨中夺取氧再变成水蒸气。如此循环下去，会使钨不断蒸发。当水蒸气分压高于 10^{-2} Pa 时，能使钨阴极严重蒸发，其消耗率为在氧气中的五分之一，近于在大气中的消耗率。一般情况下，不宜用热阴极电离真空计测量含水蒸气的气体压力。

(4) 冷阴极电离真空计：由于冷阴极电离真空计规管对水蒸气的抽速大，会引起较大的测量误差，所以在一般情况下也不用它测量水蒸气压力。

所以，对于含水蒸气的气体压力，在粗真空时，可用 U 型管真空计测量；在低真空时，可用薄膜计和放射性真空计测量；而在高真空时，可用粘滞真空计测量。

8.1.3 油蒸气对真空测量的影响

(1) 压缩式真空计：油蒸气也不服从波义尔定律，故不能用压缩式真空计测量含油蒸气的气体压力。如用它测量机械真空泵的极限真空度，则其测得的数据比用热传导真空计测得的要高一个数量级。

(2) 热传导真空计：用热传导真空计测量含有油蒸气的气体压力时，由于油蒸气不可避免地要附着在热丝和规管壁上，因而改变了热丝的表面状态，使规管灵敏度和工作特性发生很大变化，产生很大测量误差。

(3) 热阴极电离真空计：油蒸气在高温阴极表面受热分解或电子轰击分解，生成碳氢化合物，污染电极和规管壁，因此也会使规管灵敏度和工作特性发生很大变化，产生很大测量误差。

在测量含有油蒸气的气体压力时，由于油可溶解油蒸气，所以用油 U 型管真空计测量含油蒸气的气体压力时，也会产生较大误差。

在粗真空、低真空时，可用薄膜计测量含油蒸气的气体压力，并利用冷阱以减小油蒸气的影响。

8.2 测量系统对被测系统的影响

测量系统是指真空计规管及连接导管，它对被测系统的影响有“气沉效应”(即抽气)和“气源效应”(即放气)以及两种效应的综合。在测量低压力时，测量系统的抽气和放气对被测系统的影响很大。

不同类型的真空计规管的抽气和放气对被测系统的影响并不相同，其中电离计规管的影响最严重，而其他类型真空计规管的影响较小，可以忽略不计。

8.2.1 电离真空计规管的抽气作用

抽气作用有电清除抽气和化学清除抽气两种表现形式。

电子碰撞气体分子使其电离并产生离子，具有一定能量(约 100eV) 的离子打到规管壁上或被收集极接收。这些离子或被束缚在其表面上，或被埋入表层内而被清除掉，这称为“电清除”。束缚得最牢的离子，只有在 300℃ 下烘烤才有可能再释放。如果规管内壁存在溅射的金属薄膜，则对氦气(He) 有强烈的抽气作用。

电清除抽气的抽速(S_E) 与电子流、各电极电位、规管壁温度以及有无磁场等因素有关。若电子流增大，离子流随之呈线性增大，所以电清除的抽速与电子流亦近似呈线性关系；若栅极(加速极) 电位改变，将引起电离几率和离子能量改变，故电清除抽速也随之改变；若有磁场存在(如冷磁控规)，因其电离效率高，所以电清除的抽速更大；规管壁温度及其电位对电清除抽气的抽速也有很大影响。规管壁温度降低，会使电清除抽气的抽速增大和被束缚的分子再释放速率下降。管壁电位改变时，也会使电清除抽气的抽速变化，例如当规管壁电位与栅极等电位时，其电清除抽气的抽速是管壁与阴极等电位时的五分之一。

减小电清除抽气的方法是降低电子流和栅极电位。例如，在 B－A 规中，电子流 $I_e =$ 10mA 时，电清除抽气的抽速 $S_E = 3 \times 10^{-2} \text{L} \cdot \text{s}^{-1}$；$I_e = 100\mu\text{A}$ 时，$S_E = 3 \times 10^{-4} \text{L} \cdot \text{s}^{-1}$。

电离计规管对氮气的抽气作用较大，其原因是除了有电清除抽气外，还有化学清除抽气。

化学清除抽气有以下几种：

(1) 化学活性气体(如 H_2、N_2、CO_2、CO 等) 在固体表面上的化学吸附效应：当表面形成吸附层时，化学吸附效应趋于饱和。

(2) 高温钨丝的氧化作用：氧与钨作用生成三氧化钨(WO_3)，三氧化钨蒸发沉积在规管壁上形成黑色膜，随着热阴极温度的升高，此效应增大。

(3) 气体在高温钨丝表面上的热分解作用：氢分子(H_2) 在高温钨丝表面上可分解为原子氢(H)，原子氢易被吸附在规管壁上，在 $T_w = 1475\text{K}$ 时，对氢的抽速 $S_c = 0.1 \text{L} \cdot \text{s}^{-1}$；氧分子($O_2$) 也能在钨丝表面上分解为氧原子(O)，并被吸附在规管壁上，在 $T_w = 1700\text{K}$ 时，对氧的抽速 $S_c = 4 \times 10^{-2} \text{L} \cdot \text{s}^{-1}$。此效应亦存在饱和现象。

8.2.2 规管中气体的再释放

(1) 热解吸：在热阴极电离真空计规管中，高温热阴极本身就是一种气源。它的高温热量辐射到其他电极和规管壁上时，将引起气体的热解吸。此外，栅极接收电子和收集极收集离子，也会因发热使气体解吸。

为了消除热解吸对真空测量的影响，必须对规管各电极和管壁进行充分的加热去气

(可以采用烘烤、电子轰击、高频加热或欧姆加热等),尤其是在超高真空测量时必须严格去气,否则将产生很大的测量误差。

(2) 电解吸:由于在电离计规管加速极上存在着气体吸附层,当电子打在其表面时会使吸附层的气体解吸或先在其表面将气体电离后再以离子形式解吸出来。这就是所谓的电子碰撞解吸效应,它是影响电离规测量下限的重要因素。

(3) 光解吸:光解吸是指金属表面受光辐射时,其表面上的分子解吸和分解的现象。在超高真空测量时需要注意光解吸问题。

8.2.3 热表面与气体的相互作用

规管中热丝与气体的作用有氧化、分解和生成新的气体。前两种作用造成化学清除,后一种作用将引起被测系统的气体成分发生很大的变化。例如,炽热的钨丝与气体(H_2)作用可分解成原子氢(H),它很容易被吸附在不同的表面上,并且在表面与其他气体或物质化合生成碳氢化合物,从而大大改变了被测系统中的气体组成。

另外,二氧化碳与热丝作用可生成氧和一氧化碳;甲烷与热丝作用也会被分解。

如果采用低逸出功的低温阴极,如敷氧化钍的钨丝,可以减少上述效应。

8.2.4 管规和裸规

如果用管规和裸规同时测油扩散泵系统的极限压力,则可发现裸规读数比管规高10倍,这个现象称布利斯(Blears)效应。其原因是管规的连接导管对油蒸气有吸附作用,它相当于一个挡油阱,使管规只测出永久气体的分压;而裸规测出的是永久气体分压和油蒸气分压之和。

实验表明:管规的连接导管对油蒸气的流导很小,仅为对空气的流导的$1/10^4$;只有在管规连接导管内表面吸附油蒸气达到饱和时,管规和裸规的读数才趋于一致。但是达到饱和所需要的时间相当长(大约3～4个星期)。

在没有油蒸气或可凝性气体的系统中,由于连接导管和规管壁放气以及电极放气,管规的压力读数将高于裸规。

此外,造成管规和裸规压力读数不同的原因还有:

(1) 电离规对油蒸气的灵敏度比对氮气的灵敏度高10倍。

(2) 油分子进入管规后,一方面被管规壁吸附,另一方面被热阴极分解后而被清除。当管壁上因电极材料蒸发形成吸气膜时,对油蒸气及其分解物的抽速更大。

(3) 管规玻璃外壳的电位对灵敏度的影响较大。

(4) 管规与被测容器的连接导管的流导C的影响也较大。若规管(特别是电离规)存在抽气或放气(经严格去气的管规抽气作用大,而未经严格去气的管规放气作用大),由于连接导管流导C的影响会使规管压力p_1与被测容器压力p_2不相同。如规管抽气或放气量为q_G(放气时q_G为正,抽气时q_G为负),则

$$p_2 = p_1 - \frac{q_G}{C} \tag{8-1}$$

以上分析表明：在测量静态平衡系统的气体压力时，裸规的读数比管规更能真实地反映出被测系统的压力；但是在测量非静态平衡系统（即测量有定向气流、不等温等非均匀状态系统）的气体压力时，用管规可测出反映方向性的“有效压力”，用裸规则不能，而且裸规的读数没有明确含意。

8.2.5 温度条件

测量时还要注意的一个问题是温度条件。这有两种情况：一种情况是使用温度与校准时温度不相同，导致规管的灵敏度发生了改变，必须根据规管温度特性查出此时的灵敏度；另一种情况是规管处于正常使用温度，但被测容器处于另一温度，这时如果压力较高（10^2 Pa 以上），可以认为两者的压力是相同的，但如果压力较低（分子流状态），则出现热流逸现象。其压力与温度可按下式计算

$$\frac{p_1}{p_2} = \sqrt{\frac{T_1}{T_2}} \tag{8-2}$$

若处于过渡状态，则 p_1/p_2 值处于1和 $\sqrt{T_1/T_2}$ 值之间。压力愈低，愈接近于 $\sqrt{T_1/T_2}$。

8.3 真空规管安装对测量的影响

真空计规管安装的位置和方法对测量结果也会产生很大影响，尤其是测量存在定向气流和温度不均匀等非静态平衡状态下的气体压力时，其影响更甚，严重时会造成数量级的误差。

8.3.1 规管安装位置

原则上应尽可能地把规管安装在接近被测量的部位，这样才能正确地测量出被测部位的实际压力，这对于大型真空容器尤其重要。但是，在真空系统中往往存在着污染和影响真空计的因素，例如真空冶炼中的尘埃和高温，真空蒸馏装置中的蒸气，真空系统中的离子、热辐射、电磁场、低温以及金属蒸气等。为消除或减小其影响，有时在规管与被测容器之间安置连接管道、阱或过滤器等。所以规管就只能安装在离开被测容器一定距离的管道上，这样就会因管道流导（包括阱或过滤器的流导）的影响而造成测量误差。

由于管道流导的影响，安装在系统各部位上的规管测得的压力是不相同的。安装在被测容器上的规管测得的压力较高，即被测容器的实际压力；安装在被测容器出气口或管道上的规管测得的压力较低；而安装在离开被测容器较远的排气口处的规管测得的压力最低。

真空计规管应尽可能地安装在被测容器或距容器较近的管道上，连接管道应尽量短

而粗。此外，还必须注意在真空系统中存在气源的地方不宜安装规管。

8.3.2 规管安装方法

对于没有定向气流的静态平衡真空系统，其各处压力相同，所以对规管安装无特殊要求。但是对于存在定向气流的非静态平衡系统，各处压力不相等，所以在安装规管时，必须注意“方向效应”。安装规管时应注意：规管进气口方向应与真空管道内的气流方向垂直。规管进气口对着气流方向，会因气流的流速造成动压力，使测得的压力较实际压力高；而规管的进气口背着气流方向，将使测得的压力较实际压力低。

此外，在低压力下($< 10^{-1}$Pa)，由于器壁的放气，使靠近器壁处的压力高于中心位置的压力。为了避免器壁放气对测量的影响，可将规管的导管稍许伸入真空系统内部（一般伸入的长度 $L = 10$mm）。在高压力下($> 10^{-1}$Pa)，气流速度较大，如果仍采用伸入的安装方法，就会产生规管内气体被吸出的现象，造成测量误差，这时一般采用规管口与器壁内表面平齐的安装方法。

8.4 特殊条件下的真空测量

8.4.1 非均匀环境中的真空测量

在讨论真空测量时，一般都假定被测系统为静态平衡系统，即系统内气体压力相同，温度均等，无定向气流。但是，在实际的真空系统中都存在着从气源流向真空泵（包括有抽气作用的规管和捕集气体的器壁表面）的定向气流。这些气源有的是经过漏孔注入的气流，有的则是由各种放气作用造成的。因此，在实际的真空系统中，各处的压力并不完全相同，气流的分布是不均匀的。流经管状导管的气流会被管子“聚束”，使流入容器内的气流更是分布不均匀；而等温的条件，在实际的真空系统中也很难满足。所以说，实际的真空系统的真空测量就是非均匀环境中的真空测量。

在超高真空系统中，定向气流和不等温状态往往同时存在，可见研究非均匀环境中的真空测量问题，是实践中提出的重要的理论问题。

8.4.2 航天科学中的真空测量

航天科学中的真空测量主要是研究空间环境模拟室、空间飞行器及星体表面的真空测量等问题。

航天科学中的真空测量与地面上的真空测量有很大不同，它主要是解决非稳态流和超音速流的测量问题。在真空测量时，将会遇到高温、低温、辐射、带电粒子、微流星、宇宙尘埃以及振动、冲击、加速度、自旋、着陆等特殊环境条件。例如人造卫星上的真空计，因卫星在轨道上以 $8\mathrm{km \cdot s^{-1}}$ 的速度运行，所以真空计测量的是一个非稳态的、入射方向不断变化的高速分子流。在测量过程中它所经历的环境十分复杂，压力变化范围有 5 ～ 6 个数量级，气体组分变化也很大，而且还有电离层多种带电粒子的干扰。因此，为了准确地进行宇宙空间的真空测量，必须解决好这种特殊条件下所遇到的各种问题。

另外，用于航天科学中的真空计，必须具有体积小、重量轻、功耗低、量程宽、反应快以及强度高、使用寿命长等特点。

8.5.2　高能粒子加速器和受控热核反应器中的真空测量

在高能粒子加速器中，例如CERN质子交叉贮存环的真空室，其长度达2000m，其上安装有500支B－A规，30支残气分析仪，整个真空系统的压力范围为$10^{-3}-10^{-10}$ Pa。在这种特殊条件下，对真空测量的要求是能自动检测、程序控制以及用计算机处理数据等。另外，在测量过程中还会遇到强磁场、高能粒子和辐射等特殊环境，要求真空计小型化、量程宽、寿命长。

在受控热核反应器的真空测量中，将会遇到变化的磁场、辐射、带电粒子等，所以要求进行抗干扰能力强的快速测量。

8.5.3　真空冶金中的真空测量

在真空冶金中，真空系统内的气体除空气外，还有金属蒸汽、水蒸气和水解产生的腐蚀性的酸性气体，同时还处于高温、粉尘等环境中。这就要求用于真空冶金中的真空计能测全压、量程宽、耐腐蚀、寿命长、工作可靠、使用方便。

9 真空检漏概述

9.1 漏气判断和漏孔表示法

实际的真空系统，如果抽不到预定的极限真空，那么原因有三：泵工作不良即有效抽速不够，或存在放气，或存在漏气。必须首先排除前两个原因，才能去找漏孔。通常以静态升压法来找出哪种因素起主导作用，即把容器抽到一定压力后，将阀门关闭，让容器与泵隔开，然后测量容器中的压力变化，给出压力—时间曲线。由于容器的漏气与出气情况不一样，所以曲线也不一样，如图 9-1 所示。

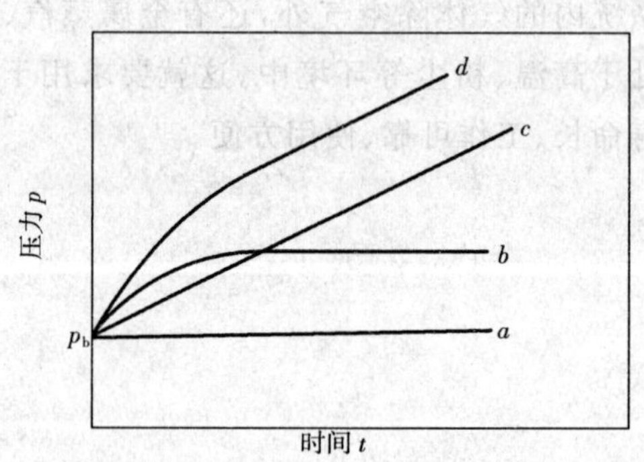

图 9-1 压力—时间曲线

a—泵工作不良 b—放气 c—漏气 d—存在放气和漏气

(1) 直线 a，压力保持不变，说明既不漏气也不放气。容器真空度抽不上去的原因是泵工作不良造成的。

(2) 曲线 b，压力开始上升较快，而后上升速度渐渐减慢呈现水平态。这说明主要是放气，因为不论是蒸气源的放气或材料放气，在达到一定的压力后都有饱和的趋势。如果是蒸汽，最后达到其饱和蒸汽压。

(3) 斜线 c，压力直线上升，这说明是漏气。漏气率正比于内外压力差。外部是大气压，内部压力很低，后者与前者相比可忽略不计，故漏气率就正比于大气压，是一常数，压力呈直线上升。

(4) 曲线 d，压力开始上升很快，后来变得较慢，但出现饱和迹象。这是曲线 b 和曲线 c 的叠加，即同时存在放气和漏气。曲线 d 的前部分由于放气作用使之呈曲线；而后部分仅由于漏气作用(此时放气已达饱和),所以呈直线。

在判定确实有漏气之后,就可着手找漏孔的位置。

真空技术中所指的漏孔是极其微小的。漏孔截面形状不规则,漏气路径也各式各样。漏孔的大小是不可能也没有必要以漏孔的几何尺寸表示,因为漏孔的最本质属性就是漏气,即在压力差作用下,有气体通过它流动。所以,真空技术中用漏孔漏率表示漏孔的大小。

漏孔漏率定义:露点低于-25℃的空气,入口压力为标准大气压($10^5 \pm 5\times10^3$ Pa),出口压力低于10^3 Pa,温度为23 ± 3℃时,空气通过漏孔的流量为漏孔漏率。

漏孔漏率量纲与流量相同,其单位为$\mathrm{Pam^3\,s^{-1}}$。

实际上,我们所使用的真空系统大多数是满足或接近漏孔漏率定义所规定的条件。如果不满足上述条件(如:环境温度变化、压差不是标准大气压或使用空气以外的气体)时,就必须对漏率加以修正。

9.2 最大允许漏率的估算

要求真空装置或真空系统绝对不漏气不仅是不可能的,而且也是不合理的。只要漏孔漏率足够小,即漏入的气体量无害于真空装置或真空系统的正常工作,就是允许的。这里存在一个最大允许漏率问题,这个值是由设计人员经过周密考虑和计算提出来的。真空装置或系统正常工作允许的最大漏气率,称为最大允许漏率,简称允许漏率,以q_{Lp}表示。此值不仅是系统设计的一项主要指标,也是检漏的依据。

如果设计人员只给出允许的总气载q_{tot},而没有具体指明允许漏率q_{LP}的值,一般认为,最大允许漏率比总气载低一个数量级,即

$$q_{\mathrm{Lp}} = 0.1\times q_{\mathrm{tot}} \tag{9-1}$$

并以此为依据,对每个零件的容许漏率进行分配,易检漏件要求高些,难检漏件要求就低些。

不同真空系统允许漏率也是不同的,下面分两种情况进行讨论。

(1) 动态真空系统允许漏率:所谓动态真空系统,是指工作时泵仍然对它进行抽气的系统,如真空熔炼炉、真空镀膜机和粒子加速器等。这些动态系统是靠泵抽气来维持工作压力的,一般说来,对气密性要求低些。

设真空装置最大工作压力为$p_{\mathrm{w\,max}}$,泵对被抽容器(真空室)的有效抽速为S_{e},则真空容器的允许漏率为

$$q_{\mathrm{Lp}} = 0.1\times p_{\mathrm{w\,max}}S_{\mathrm{e}}$$

例如,一台镀膜机的抽气系统对蒸发室的有效抽速$S_{\mathrm{e}} = 100\mathrm{Ls^{-1}}$,要求达到的极限压力$p_{\mathrm{ult}} = 1\times10^{-3}$ Pa,此时最大工作压力$p_{\mathrm{w\,max}} = p_{\mathrm{ult}}$,那么最大允许漏率为

$$q_{\mathrm{Lp}} = 0.1\times p_{\mathrm{w\,max}}S_{\mathrm{e}} = 0.1\times10^{-3}\times10^{-1} = 10^{-5}\,\mathrm{Pam^3\,s^{-1}}$$

（2）静态真空系统的允许漏率：静态系统是指工作时与泵隔开的系统，一般是密闭容器或封离容器。这种系统的特点是要求极限压力低，在与泵隔离之后的相当长时间内，其真空度仍能满足要求。如电真空器件中的电视显像管、示波管和超高频管等。由于这些器件体积小，要求寿命长，所以对漏气和放气要求很严。对于材料出气，在管子设计与制造时已作了考虑，这里只谈漏气一题。假设这种静态系统的真空度不是靠继续抽气（即无消气剂和钛泵）来维持，而是靠降低器件的漏气和材料放气来达到的话，刚封离时压力 p_i 要远低于器件工作的最高压力 $p_{w\max}$，以保证器件寿命 τ 较长，那么，其允许漏率为

$$q_{Lp} = \frac{1}{10} \times \frac{p_{w\max} - p_i}{\tau} \times V$$

式中：V—— 器件的体积。

例如，一电真空器件，其体积 $V = 0.1\mathrm{L}$，封离时压力 $p_i = 1 \times 10^{-4}\,\mathrm{Pa}$，器件正常工作最高压力 $p_{w\max} = 1 \times 10^{-3}\,\mathrm{Pa}$，器件的寿命要求为 $\tau = 1000\mathrm{h}$，那么，允许漏率为

$$q_{Lp}\ \frac{1 \times 10^{-3} - 1 \times 10^{-4}}{10 \times 3.6 \times 10^{6}} \times 10^{-4} = 2.5 \times 10^{-15}\,\mathrm{Pa \cdot m^3 \cdot s^{-1}}$$

由此可见，为了制造长寿命、高可靠的电真空器件，对检漏的要求是很高的。

一些真空设备的最大允许漏率如表 9-1 所示。

表 9-1 各种真空设备的最大允许总漏率

设备名称	最大允许总漏率 /$\mathrm{Pa \cdot m^3 \cdot s^{-1}}$
减压蒸馏、真空脱气、真空浓缩	10^{0}
减压干燥、真空浸渍、真空输送	10^{-2}
真空蒸馏	10^{-2}
简单的真空过滤和真空成形	10^{-3}
高真空蒸馏	10^{-3}
冷冻干燥	10^{-3}
分子蒸馏	10^{-4}
带真空泵的水银整流器	10^{-5}
真空镀膜和与原子能有关的设备	10^{-6}
真空冶炼、电子冷藏车、真空电器	10^{-7}
回旋加速器	10^{-8}
高真空排气装置	10^{-9}
真空绝热与宇宙模拟	10^{-10}
小型超高真空设备	$10^{-11} \sim 10^{-12}$
封离的真空设备	10^{-11}
电子管	$10^{-12} \sim 10^{-13}$

9.3 检漏方法分类

检漏方法很多,其原理、使用条件和适用范围既有许多不同之处,又有某些相同之处,纵横交错很难严格加以分类,这里仅按检漏时被检容器所处的状态进行分类。

9.3.1 压力检漏法

压力检漏法是将被检漏的真空容器充入具有一定压力的示漏物质(如水、空气等),一旦被检漏容器上有漏洞存在,示漏物质就会从漏孔中漏出。这样就可以通过一定的方法或仪器在被检容器外检测出从漏孔中漏出的示漏物质,从而判断出漏孔位置,并估计漏孔漏率的大小。表 9-2 给出了压力检漏法中各种检漏方法及其特点和它所能达到的最小可检漏率。

表 9-2 压力检漏法类型及其最小可检漏率

检漏方法	工作条件	现象	设备	最小可检漏率 /$Pa\cdot L\cdot s^{-1}$	备注
水压法		漏水	人眼	$1\sim5\times10^{-4}$	
压降法	充 0.3MPa 的空气	压力下降	压力计	1.3	
听音法	充 0.3MPa 的空气	咝咝声	人耳	5.3	也可用听诊器
超声法	充 0.3MPa 的空气	超声波	超声波检测器	1.3	
气泡法	充 0.3MPa 的空气	水中气泡	人眼	$10^{-2}\sim10^{-3}$	
	充 0.3MPa 的空气	水中气泡	人眼	10^{-6}	24h 积累
	充 0.3MPa 的空气	涂抹肥皂液发生皂泡	人眼	6.7×10^{-3}	
氨检漏法	充 0.3MPa 的氨气	溴代麝香草酚蓝试带变色	人眼	8×10^{-5}	观察时间 20s
	充 0.3MPa 的氨气	溴酚蓝试纸变色	人眼	10^{-8}	24h 积累
卤素检漏仪吸嘴法		卤素检漏仪读数变化	卤素检漏仪	$10^{-3}\sim10^{-7}$	可与空气混合充入
放射性同位素气体法			闪烁计数器	1.3×10^{-4}	
氦质谱检漏仪吸嘴法			氦质谱检漏仪	$10^{-5}\sim10^{-7}$	可与空气混合充入

9.3.2 真空检漏法

真空检漏法是将被检的真空容器或真空系统与检漏仪器的敏感元件抽成真空状态，然后将示漏物质依次施加在被检容器或系统外面的可疑部位。如果被检的容器或系统存在漏孔，示漏物质(如氦气)不但会通过漏孔进入到容器或系统中去，同时也会进入到检漏仪器的敏感元件所在的空间中去，从而通过敏感元件检测出示漏物质，借以判断出漏孔存在的位置和大小。表 9-3 给出了真空检漏法中所采用的各种检漏方法及其特点和它所能达到的最小可检漏率。

表 9-3 真空检漏法类型及其最小可检漏率

检漏方法		工作压力 /Pa	现 象	设 备	最小可检漏率 /$Pa \cdot L \cdot s^{-1}$
静态升压法			抽真空后与真空泵隔离，压力上升	真空规	$10^{-2} \sim 10^{-3}$
放电管法			放电颜色改变	放电管	$1 \sim 10^{-1}$
高频火花检漏法		$10^{3} \sim 6.7\times10^{-1}$	亮点、放电颜色改变	高频火花检漏器	$1 \sim 10^{-1}$
真空规检漏法	热传导真空规法	$10^{3} \sim 10^{-1}$	真空规读数变化	热偶或电阻真空规	10^{-3}
	电离真空规法	$10^{-2} \sim 10^{-6}$		电离真空规	10^{-6}
	差动热传导真空规法	$10^{-3} \sim 10^{-1}$		热传导真空规差动组合	10^{-4}
	差动电离真空规法	$10^{-2} \sim 10^{-6}$		电离真空规差动组合	10^{-7}
	具有吸附阱的热传导真空规法	$10^{3} \sim 6.7\times10^{-3}$		热传导规、液氮冷却活性炭阱	10^{-4}
	具有吸附阱的电离真空规法			冷阴极电离规、液氮冷硅胶阱	$10^{-8} \sim 10^{-10}$
氢—钯法		$6.7 \sim 10^{-5}$	氢气通过钯管进入真空规，引起读数变化	钯管、电离规	$10^{-4} \sim 10^{-8}$
卤素检漏仪内探头法		$10 \sim 10^{-1}$	输出仪表读数变化	卤素检漏仪	$10^{-4} \sim 4\times10^{-6}$
离子泵检漏法		$10^{-4} \sim 10^{-7}$	离子流变化	离子泵	$10^{-6} \sim 10^{-9}$
氦质谱检漏法		10^{-2}	输出仪表读数及声响频率变化	氦质谱检漏仪	$10^{-9} \sim 10^{-11}$

9.3.3 背压检漏法

背压检漏法是一种充压检漏与真空检漏相结合的方法，多用于封离后的电子器件、半导体器件等密封件的无损检漏技术中。其检漏过程基本上可分为充压、净化和检漏三个步骤。

(1) 充压过程是将被检件在充有高压示漏气体的容器内存放(或称浸泡)一定时间,如被检件有漏孔,示漏气体就可以通过漏孔进入被检件的内部,并且将随浸泡时间的增加和充气压力的增高,被检件内部示漏气体的分压力也必然会逐渐升高。

(2) 净化过程是采用干燥氮气流或干燥空气流在充压容器外部或在其内部喷吹被检件。如不具备气源时也可使被检件静置,以便去除吸附在被检件外表面上的示漏气体。在净化过程中,因为有一部分气体必然会从被检件内部经漏孔流失,从而导致被检件内部示漏气体的分压力逐渐下降,而且净化时间越长,示漏气体的分压降就越大。

(3) 检漏过程则是将净化后的被检件放入真空室内,将检漏仪与真空室相连接后进行检漏。抽真空后由于压差作用,示漏气体即可通过漏孔从被检件内部流出,然后再经过真空室进入检漏仪,按检漏仪的输出指示判定漏孔的存在及其漏率的大小。

9.4　对检漏方法的要求与选择

理想的检漏方法应满足以下几点要求:

(1) 检漏灵敏度高,反应时间短,稳定性好。

(2) 易于判定漏孔的位置及大小。

(3) 示漏物质在空气中的含量低,并易于得到,不腐蚀零件,不堵塞漏孔,不污染环境,不影响人身安全。

(4) 检漏范围宽,从大漏到小漏均易于找到漏孔。

(5) 应达到无损检漏,无油检漏,以免油污染被检件。

(6) 结构简单,使用方便,对被检件不应有苛刻要求。

满足上述所有条件的要求往往是相互矛盾的,因此只选用一种检漏方法就能同时满足所有要求是不大可能的。在实际的检漏工作中只能针对不同的检漏对象,选择较为合适的方法,达到能解决主要矛盾的目的即可。因此,检漏方法的选择主要应根据真空系统(或容器)的容许漏率 q_L,再结合被检件的具体情形来选择相应的方法,但是应当注意的问题是,总的允许漏气量应是几个或多个单独漏隙的漏量之总和。要想找到每个单独漏隙,则必须选用灵敏度 q_{Ldmin},它比允许漏率 q_{Lp} 值低 1～2 个数量级(即相当于 10～100 个漏隙),即

$$q_{Ldmin} \leqslant 10^{-1} q_{Lp} \tag{9-2}$$

此外,满足被检件的要求、简便易行,并根据现有条件考虑设备和工作特点等,也是在选择检漏方法中应当注意的问题。

10 各种检漏方法

10.1 静态升压法

静态升压法是最为简单易行的检漏方法，无须使用额外的仪器或物质，就可方便地测定出被检容器或系统的总漏率，从而确定能否满足其工作要求。但是这种方法不能确定漏孔所在的具体位置，所以不能独立完成检漏任务。

静态升压法的检漏过程是首先将被检容器抽空至必要的真空度，再关闭阀门使容器与真空泵隔离，然后用真空计测量容器中压力随时间的变化，从而算出总漏率。如果被测容器的容积为 V，在时间间隔 Δt 内测到的压力上升为 Δp，在忽略容器中存在放气的情况下，则容器的总漏率为

$$q_{\mathrm{Lt}} = V\Delta p/\Delta t \tag{10-1}$$

若容器内有放气，有可能淹没漏气。为了减少放气的影响，在开始试验之前应对容器进行清洗和干燥处理，既可在真空下加温烘烤，也可用干燥的氮气“冲洗”。在计算漏率时，一般应在压力随时间呈线性上升段读取数据，因为此段放气已很缓慢，可以忽略。

此外还可以在规管和容器之间安装一只冷阱，因为放出的气体绝大部分是可以冷凝的，而漏入的空气却不会被冷凝，所以可以认为在这种条件下所测到的压力上升仅仅是由于漏气的结果。

静态升压法还可以用于一些特殊情况下的总漏率的测定。

10.1.1 辅助真空罩法

辅助真空罩法是一种能够很好地区别被检件中漏气和放气的静态升压法。该法借助一个辅助真空罩，组成如图 10－1 所示的测试系统。检测时分两步进行，首先使被检件外部暴露大气，内部抽真空后再关闭阀门，在时间间隔 Δt_1 内测得一个压力增长值 Δp_1，那是由被检件内部放气和漏气所共同引起的压力增长值；其次将辅助真空罩罩在被检件外面并密封好，然后将辅助真空罩内抽真空到与被检件内部大致相同的压力，再

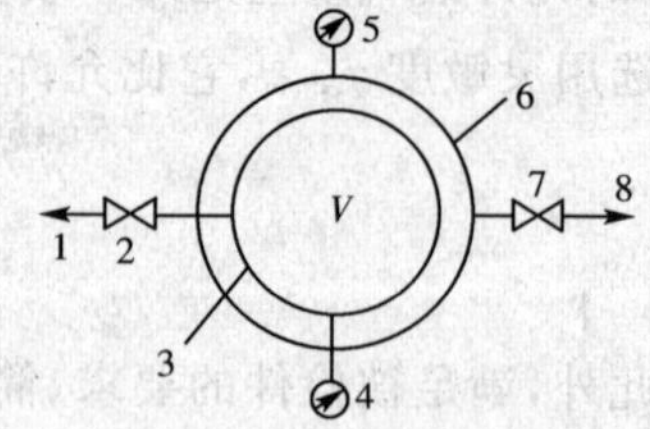

图 10－1 辅助真空罩法示意图

1、8－接至真空泵 2、7－阀门

3－辅助容器 4、5－真空计 6－真空罩

次对被检件内部抽真空后封闭，在时间间隔 Δt_2 内测得另一个压力增长值 Δp_2，这是单纯由被检件内部放气所引起的压力增长值。分别计算出这两次测量相对应的总气载 q_{tot} 和放气率 q_d 来，它们之差即为被检件的总漏率 q_{Lt}。如果取 $\Delta t_1 = \Delta t_2 = \Delta t$，那么

$$q_{Lt} = q_{tot} - q_d = V(\Delta p_1 - \Delta p_2)/\Delta t \tag{10-2}$$

10.1.2　压力平衡法

这种方法的检测系统如图 10－2 所示。它是根据压力平衡的原理，借助于一个已知容积的辅助容器上的真空规管测得不能安装真空规管的被检件总漏率的静态升压法。其检漏过程是先将容积 V_1 的被检件和包含规管在内的总容积 V_2 的辅助容器同时抽到平衡压力 p_1；然后关闭阀门 2，被检件 1 如有漏孔则空气漏入，辅助容器 3 继续抽空并保持 p_1 的压力；保持一段时间 t 后，关闭阀门 5，并打开阀门 2；当 V_1、V_2 中的压力达到平衡后，记下其平衡压力 p_2（如果存在漏气，则 $p_2 > p_1$）。计算被检件的漏率 q_{Lt} 为

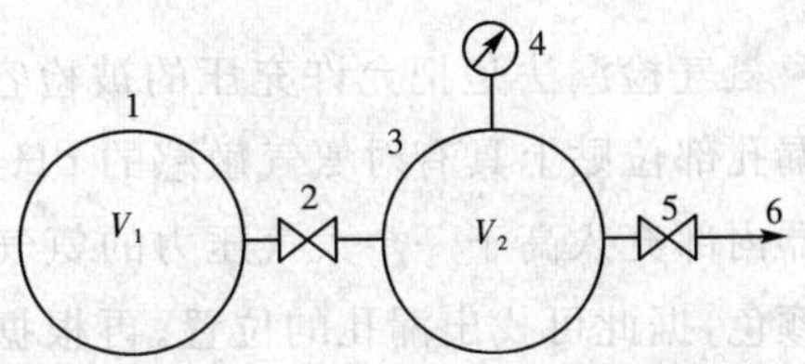

图 10－2　压力平衡法示意图

1－被检件　2、5－阀门　3－辅助容器

4－真空计　6－接至真空泵

$$q_{Lt} = (V_1 + V_2) \cdot (p_2 - p_1)/t \tag{10-3}$$

因为保持时间 t 可以选得很长，所以这种方法可做得较为灵敏。为了检查小的漏孔，有时可将被检件隔离几十个小时甚至几天。但是应该注意的是，在检查之前要对被检件进行很好的清洁和干燥处理，使其放气降到可以忽略的程度。对于辅助容器 V_2 来说，要求密封性能很好，即漏气和放气都要很小，两个阀门的密封性能也要很好。

10.2　气泡检漏法

气泡检漏法是在被检件内充入一定压力的示漏气体后放到液体中，气体通过漏孔进入周围的液体形成气泡，气泡形成的地方就是漏孔所在的位置，根据气泡形成的速率、气泡大小以及所用的气体和液体的物理性质，可以大致估算出漏孔的漏率。这种方法属于加压检漏法，它又有水槽法和皂膜法之分。

水槽法是将被检件中充入干燥空气（一般不宜采用管道压缩空气，因为其中含有灰尘、油蒸气等污染物太多）后，将其放入清洁的水槽中，当有漏孔存在时，气体就通过漏孔逸出形成气泡。假如漏孔是一个直径很小的圆柱形毛细管，试验气体（干燥空气）通过此毛细管的漏率，可根据形成气泡的大小、速率（每秒钟形成气泡的个数）和充入空气的压力粗略地估算出来。此法检漏灵敏度随充入气体压力而定，当充入气体压力从 0.1MPa 增加到 2MPa 时，漏孔漏率在 $1.7 \times 10^{-5} \sim 8.2 \times 10^{-10}\,\mathrm{Pa \cdot m^3 \cdot s^{-1}}$ 内变化。

皂膜法适用于检查零部件尺寸较大,不能用水槽法检漏的大型部件、壳体等。可在被检件外表面可疑处涂抹肥皂液,当有漏孔时,就在漏孔处出现肥皂泡。当漏孔很小时,形成的气泡很小就组成一堆白色的泡沫。观察时一定要细心,并要多观察一段时间。需要指出的是,肥皂液要稀稠适当,过稀时易流动和滴落而造成漏检,太稠了透明度差,且容易堵塞小的漏孔;混入肥皂液中的气体也可形成气泡而造成误检。此法检漏灵敏度大约为10^{-6} $Pa \cdot m^3 \cdot s^{-1}$ 数量级。

10.3 氨气检漏法

氨气检漏法是把允许充压的被检容器抽真空(不抽真空效果差)后,在其容器外侧疑有漏孔部位贴上具有对氨气敏感的 pH 指示剂的显影带(如晒图纸、石蕊试剂等),然后在容器内部充入高于一个大气压力的氨气。当有漏孔时,氨气可通过漏孔逸出,使显影带改变颜色,据此可找出漏孔的位置。再根据显影的时间、变色区域大小等大致估计出漏率的大小。如图 10-3 所示为这种检漏设备的示意图。

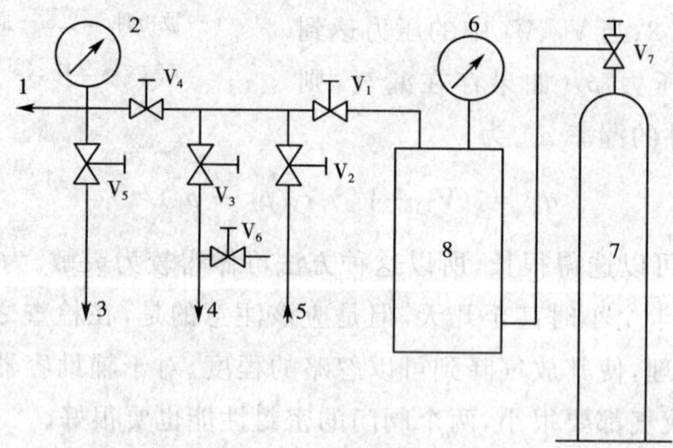

图 10-3 氨气检漏设备示意图

1-接被检件 2、6-气压表 3-排气 4-接机械泵

5-充干燥空气或氮气 7-氮气瓶 8-净化器

$V_1 \sim V_6$-不锈钢气阀 V_7-总阀

氨气检漏法的操作步骤如下:

① 清洁处理。检漏开始前,应先对被检件进行去渣、去锈、去油等处理,保证漏孔疏通。

② 贴显影带。在漏孔可疑处贴上显影带,贴好后用透明的聚乙烯薄膜加以保护,并用胶布将薄膜边缘同金属部分密闭起来,使显影带与大气隔离,以防止被大气中的氨气所干扰。同时也可以避免通过漏孔进入显影带上的氨气迅速消失,以提高检测灵敏度。显影带贴好后,先观察一下是否有因存在碱性物质而使得显影带变色的情况,如有变色情况应记录下来变色的位置,以区别于漏气造成的显影。

③ 充氨。将被检件用耐压胶管与检漏设备接好,关好阀门 V_2、V_5 及氨瓶总阀门,打开阀门 V_1、V_3、V_4 后用机械泵抽真空。当被检件内真空度达到数百 Pa 后,关闭阀门 V_3 并停

止机械泵抽气，然后关闭阀门 V_1，打开阀门 V_7，将氨气慢慢地充入到净化器中。当氨气达到 $(2 \sim 3) \times 10^5$ Pa时，关闭 V_7 并打开 V_1，使被检件得到所要求的氨压。在充气过程中要慢慢升压，并随时观察有无大的漏孔存在，一旦发现大的漏孔应立即停止升压，待及时排除大漏孔后再升压。当氨压升到所需数值时，定时观察显影带的变色情况，如发现变色斑点，可更换显影带复查。

④ 排氨。检查完毕后，关闭阀门 V_1，打开 V_5，用橡胶管将氨气排入水槽中。由于氨气极易溶于水，这个过程可能进行得很快。然后关闭阀门 V_5，打开 V_3，用机械泵抽气，同时通过阀门 V_2 放入干燥空气或氮气，对被检件和管道进行 2 ～ 3 次“清洗”，使其中的氨气尽量排除。

氨检漏法的关键在于制作一种使用方便、灵敏度高的显影带，最好显影带对氨气具有较好的重复性。溴酚蓝显影带是把 1 ～ 1.5cm 宽的色层滤纸浸入溴酚蓝的无水酒精饱和溶液中，把浸透的滤纸放在凸纹纸板上，用红外灯烘干，再放入磨口瓶内保存，以备使用。溶液的 pH 值应稍小于 2.8，当 pH 值由 2.8 变到 4.7 时，颜色由黄变深蓝，有一定的积累作用。至于溴代麝香草酚蓝、氯化钙 — 甲基红和甲酚红的配制与显影带的制作，这里不再介绍。

氨检漏法的灵敏度与充氨的压力、指示剂的灵敏度、曝光时间等有关。充氨的压力一般以 1.5×10^5 Pa 为宜。一般认为氨检漏法的灵敏度为 10^{-9} Pa·m^3·s^{-1} 左右。

10.4 真空计检漏法

每个真空系统上都装有一种或几种真空计，利用真空系统上已有的真空计来进行检漏工作的方法，统称为真空计检漏法。原则上讲，各种相对真空计均可用来检漏，这是利用相对真空计的读数与被测气体种类有关的性质。这种方法不需要增加专用检漏设备，简单方便，是目前广泛采用的一种检漏方法。各种相对真空计的工作压力范围也就是其检漏的适用压力范围。

10.4.1 热传导真空计法

热传导真空计是利用低压下气体热传导与压力有关的性质来测量真空度的，其读数不仅与压力有关，而且还与气体的种类有关。检漏是利用其读数与气体有关的性质。

选择试验气体的原则是：试验气体的热传导能力要比空气大得多或小得多，即热传导能力要尽量比空气差得多些。另外所用试验气体应易于通过漏孔，并应是真空系统对其抽速低的物质。

进行检漏时，要在被检系统或容器内的压力处在平衡（即压力不变）时才能进行。用试验气体喷吹（或用某些有机溶剂涂抹）可疑处，当有漏孔时，试验气体就通过漏孔进入被检系统，于是输出仪表就在原指示（真空系统的真空度）的基础上发生变化。真空度的提高或下降，是由于试验气体进入引起热传导性质变化造成的。这样就可确定漏孔的位置，并从仪表读数的变化估算出漏率的大小。

常用的示漏气体或有机溶剂有氢、二氧化碳、丁烷、丙酮、乙醚、乙醇等。一般说来，气体比有机溶剂好，喷吹法比涂抹法好，因为液体不仅易被吸附在漏孔内，阻塞或阻碍流动，而且会在内部造成污染。

热传导真空计检漏适用的真空度范围是 $10 \sim 10^{-1}$ Pa，检漏灵敏度一般在 1×10^{-6} Pa·m^3·s^{-1}。

利用热传导真空计检漏时有下列注意事项：

① 因仪表的读数不仅与气体种类有关，而且与系统内的压力变化有关，所以一定要当被检系统处于动态平衡后才能进行检漏，而且要反复验证。

② 仪器本身电子线路要稳定，规管温度也要稳定，以免出现虚假漏气信号。

③ 因规管惰性较大，要观察足够长的时间。

10.4.2 电离真空计法

电离真空计法是利用气体电离后产生的离子流大小来反映压力变化的，但是由于不同的气体电离电位不同，所以电离计的读数与气体的种类有关。因此，当将示漏物质施于可疑处时，如有漏孔，示漏物质将通过漏孔进入被检件中，引起气体成分改变，离子流就相应地发生变化，电离计的读数也将发生相应变化，从而指示出漏孔的位置，并可根据变化量的大小来估算出漏率的大小。其检漏的范围与电离真空计的工作压力范围是相同的。所选用的示漏物质及其检漏时应注意的问题与热传导真空计法相同。

10.4.3 差动真空计法

差动真空计法也称桥式真空计法。例如差动电阻真空计其实质就是将两个性能尽量相同的电阻计规管作为电桥的两个臂，构成如图 10-4 所示的专用测试结构。它是将规管制成两端均具有气体通路的形式，并在气路连接时使漏入的气体同时通过两个规管，在其中一个规管前安装上冷阱，使漏入的气体先通过冷阱。

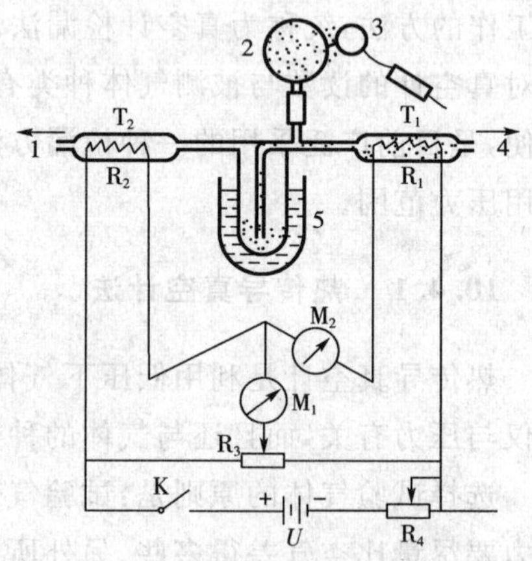

图 10-4 差动真空计法原理

1、4—接泵 2—被检容器 3—喷枪 5—冷阱 T_1、T_2—规管

检漏应在系统抽气与漏气达到稳定后进行，此时两规管中的真空度是相同的，调节电位器 R_3 使电桥平衡，即电表 M_1 指零。假如在冷阱内没注入制冷剂时，用示漏的有机溶剂（如乙醚、乙醇等）涂抹漏孔处，则有机溶剂蒸气同时通过两规管，对电桥的平衡不会有影响。现将制冷剂（如液氮）注入冷阱，情况就不同了，这时有机溶剂蒸气被冷阱捕集不能进入规管 T_2，但仍可通过规管 T_1，即规管 T_2 反映的只是永久性气体分压，而规管 T_1 却反映的是包括蒸气在内的全压，电桥于是失去平衡，其偏离平衡的程度由电表

M_1 表示出来，其读数所反映的是两个规管的差值，恰是示漏物质蒸气的影响效果。

可见，差动真空计法所具有的优点是：

① 它仅仅读取试验气体（蒸气）的效果，对混入的空气因两个规管相互抵消而不产生影响。

② 其他的环境影响（如真空度的波动、环境温度变化等）都可自动抵消。

③ 由于零点比较稳定，检漏时进行一次读数即可。

常用的示漏物质应是在制冷剂温度下凝结的蒸气，如丁烷、丙酮、乙醚、乙醇等。适用真空度范围为 $10 \sim 10^{-1}$ Pa，最小可检漏率为 1×10^{-7} Pa·m³·s⁻¹。

电离真空计和其他真空计也可以组成差动式电路，取得同样效果。如用电离计以丁烷作为试验液体，则可检出 1×10^{-11} Pa·m³·s⁻¹ 的漏率。

10.5　离子泵检漏法

离子泵检漏法的基本原理与电离真空计检漏法类似，是利用示漏气体进入离子泵时，泵电流将发生变化的特性进行工作的。根据这种变化，可检测出真空系统的漏孔，并可估算漏孔的大小。

在使用带有离子泵的抽气系统，或把被检件接到离子泵抽气系统上去时，人们可以在任何时间、在压力低于 10^{-2} Pa 的条件下，对系统或被检件进行检漏。这种检漏方法无须额外仪器，既灵敏又简便。其示漏气体可选用氧、氩、氢等。

检漏装置如图 10-5 所示。首先将离子泵抽空，抽到较低压力后关闭阀门 2，使离子泵保持在较低压力下工作。接入被检件，用前置泵排气，当真空度达到 $1 \sim 10^{-1}$ Pa 时，关闭阀门 4 并打开阀门 2，用离子泵抽气。当达到平衡压力后，用示漏气体（如 Ar）喷吹可疑有漏孔处，如喷吹到漏孔处时，示漏气体就会进入系统，使离子泵的放电电流指示迅速上升，这是因为泵对氩气抽速较低的缘故。当用氢或氧来检漏时，将会引起泵电流的下降，因为离子泵对这些气体的抽速比对空气的抽速大。

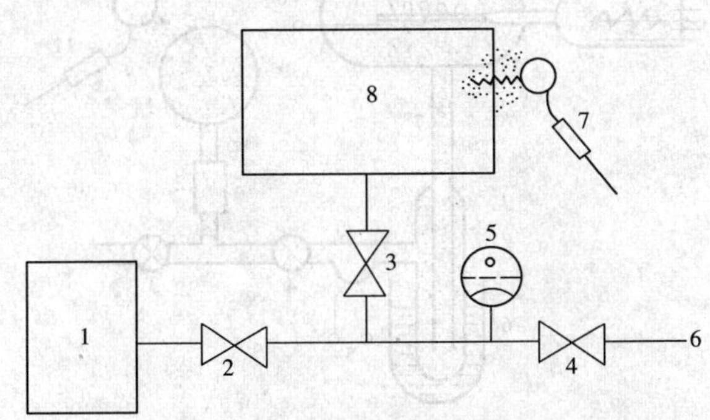

图 10-5　离子泵检漏装置示意图

1—溅射离子泵　2、3、4—阀门　5—真空计

6—接前置泵　7—喷枪　8—被检件

这种方法的灵敏度为 $10^{-4} \sim 10^{-9}$ Pa·m³·s⁻¹。根据漏孔的大小，可以调节阀门 2 和 4 的开启程度实现其检漏效能。检漏时须注意其灵敏度与压力成反比，因此应尽量在较低的平衡压力下进行检漏。

该方法与氦质谱检漏仪相比较具有以下特点：

① 造价低，结构简单，用一般无油系统即可。

② 不存在烧断灯丝的问题。

③ 可用多种示漏气体，如氩、氢、氧、二氧化碳等。

④ 一般不存在橡胶圈储存氦的现象。

10.6 氢 — 钯检漏法

氢 — 钯法也称为钯栏法，它是根据金属钯在高温时对氢的渗透率特别大而对其他气体则很小的选择性渗透原理工作的。

将钯制成薄壁管型的钯栏，当钯栏加热到 700℃ ～ 800℃ 时，氢气可以很容易地通过钯栏，但其他气体则不能通过。故选用氢气作为示漏气体，利用钯栏的这种选择性渗透性就可以检漏。

氢 — 钯法检漏装置如图 10-6 所示。其关键部件氢 — 钯管是一个带有钯管的已抽成高真空（10^{-5} Pa 以下）的密封电离规管，钯管外面有一个加热器，可将钯管加热。在示漏气体（H_2）从漏孔进入氢 — 钯管的途中安装一个冷阱，其作用是将来自泵及被检件的碳氢化合物及水蒸气等捕集掉，使其不致遇到高温钯管而分解放出氢气，造成虚假信号。另外，裂化的碳氢化合物还会在钯管上沉积一层碳化层，这将降低钯栏对氢气的渗透能力，所以冷阱是必不可少的。装置中还设置一个钨丝氢气源 5，它是供调节钯管温度时监视是否有氢气通过钯管之用。钨丝平时吸收的气体多是氢气，加热时便放出氢气。

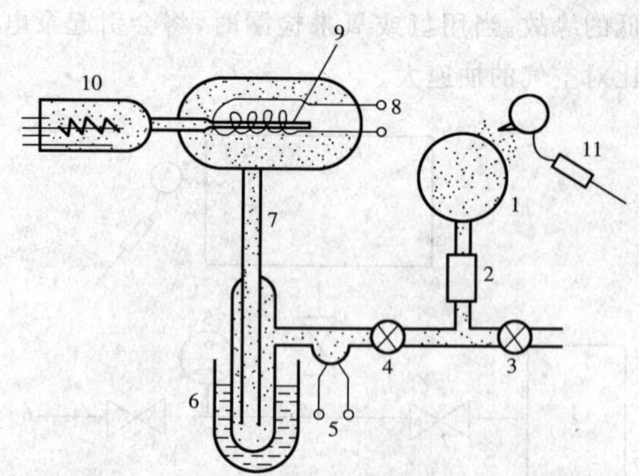

图 10-6 氢 — 钯法检漏装置示意图

1 — 被检件 2 — 连接管 3、4 — 阀门 5 — 氢气源 6 — 液氮冷阱
7 — 管路 8 — 加热器 9 — 钯管 10 — 电离规管 11 — 喷枪

检漏时，先将被检件与真空系统抽空至 $10^{-1}\sim10^{-3}$ Pa，往冷阱中加入液氮后接通加热器，将钯栏加热到 700℃ ～ 800℃，关闭阀门 3，用氢气喷吹被检件可疑处，当氢气喷吹到漏孔上时，氢气便通过漏孔进入系统，并通过钯栏进入电离规管，此时电离计指示升高。为防止因气体流动出现虚假信号，在喷吹氢气时应自上而下按次序进行，以保证准确指示漏孔位置。一次检漏完毕，打开阀门抽气，在加热条件下进入规管中的氢气又通过钯栏被抽出，直到将氢排完电离计指示恢复正常为止。

氢 — 钯法通常能检到 10^{-9} Pa·m^3·s^{-1} 的漏率，如用磁放电计规管则可检到 10^{-11} Pa·m^3·s^{-1} 的漏率。它的主要缺点是反应时间长和钯管中毒后失效的问题。

10.7 荧光检漏法

荧光检漏法是一种利用荧光材料的发光作为漏孔指示的无损检漏法，多用于小型真空器件的检漏。可以解决密封器件一旦从排气台上封离下来，就无法再用任何高灵敏度的仪器进行检漏的问题。其检漏过程是先将荧光材料(如蒽)溶于浸润性能好、易挥发的有机溶剂(如丙酮、三氯乙烯、四氯化碳等)中，使之成为饱和溶液；然后将被检件的外表面浸泡到该溶液中，或用该溶液涂抹被检件外表面。如有漏孔存在，溶液就会因毛细作用渗透入漏孔中并将荧光材料携带进去；清除表面多余的液体，待有机溶剂挥发后，荧光材料便在漏孔中残留下来；用紫外线灯光照射，当有漏孔时，便可观察到明显的荧光点，从而可判定漏孔的存在。由于盲孔及其他不漏气的表面缺陷也会残留荧光材料，因此对玻璃壳的电真空器件，最好在背面进行观察，用紫外线灯在另一面照射。荧光检漏法示意图如图 10 - 7 所示。

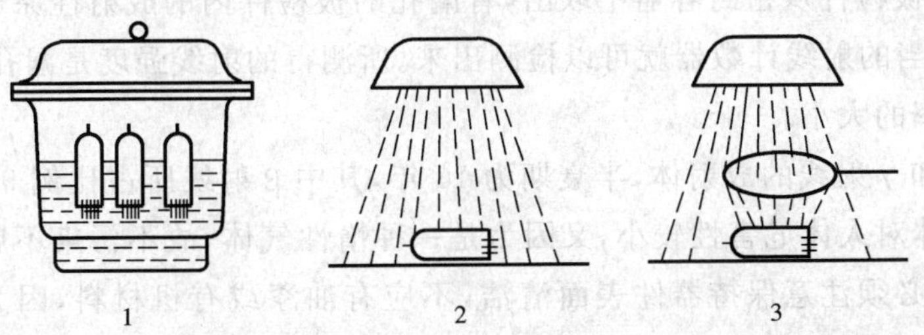

图 10 - 7 荧光检漏法示意图

1 — 浸泡方法 2 — 紫外灯照射 3 — 滤光放大镜照射

紫外光源可用石英汞灯。为提高对比度，可采用滤光放大镜，将光源的其他光线滤掉，而只允许紫外线通过，并起到聚光和放大作用，以便观察。选用荧光材料时，应尽量使荧光粉发光颜色与被检件的本底颜色有较高的反差，以免出现错误信号。

这种检漏方法灵敏度可达 $10^{-9}\sim10^{-11}$ Pa·m^3·s^{-1}。其主要缺点是等待时间较长。如果在抽空或加压条件下浸泡，不仅可大大缩短浸泡时间，而且还能得到更好的效果。该法已被推广用来检查铸件、模压金属件、焊接件等裂纹。

10.8 放射性同位素检漏法

以放射性同位素为示漏物质进行检漏的方法称为放射性同位素检漏法。只要将少量的放射性材料放入被检件中并密封好，如有漏孔射线便泄漏出来，可在外面用特殊的射线探测仪指示出来。这种方法用途较广，从小的密封器件到大型容器及管道都可以应用。一般检漏灵敏度可达 $10^{-12}\,Pa \cdot m^3 \cdot s^{-1}$。

在实际工作中，通常采用闪烁计数器或盖革管作为指示仪器，它对大量生产用的生产自动线上的检漏来说操作是简单的。放射性材料通常采用放出 γ 射线的氪 —85(Kr^{85})，它能够放射出易于检测且有足够强度的 γ 射线，并允许采用廉价的指示器，成本较低。

由于使用放射性同位素，就存在一定危险，所以操作人员一定要操作熟练，并具有防护和保健知识。

该法虽然成本高些，但由于放射性材料几乎可以全部收回，维修和运输的代价较低，因而对大量检漏工作来说采用此法还是比较经济的。

放射性同位素法在背压法检漏技术中的应用是很成功的，其检漏程序是：首先，将被检件(如密封的电真空器件)放到一个容器中，将该容器密封并抽空到 200Pa，接着将稀释了的 Kr^{85} 压入容器中，放射性气体便扩散到容器内各处。当被检件存在漏孔时，放射性气体便通过漏孔进入器件内部，在"浸泡"相当长时间(几分钟到数百小时)之后，再将 Kr^{85} 抽回到储存容器中以备再用。只要合理地选择"浸泡"时间和 Kr^{85} 的压力，就可得到所要求的灵敏度。

为了去除被检件外表面残留的放射性物质，采用干燥而清洁的空气对其外表面进行"冲洗"，最后将被检件从密封容器中取出，有漏孔的被检件内的放射性原子将通过漏孔放出 γ 射线，用适当的射线计数器就可以检测出来。所测得的射线强度是漏孔漏率的函数，藉此可估算出漏率的大小。

Kr^{85} 是 β 和 γ 射线的放射体，半衰期为 10 年，其中 β 射线所占比例 99.6%，γ 射线占 0.4%，这种气体对人体危害性较小，又因为是一种惰性气体，故不污染不腐蚀设备和被检件。但在检漏时必须注意保持器件表面清洁，不应有油漆或有机材料，因为这些材料表面吸附的放射性气体不可能"冲洗"干净，检测时会造成虚假信号。

10.9 慢性漏气的加速检测法

对电视显像管、示波器管以及可连接成三极管的电真空器件，均可以连接成热阴极电离计规管的形式，用管本身作为规管测量出管子内的真空度。从理论上讲，只要把管子存放一段时间，测出管内压力增长率，便可确定出管子是否漏气及其漏率的大小。

一般管子为了维持工作真空度，管内都加有消气剂，在其有效工作期内对活性气体几乎全部吸收，而对惰性气体几乎不吸收。管内的压力增长率取决于惰性气体，其中主要是氩气,因为氩气在空气中的含量比其他惰性气体多,所以,在管子内慢性漏气的加速检测中最合适的试验气体是氩气,而且氩气来源广、成本低。

如果将管子置于高压的氩气中,那么管内压力上升率会比在空气中快得多,这就是慢性漏气加速检测的理论依据。

管内真空度的测量,以电视显像管为例,将电极连接成热阴极电离计规管测量线路形式,即将调制极接负电位作为控制发射电子流用,将第一阳极、第二阳极并联起来作为加速极,将聚焦极作为离子收集极。加速极电位 $U_A = +250V$,离子收集极电位 $U_c = -25V$,发射电子流 $I_e = 100\mu A$。这样就可测出管子放置在试验气体氩气中前后的离子流变化,即压力增长率,从而计算出漏率的大小。

除上述介绍的几种检漏方法外,还有吸气剂(如硅胶、活性炭等)检漏法、吸嘴抽空法、夹层抽空法、堵塞法、听音法和超声波检漏法等。因篇幅所限,不再赘述。

11 真空检漏仪器

11.1 高频火花检漏仪

高频火花检漏仪实际上就是一个小功率、高频、高压的塔式线圈，在其次级线圈的尖端形成高频高压电脉冲，在大气中会不断引发随机、短促的脉冲放电，有尖细、曲折的电火花从尖端发出。检漏时就是利用其尖端上产生的高频放电火花来搜寻漏孔，主要用于玻璃真空系统或器件的检漏，如需检漏金属真空系统或容器时，可利用安置在金属系统上的玻璃规管或盲管来检漏。其主要优点是结构简单、使用方便。

高频火花检漏仪按其产生高频、高压电脉冲的方式，结构上可以分为两种类型，即带有恒流变压器的电容电感串联谐振式和振动子式。电容电感串联谐振式高频火花检漏仪的结构原理如图 11－1 所示，由恒流变压器 T_1、火花隙 G、电容器 C_1、C_2 及塔式线圈 T_2 组成。工作时，负值电阻（火花隙 G）、C_1、T_2 的初级和 C_2 组成一串联谐振回路，发生经久的高频阻尼振荡电流和很宽范围的高频谐波，从而在塔式线圈的次级感应出更高的谐振电压。这种结构形式的高频火花检漏仪的优点是火花束强、振荡较稳定；缺点是需要一个恒流变压器，故体积较大、笨重，使用不够方便。

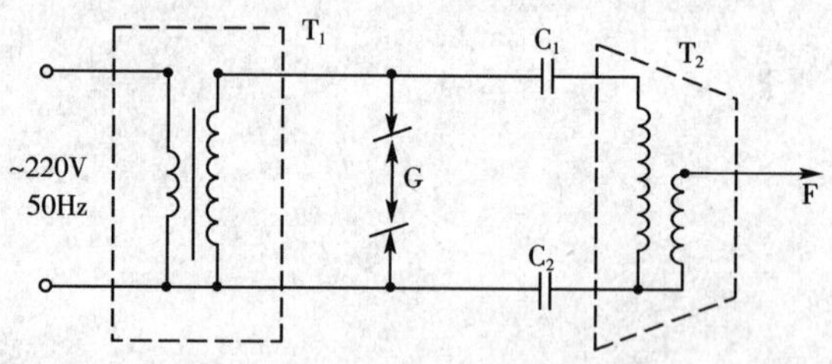

图 11－1 谐振式高频火花检漏仪结构原理图

T_1－变压器 G－火花隙 C_1、C_2－电容器

T_2－塔式线圈 F－放电尖端

振动子式高频火花检漏仪的结构原理如图 11－2 所示，它包括蜂鸣器线圈 L、振动子（火花隙）G、塔式线圈 T 以及电容器 C 等。振动子频繁通断形成的火花隙 G、电容器 C 及塔式谐振线圈 T 的初级组成一高频谐振回路，产生高频电压，故在塔式线圈次级上感应出高频高压脉冲，经放电尖端 F 放出高频火花。振动子式高频火花检漏仪的优点是不需要用恒流变压器，故体积小、方便，但振荡不够稳定。

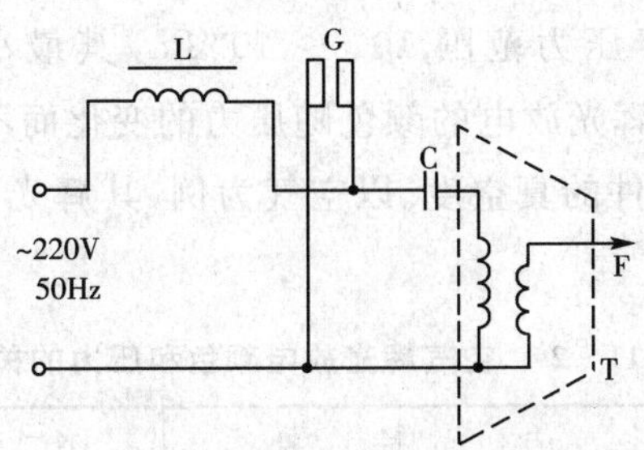

图 11-2 振动子式高频火花检漏仪结构原理图

L—蜂鸣器线圈 G—振动子 T—塔式线圈

C—电容器 F—放电尖端

高频火花检漏仪的检漏方法有火花法和放电法。

火花法只适用于玻璃系统或器件的检漏。检漏时，用放电尖端搜寻漏洞。若没有漏孔，放电尖端产生的火花束在玻璃表面不规则地跳跃，并向四周发散；遇有漏孔时，因大气经过漏孔进入真空系统，当放电尖端移到漏孔时，就将该气流电离，被电离的气体的导电率远大于玻璃的导电率，所以分散的火花束就集中起来形成一个细长明亮的火花束，其尾端正好指向漏孔。这样便可判断被检系统或器件是否有漏孔及漏孔所在位置。

放电法既适用于检漏玻璃系统，也适用于检漏金属系统。但检漏金属系统时需借助于玻璃规管或盲管。放电法是利用低真空中气体放电的颜色进行检漏的。当检漏仪放电尖端的火花打在真空度为几千 Pa 至 1Pa 真空系统的玻璃壁上时，因感应会使系统内气体产生辉光放电。放电颜色与气体种类有关，各种气体或蒸气在真空中放电的颜色如表 11-1 所示。检漏开始时，系统内是空气，其辉光呈紫红色。此时，若用蘸有乙醚、酒精、丙酮、汽油或其他一些易挥发的碳氢化合物的棉花在系统外表涂擦或喷射时，如有漏孔，则乙醚等蒸气会通过漏孔进入系统，立刻使辉光颜色变成蓝色，据此可以判定是否有漏孔及漏孔所在位置。

表 11-1 各种气体或蒸气的辉光颜色

气体	辉光颜色	蒸汽	辉光颜色
空气	玫瑰红	水银	绿—蓝
氮	金红	水	天蓝
氧	淡黄	酒精	淡蓝
氢	特有的红色	乙醚	浅蓝绿
氦	紫罗兰—红	丙酮	蓝
氩	深红	苯	蓝
氖	血红	甲醇	蓝
二氧化碳	白—蓝绿	泵油	淡蓝(有荧光)

高频火化检漏仪适用于压力范围 $10^3 \sim 10^{-1}$Pa，其最小可检漏率 q_{Ldmin} 为 $10^{-3} \sim 10^{-4}$ Pa·m³·s⁻¹。由于气体辉光放电的颜色随压力的变化而不同，因而还可用高频火花检漏仪粗略估计真空系统或器件的真空度。以空气为例，其辉光放电的颜色和压力的关系如表 11-2 所示。

表 11-2　空气辉光放电颜色和压力的关系

压力 p(Pa)	大气	13	1	10^{-1}	10^{-2}	$< 10^{-2}$
颜　色	无色	红紫	淡红	灰白	玻璃荧光	无色

表 11-2 表明，系统在大气或 10^{-2} Pa 以下高真空时均无色。那么如何判别一个密闭器件(如电子管)是大气还是 10^{-2} Pa 以下高真空呢?这只需将其一个电极接地，用高频火花检漏仪放电尖端碰上另一个电极。当在大气时，两个电极间将产生强烈的脉络跳火；当在 10^{-2} Pa 以下高真空时，则无跳火。

11.2　卤素检漏仪

11.2.1　卤素检漏仪的工作原理

当铂被加热至 800℃ 以上时，其表面就有正离子发射，正离子流 I_i 的大小除决定于加热温度外，还与气体种类有很大关系，特别是遇到卤素气体后，正离子流 I_i 急剧增大，这就是所谓的"卤素效应"。卤素检漏仪就是基于卤素效应制成的，其工作原理如图 11-3 所示。它由检漏管 1 和测量线路 2 两部分组成。检漏管的发射极 F—F 与收集极 C 之间加以 50～500V 直流电压，这时发射体被加热至高温，因而就有正离子发射，发射本底值由仪表 μA 指示出来。若有漏孔，示漏气体将经过漏孔进入检漏管，产生卤素效应，使正离子流 I_i 剧增，同时扬声器将发出"嘎嘎"声。据此可确定漏孔位置，并可粗略地估计漏率大小。

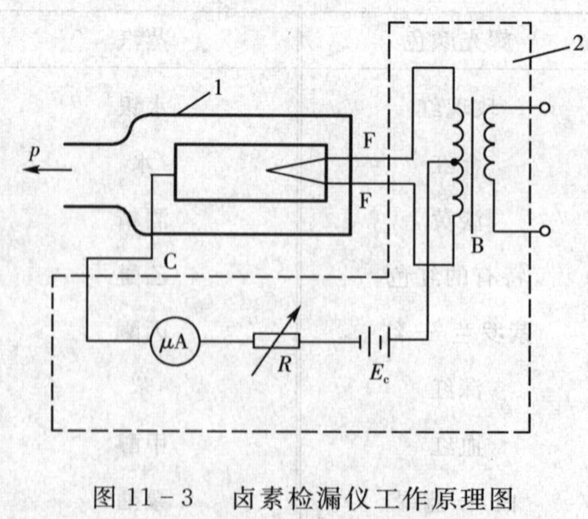

图 11-3　卤素检漏仪工作原理图

1—检漏管　2—测量线路

检漏管的结构原理如图 11 - 4 所示。实际上它是一个铂二极管，其发射极 F—F 用铂丝绕在瓷管上，呈螺旋线形状。有的采用间热式结构，即铂螺旋丝只起加热器的作用，而在它的外面有一个铂筒作发射极。间热式结构的惰性大，但其正离子发射较直热式结构稳定。收集极为一铂筒，也可以用不锈钢代替铂。发射极、收集极均装在玻璃芯柱上，然后封装在玻璃（或金属）壳体内。

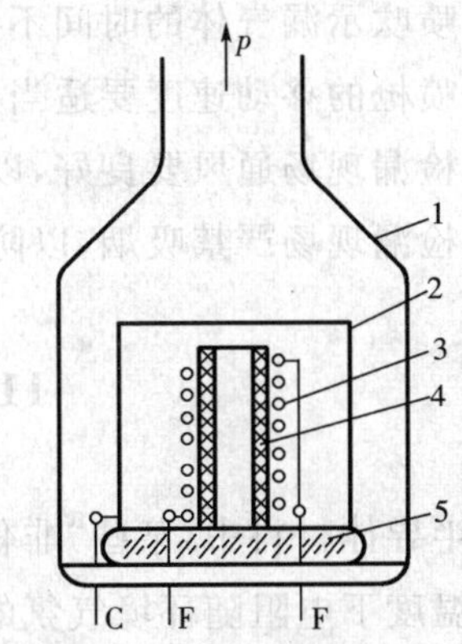

图 11 - 4 卤素检漏仪检漏管结构原理图
1 — 管壳 2 — 收集极（铂筒） 3 — 发射极
4 — 瓷管 5 — 玻璃芯柱

检漏管的检漏工作特性与很多因素有关，如离子流与加热温度的关系，离子流与气体压力的关系，离子流与喷吹卤素气体时间的关系，等等。只有合理地选择工作参数，才有可能获得最佳的检漏效果。

11.2.2 卤素检漏仪的检漏方法

按卤素检漏仪的工作条件，检漏方法有真空法和加压法两种。

真空法是将检漏管装在被检系统上并共同抽真空。检漏时，用喷枪在被检系统可疑处喷吹。若有漏孔，示漏气体经漏孔进入被检系统和检漏管，产生卤素效应，离子流 I_i 剧增，在指示仪表和蜂鸣器同时反映出来。据此可判定漏孔位置，并粗略地估计漏孔漏率。此法使用固定式卤素检漏仪。

加压法是将示漏气体压入被检系统中，使其压力高于大气压。检漏时，用探枪在被检系统外表面可疑处移动，若有漏孔，从漏孔逸出的示漏气体就被探枪吸入并进入检漏管内，产生卤素效应，离子流 I_i 剧增，在指示仪表和蜂鸣器同时反映出来。据此可判定有漏孔存在，并可粗略地估计漏率。此法适用于移动式卤素检漏仪。

原则上讲，凡含有卤族元素的气体物质或其混合物均可用做示漏气体。但在选用示漏气体时，要考虑取得难易、使用效果、价格以及对设备、人员的危害程度等，常用的示漏气体有氟利昂、氯仿等。氟利昂（CF_2Cl_2）无毒无味，多储存在高压钢瓶内，检漏效果最好，因此过去采用氟利昂做示漏气体的最多。但出于保护臭氧层的目的，目前已被限制使用。氯仿即三氯甲烷 $CHCl_3$ 无色，是透明易挥发的液体，臭味特殊、味微甜、遇光易变质，使用效果也较好。另外，还有四氯化碳、三氯乙烯、氟氯烷等也可做示漏气体。在制冷行业中，许多制冷剂都是含有卤族元素的物质，因此广泛采用卤素检漏仪进行系统检漏。

卤素检漏仪适用的压力范围为 $10 \sim 10^{-1}$ Pa，最小可检漏率为 $10^{-7} \sim 10^{-9}$ $Pa \cdot m^3 \cdot s^{-1}$。

使用卤素检漏仪应注意以下事项：

① 对被检件需要进行清洁、干燥处理，疏通漏孔。

② 用氟利昂做示漏气体，因其比空气重，所以要先检下部后检上部，先从检漏管附近检，逐渐由近至远。

③ 喷吹示漏气体的时间不要太长，严禁蒸气进入检漏管，以防检漏管中毒。

④ 喷枪的移动速度要适当，一般应小于 $3cm \cdot s^{-1}$。

⑤ 检漏现场通风要良好，以防止卤素污染环境。

⑥ 检漏现场严禁吸烟，以防香烟中含有的卤素气体影响检漏的可靠性。

11.3 气敏半导体检漏仪

在半导体材料中，某些“非化学配比”的金属氧化物半导体，如二氧化锡(SnO_2)，在一定工作温度下电阻随环境气氛的不同(气体成分、浓度等)而变化，尤其是对某些可燃性气体特别敏感。这类半导体材料称气敏半导体或气敏电阻。由于气敏半导体能够把可燃性气体的浓度转换为电信号，所以可以用它作为检漏仪的气敏件，而制成的仪器称为气敏半导体检漏仪，它由检漏管和测量线路两部分组成。

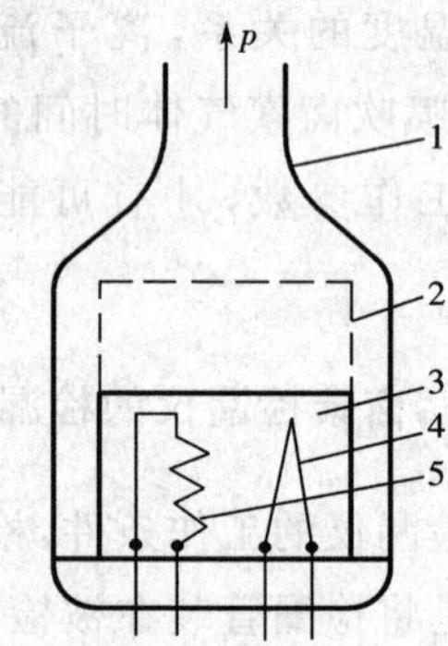

图 11-5 气敏半导体检漏管的结构原理图
1—管壳 2—罩 3—SnO_2 烧结体
4—测量丝 5—加热丝

气敏半导体检漏管的结构如图 11-5 所示。其主要部分为二氧化锡烧结件，测量丝和加热丝均直接埋于烧结体内，加热丝用以通电加热烧结体，使其处于最佳检漏灵敏度温度(SnO_2 烧结体一般为 300℃ 左右)。测量丝用以测量其电阻值的变化。

气敏半导体检漏仪的测量线路如图 11-6 所示。它由桥式测量电路、张弛振荡器、功率放大器及电源等部分组成。检漏管 G_L 为电桥一臂，其余各臂由电阻 R_1、R_2、可调电阻 W 构成。其工作原理是：开机后待气敏半导体元件达到平衡温度时，调节 W 使电桥平衡，即调零；检漏时，利用气敏半导体元件的“气敏特性”，将可燃性气体的浓度转换为电信号，G_L 阻值发生变化，电桥失去平衡，指示仪表 μA 反映出偏差信号，并推动振荡器使蜂鸣器发出音响。

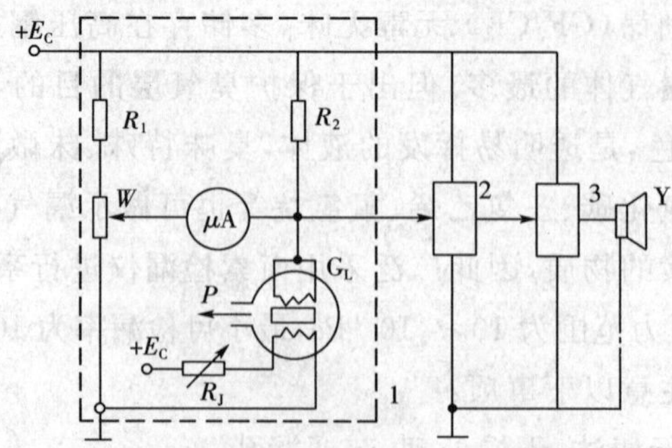

图 11-6 气敏半导体检漏仪测量线路原理图
1—桥式电路 2—振荡器 3—功率放大器
Y—蜂鸣器 G_L—检漏管

气敏半导体检漏仪采用压力法检漏，检漏装置如图 11－7 所示。检漏时，将被检件内部充以一定压力的可燃性气体，用检漏盒罩住被检件外部的可疑部位。如果被检件被罩住部位有漏孔，则示漏气体便进入检漏盒中。此时打开阀门 3，关闭阀门 2，示漏气体就会在检漏盒中积累起来。达到可检浓度后，检漏仪发出指示信号和音响，从而指出漏孔及漏孔所在。

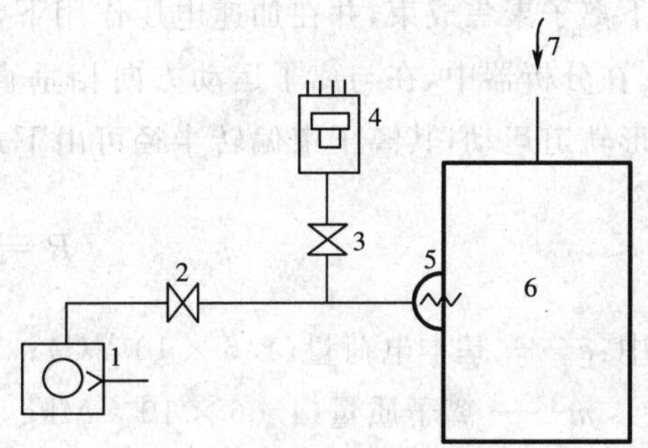

图 11－7　气敏半导体检漏仪检漏装置

1－真空泵　2、3－管路阀门　4－气敏半导体检漏管　5－检漏盒　6－被检件　7－示漏气体

气敏半导体检漏仪可以直接在大气压下工作，其浓度灵敏度为 1%；也可以抽空到几千 Pa，但抽真空后仪器灵敏度反而下降。作为示漏气体的可燃性气体普遍存在爆炸极限，使用时一定要注意安全，严防明火。

11.4　氦质谱检漏仪

氦质谱检漏仪是一种以氦气作为示漏气体专门用于真空检漏的质谱分析仪器。这种仪器在真空以及其他相关行业的检漏技术中使用范围最广、性能最好、灵敏度最高。

11.4.1　氦质谱检漏仪的工作原理

氦质谱检漏仪的基本工作原理是：采集被检件中的气体样品并将其电离，根据不同种类气体离子质荷比不同的特点，利用磁偏转分离原理将其区分开来。仪器只对其示漏气体氦气有响应信号，而对其他气体没有响应，属于唯一性检漏仪器。一旦出现信号响应，说明有氦气通过漏孔进入被检件中，从而指示漏孔的位置与大小。氦质谱检漏仪是一种磁偏转型质谱分析仪器，目前主要有单极磁偏转型和双级串联磁偏转型两种结构型式。

(1) 单极磁偏转型氦质谱检漏仪

180° 单极磁偏转型氦质谱检漏仪的质谱室结构如图 11－8 所示。在质谱室内，由灯丝、离化室和加速极组成离子源；由外加均匀磁场构成分析器；由出口缝隙、抑制栅和收集极构成收集器。

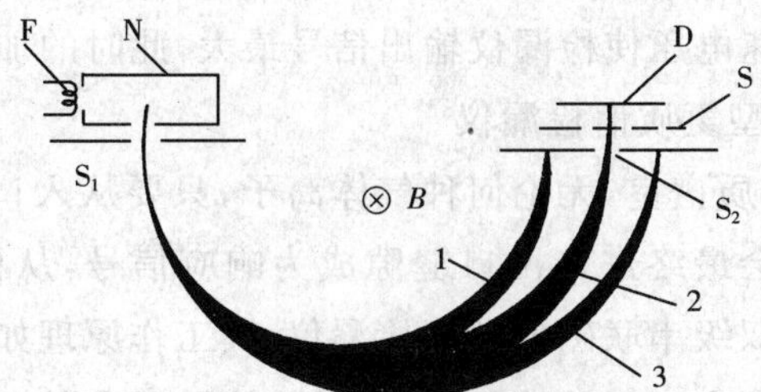

图 11－8　180° 单极磁偏转型质谱室结构原理图

N－离化室　F－灯丝　S_1－离子加速极　B－均匀磁场

S_2－出口缝隙　S－抑制栅　D－收集极　2－氦离子束　1、3－其他离子束

在离子源内，气体分子被由灯丝发射的并具有一定能量的电子电离成离子，在电场作用下离子聚焦成束，并在加速电压作用下，以特定的速度经过离子加速极的缝隙进入分析器。在分析器中，在与离子运动方向相垂直的均匀磁场作用下，具有一定速度的离子将按圆形轨道运动，其离子束偏转半径可由下式计算

$$R = \frac{1}{B}\sqrt{\frac{2mU}{Ze}} \tag{11-1}$$

式中：e—— 基本电荷量（1.6×10^{-19}C）；

m—— 离子质量（$1.66 \times 10^{-27} M$kg，其中 M 为离子的质量数）；

U—— 离子加速电压，V；

B—— 磁感应强度，T；

R—— 离子轨道半径，m；

Z—— 离子所带基本电荷数。

式(11－1)也可写成如下便于计算的形式

$$R = \frac{1.44 \times 10^{-4}}{B}\sqrt{\frac{M}{Z}U} \tag{11-2}$$

式中：M/Z—— 离子的质荷比，即离子的质量数与电荷数之比。

由式(11－2)可见，当 B 和 U 为定值时，不同的质荷比的离子有不同的偏转半径。只有离子的偏转半径与分析器的几何半径（如图 11－8 中，离子入口缝 S_1 和出口缝 S_2 所在圆的半径）相等的离子束（如图 11－8 中的 2）才能通过出口缝隙 S_2，到达收集极 D 形成离子流。而其他质荷比的离子束（如图 11－8 中的 1 和 3）则以不同于分析器几何半径的偏转半径而被分离掉。

例如，某台检漏仪，$R = 4$cm，$B = 0.14$T，示漏气体为 He（其一价氦离子的质荷比 $M/Z = 4$），问其加速电压应调到多大才可进行检漏。

由式(11－2)可得

$$U = \frac{1}{M/Z}\left(\frac{RB}{1.44 \times 10^{-4}}\right)^2 = \frac{1}{4}\left(\frac{0.44 \times 0.14}{1.44 \times 10^{-4}}\right)^2 = 378\text{V}$$

即加速电压调至 378V 就可以进行检漏。

为了使离子流信号有一定的量值，质谱室中的离子出口缝隙 S_2 有一定宽度。加速电压 U 有一个调节范围，调加速电压使检漏仪输出信号最大，此时的加速电压称为“氦峰”。

(2) 双级串联磁偏转型氦质谱检漏仪

对于单级磁偏转型的质谱室，无论何种气体离子，只要从入口缝隙进入分析室的动量与氦离子的动量相同，就会最终进入出口缝隙成为响应信号，从而造成较高的本底噪声。为克服这种现象，出现了双级串联磁偏转型检漏仪，其工作原理如图 11－9 所示。

在两个分析器中间，即在中间缝隙 S_2 与邻近的挡板间设置加速电场，使离子在进入第二分析器之前再次加速。因此，那些与氦离子动量相同的其他气体离子，虽然可以通过第一分析器，但经过第二次加速进入第二分析器时，由于其动量与氦离子动量不同而被分

离。这样一来，使得仪器本底信号及噪声显著减小，从而提高了仪器灵敏度。

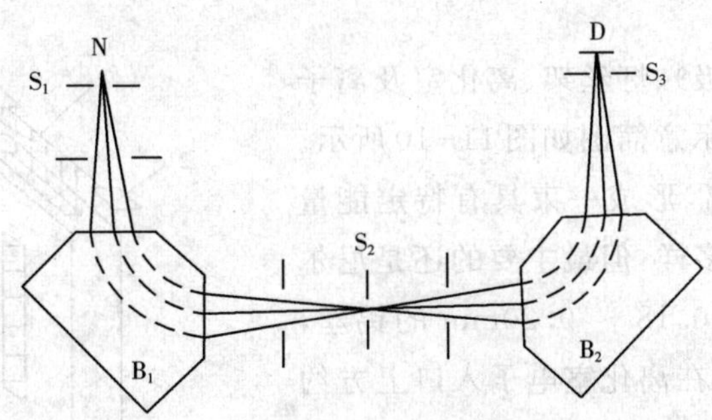

图 11－9　双级串联磁偏转型质谱室结构原理图

N－离化室　S_1－离子加速极　B_1－第一级分析器

B_2－第二级分析器　S_2－中间缝隙　S_3－出口缝隙　D－收集极

通常，单级磁偏转型氦质谱检漏仪的灵敏度为 $10^{-9} \sim 10^{-12}\,\mathrm{Pa \cdot m^3 \cdot s^{-1}}$，而双级串联磁偏转型氦质谱检漏仪的灵敏度可达 $10^{-14} \sim 10^{-15}\,\mathrm{Pa \cdot m^3 \cdot s^{-1}}$。

(3) 示漏气体的选择

氦质谱检漏仪是由于选用氦气作为它的示漏气体而得名的。这是因为氦气质量轻，易于穿过漏孔，进入系统时流动和扩散快，因而响应快，检漏灵敏度高；氦离子质荷比小，因此可减小磁分析器偏转半径的尺寸和选用较弱一点的磁场；一价氦离子的质荷比($M/Z=4$)与相邻的一价氢离子($M/Z=2$)和二价碳离子($M/Z=6$)相差较大，利于离子的分离，可适当降低对分析器制造精度的要求，使质谱室中氦离子通过的各个缝隙加宽，从而提高氦离子的传输率；此外，氦在空气中及残余气体中含量最少，空气中氦气约只占二十万分之一，在材料出气中氦气也很少。因此本底压力小，检漏时本底信号小。所有这些因素，均为提高仪器的灵敏度创造了条件。而且，氦又是惰性气体，性质不活泼，不与真空器件起化学作用，无毒，不会污染环境，使用也十分安全。

但是，以氦作为示漏气体，也有一些不足之处，例如，橡胶、塑料等有机材料常常会吸收氦，而且还会在吸收后慢慢地释放出来；所有的离子收集板，对氦都会产生记忆效应，即氦离子打到离子收集板上，储存一定时间后再慢慢释放出来，从而造成本底噪声。

在氦质谱检漏仪上除了氦以外，还可以用氢等做示漏气体，这须调整加速电压或磁感应强度，其灵敏度远比以氦作为示漏气体低。

11.4.2　氦质谱检漏仪的整体结构

氦质谱检漏仪的整体结构是由质谱室、真空系统和电气系统等三大部分组成的，在必要时还需配置辅助真空系统。现以 180° 磁偏转型分析器检漏仪为例，分别加以介绍。

(1) 质谱室

质谱室是这种检漏仪的心脏，由离子源、分析器和收集器三部分组成，并将冷阴极磁控规也放在其内，共用其磁场。为了有利于微小的离子流放大，将第一级放大用高阻及静电计管也放在质谱室之内。质谱室壳由非磁性材料制成，内部抽空，而外部设置永久磁铁形成磁分析器的磁场。

离子源由灯丝(阴极)、灯丝架、离化室及离子加速极组成。其离子源示意简图如图11-10所示。它的作用是使气体电离，形成一束具有特定能量的离子。尽管结构多种多样，但最主要的还是尼尔型离子源。灯丝为直径0.18～0.20mm的钨丝，通过灯丝架被准确安放在离化室电子入口上方约0.5mm处，它通过直接加热而发射电子。离化室是一扁平的矩形盒子，其顶部和侧面各开一个狭缝，分别供热电子射入和离子引出之用。离化室与灯丝之间加200V的电离电压，在该电压下，热阴极发射的电子能将离化室中的气体电离。离化室与离子加速极间加300～400V可调电压，即为加速电压，加速离子使之穿过离子加速极正面的矩形缝隙进入磁分析器。若用交流放大器放大离子流时，离化室与加速极之间还叠加有5～7Hz、15V的交流调制电压。离子加速极位于离化室正面约5mm处与外壳相连接地。

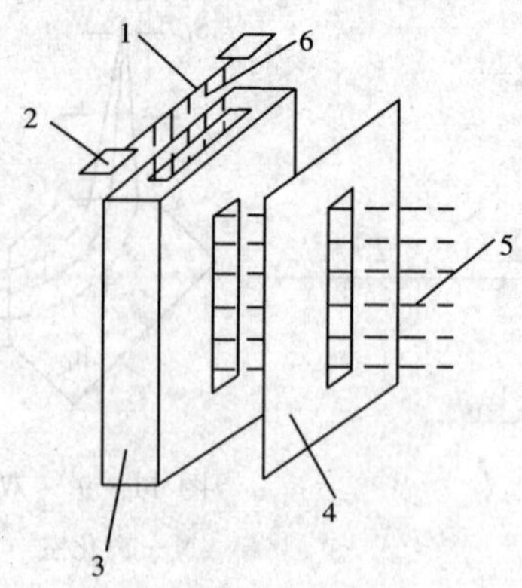

图11-10 离子源示意简图

1—灯丝 2—灯丝架 3—离化室

4—离子加速极 5—离子束 6—电子束

分析器是一均匀磁场空间，一般多用永久磁钢产生，磁感应强度$B=0.14\sim0.25$T。不同质荷比的离子在磁场作用下，按照不同轨道半径运动而进行气体分离。在设计的参数下，只让$M/Z=4$的He^+飞出磁分析器的出口缝隙，打到收集器上。

收集器的作用是收集氦离子流并输入到小电流放大器。收集器由出口缝隙(地电位)、抑制栅(接离化室正电位)和收集极组成。抑制栅对正离子是一个拒斥场，可抑制离子束在偏转过程中与气体分子碰撞所产生的杂散离子。这些离子能量比氦离子能量低很多，它们在磁场中可能以接近氦离子的半径偏转进入出口缝隙。若不加抑制极，则可能直接到达收集极而造成噪声电流。由于离子流非常小($10^{-12}\sim10^{-13}$A)，前级放大器必须屏蔽，所以静电计管及高阻放在质谱室内。

质谱室的压力必须进行测量，一般用冷阴极电离真空规。为了共用磁分析器的磁场，将冷阴极电离真空规置于质谱室之内。冷阴极电离真空规除指示质谱室压力外，还用其放电电流控制阴极保护继电器，当质谱室真空度恶化时，自动切断阴极供电线路，防止阴极烧毁。

(2) 真空系统

真空系统是提供质谱室正常工作的条件。由于钨阴极正常工作时需要具备$10^{-2}\sim10^{-3}$Pa的真空度，同时保证氦离子在分析器中的运动有较高的传输率，所以建立一个高真空系统是必需的。

图11-11为氦质谱检漏仪真空系统的一个实例。该真空系统由油扩散泵、机械真空泵、挡油障板、冷阱、储气罐、真空计、阀门以及标准漏孔等组成。主泵扩散泵多选用风冷式

小型泵，以便于现场使用。机械泵既作为油扩散泵的前级泵，又可对质谱室进行预抽空。当被检件比较小时，机械泵也可充当预抽空泵使用。图中的抽速阀实际是一个高真空阀，调节该阀的开放程度，即可调节扩散泵的有效抽速，进而可提高检漏的灵敏度。在扩散泵启动和停止阶段，由于热惯性尚需一段时间，为避免返油，此阀门应当关闭。系统中的节流阀则是为了满足质谱室工作压力的调节，该阀全开时检漏灵敏度最高，因此在条件允许的情况下宜开启大些。检漏时为了校准检漏灵敏度，系统中设置了标准漏孔。

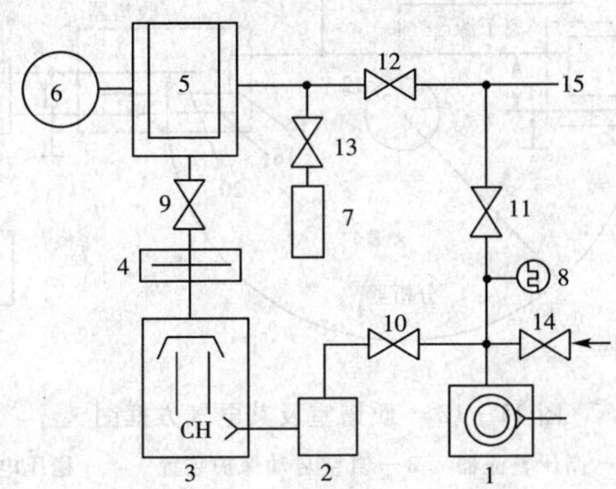

图 11-11 氦质谱检漏仪真空系统示意图

1—机械泵 2—贮气罐 3—扩散泵 4—挡油障板 5—冷阱
6—质谱室 7—标准漏孔 8—电阻真空计 9—抽速阀
10、11、13—真空阀门 12—节流阀 14—放气阀 15—接被检件

近年来出现的无油型氦质谱检漏仪，以小型涡轮分子泵为主泵，以干式泵（如膜片泵）为前级预抽泵，实现了无油系统作业。它既有利于提高检漏灵敏度，又防止了对被检件可能造成的油蒸气污染。

(3) 电气系统

氦质谱仪电气部分的核心是质谱室的供电与测量，其他部分包括真空系统的电源与控制部分，操纵面板及输出仪表等。如图 11-12 所示为 180° 磁偏转型的质谱室及其电气方框图，它主要包括如下几个部分：

① 小电流放大器及输出装置。由于离子流收集极接收到的离子流非常小，必须经放大才能输出显示。经交流放大器放大调制后的离子流，输出信号分别由显示仪表和声响装置（扬声器）指示。

② 低频发生器。低频发生器产生频率为 5 ～ 7Hz、振幅为 14 ～ 16V 的调制电压，该电压叠加在加速电压上，实现对离子流调制。

③ 高压整流器及发射电流稳定装置。发射电流稳定装置是调节灯丝加热电流，从而保持灯丝发射电流稳定，以提高灵敏度。发射电流可分几档进行有级调节，以改变仪器灵敏度。

④ 高压整流器供给冷阴极磁控规电源。真空规放电电流指示气体压力值并由仪表显示，其放电电流还作为继电保护的输入信号。当质谱室真空度恶化时，放电电流增大，使继

电器动作，随之切断灯丝加热电流，保护灯丝不被烧毁。

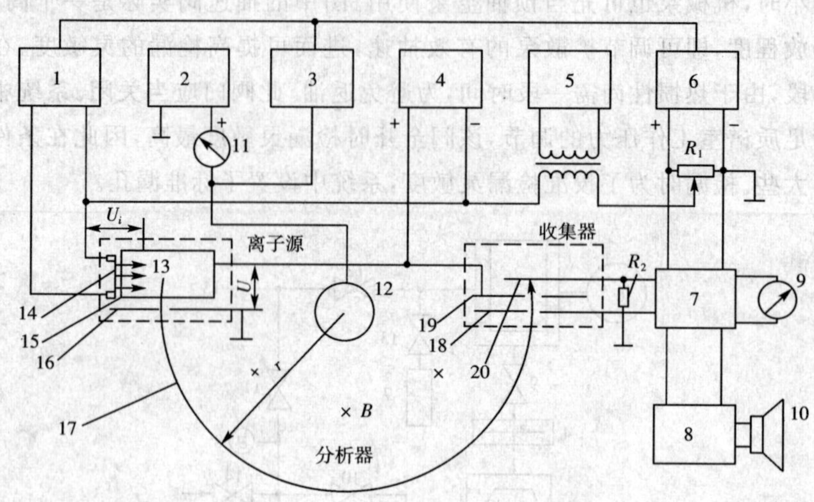

图 11-12 质谱室及其电气方框图

1—发射电流稳定器 2—高压整流器 3—真空自动保护装置 4—稳压电源 5—低频发生器 6—稳压电源 7—交流放大器 8—音响指示 9—输出表 10—扬声器 11—真空表 12—磁放电真空计(阳极) 13—电子束 14—灯丝(阴极) 15—离化室 16—离子加速极 17—离子束 18—出口缝隙 19—抑制极 20—收集极

U_i—电离电压(200V) U—加速电压(300～400V) R_1—加速电压调节 R_2—高阻 B—永久磁场

(4) 辅助真空系统的配置

在氦质谱检漏仪中，根据被检件的结构、尺寸要求和具体的检漏条件，均配备合适的辅助真空系统，它具有预抽被检件、保证检漏仪工作真空度、进行气体分流、缩短反应时间和清除时间、降低对灵敏度的不良影响等一系列功能。

这种辅助真空系统如图 11-13 所示，大多由前级泵、次级泵、阀门、真空规及标准漏孔等组成。前级泵最好采用气镇式机械泵；是否要求次级泵依具体要求而定，次级泵可采用扩散泵。

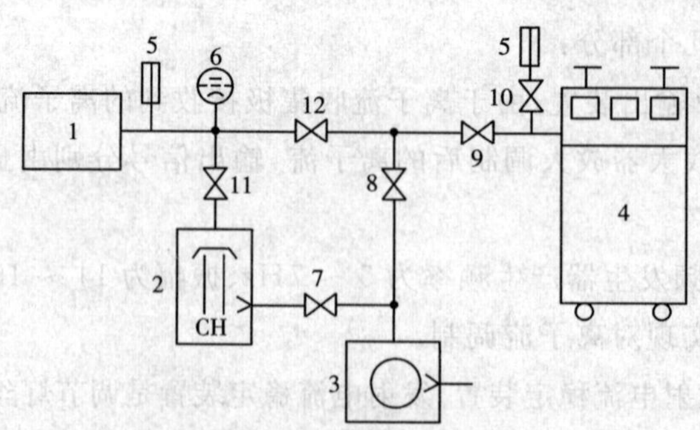

图 11-13 辅助真空系统

1—被检件 2—次级泵 3—前级泵 4—检漏仪 5—标准漏孔 6—真空规 7～12—阀门

就某一具体的被检件而言，是否应选用辅助真空系统，可从下述两个方面考虑。

对于体积小、出气和漏气都小的被检件，可直接与检漏仪连接进行检漏，利用检漏仪自身的真空系统即可达到目的，无需设置辅助真空系统。但是，如果被检件批量大，为了节省检漏操作时间，提高检漏效率，或者为了保持检漏器灵敏度的稳定性，设置辅助真空系统还是有益的。

对于容积较大、出气或漏气较大的被检件，必须设置辅助真空系统。该系统除具有上述各项功能外，对较脏的被检件的顶抽可以防止检漏仪受到污染，这种保护检漏仪的功能也是十分必要的。

氦质谱检漏仪在辅助真空系统中的位置如图 11－14 所示。检漏仪可接在辅助真空系统高真空一侧，也可接在前级真空侧。确定其连接位置应该遵守的原则是：进入检漏仪的氦分压高、反应时间和清除时间短、被检件对检漏仪污染小及检漏灵敏度高。例如，对清洁且无大漏孔的较大被检件检漏时，检漏仪应在前级真空侧，具有检漏灵敏度高和检漏时间短等特点；反之，对有污染和大漏孔的被检件进行检漏时，检漏仪应接在高真空一侧。但是无论哪种连接方式，在连接检漏仪的部位，都存在着氦在辅助真空系统中的分流问题。因此，在分流支路上设置阀门，使其流导可调，以便增强检漏器支路的气流，提高检漏灵敏度，使检漏工作灵活方便。

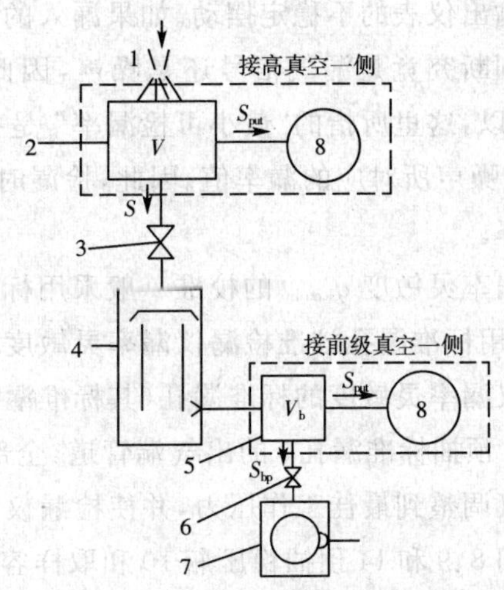

图 11－14　氦质谱检漏仪在辅助真空系统中的位置

1－喷嘴　2－被检件　3－高真空阀　4－扩散泵
5－前级真空容器　6－低真空阀　7－前级泵　8－检漏仪

11.4.3　氦质谱检漏仪的灵敏度及其校准

表征氦质谱检漏仪性能的主要指标是它的漏率灵敏度 q_{Lemin}（即最小可检漏率）和分压比灵敏度 $\gamma_{\min}$（亦即最小可检分压比），这是两个在氦质谱检漏仪出厂校准时所规定的最佳条件下所能实现的仪器灵敏度。但是在利用氦质谱检漏仪进行具体的检漏时，由于诸多具体条件的不同，仪器所能达到的灵敏度与其在最佳条件下所测得的灵敏度是不会相同的。通常把仪器在使用时所能达到的灵敏度称为仪器的检漏灵敏度，该灵敏度是低于仪器校准时所给出的灵敏度的。

(1) 氦质谱检漏仪的漏率灵敏度及其校准

氦质谱检漏仪的漏率灵敏度，或称最小可检漏率，记做 q_{Lemin}，它是指检漏仪处于最佳工作条件下，以一个标准大气压的纯氦气为示漏气体，进行动态检漏时，所能检出的最小漏孔的漏率。这里所说的最佳条件，就是被检件出气很少且没有大漏孔，且仪器本身的工作参数调整到最佳工作状态的条件，即仪器节流阀完全开启，质谱室内为最佳工作压力，没有辅助真空系统分流，仪器本底和噪声最小，放大器放大倍数最大，发射电流和加速电压稳定，工作压力稳定以及氦峰准确等。而动态检漏则是指检漏时仪器内部真空系统仍然在正常抽气（不是累计法检漏），而且当真空系统在时间常数不大于1s的条件下，仪器的反应时间不大于3s时所进行的检漏。

最小可检漏率，则是指仪器输出表上可以观察出来的最小的指示变化，该变化主要受无规律起伏变化的噪声所限制。仪器的噪声是由各种参数不稳定而引起的，外电源电压波动、真空度变化、发射电流变化、加速电压变化、放大器性能变化及外界电磁场干扰等都会引起输出仪表的不稳定摆动。如果漏入的氦气使输出仪表的变化值小于噪声，那么我们就很难判断究竟是漏气信号还是噪声，因此，噪声的大小也就成为能否判断漏气信号的标准。所以，这里所指的"最小可检漏率"是指引起输出指示的变化量等于二倍（也有规定为一倍）噪声所对应的漏率值。因此，检漏时应尽量采取措施降低仪器噪声，以利获得最小可检漏率。

漏率灵敏度 q_{Lemin} 的校准一般采用标准漏孔法，它是一种漏率恒定而且经过校准的元件。利用标准漏孔校准检漏仪漏率灵敏度的校准系统如图11-15所示。将一支漏率接近于检漏仪漏率灵敏度的标准漏孔（其标准漏率为 q_{L0}）5接到校准系统上；启动辅助泵6，通过阀门3预抽标准漏孔5的出气端管道，全部开启检漏仪1的节流阀；关阀门3，利用针阀2将检漏仪调整到最佳工作压力，并使检漏仪其他参数均处于最佳工作状态；启动机械泵7，通过阀门8、9和14预抽稳压瓶10和取样容积12以及标准漏孔5的进气端管道；在继续抽标准漏孔进气端的同时，记录仪器的本底和噪声；利用阀门14、15和取样容积12，从氦气瓶13中提取纯氦气送入稳压瓶10内，其压力 p_{He} 由U形计11指示；转动阀门8，使标准漏孔5进气端与稳压瓶10相通，则氦通过标准漏孔进入检漏仪，记录其输出指示。检漏仪的漏率

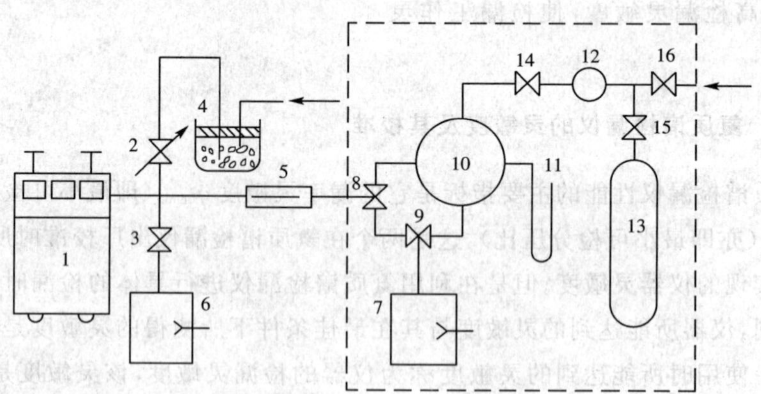

图11-15　检漏仪漏率灵敏度的校准系统

1—检漏仪　2—针阀　3、14、15—二通阀　4—干燥器　5—标准漏孔
6—辅助泵　7—机械泵　8、9—三通阀　10—稳压瓶　11—U形计
12—取样容器　13—氦气瓶　16—放气阀

灵敏度为

$$q_{\mathrm{Lemin}} = \frac{NI_n}{I - I_0} \frac{p_{\mathrm{He}}}{p_0} q_{\mathrm{L0}} \tag{11-3}$$

式中：q_{Lemin}—— 检漏仪漏率灵敏度，$\mathrm{Pa \cdot m^3 \cdot s^{-1}}$；

p_{He}—— 标准漏孔进气端氦压力，Pa；

N—— 系数（一般 $N = 2$）；

I_n—— 仪器噪声示数，格；

I_0—— 仪器本底示数，格；

I—— 氦气信号示数，格；

q_{L0}—— 标准漏孔的标准漏率，$\mathrm{Pa \cdot m^3 \cdot s^{-1}}$；

p_0—— 标准大气压。

必须指出的是，标准漏孔的标准漏率 q_{L0} 是对空气的漏率，这时 q_{Lemin} 是指检漏仪对空气的漏率灵敏度。但有的标准漏孔的标准漏率是对氦而言，此时所得的 q_{Lemin} 是检漏仪对氦的漏率灵敏度。在这种情况下，如果换算成对空气的漏率灵敏度，则应除以 2.7。

(2) 氦质谱检漏仪的分压比灵敏度及其校准

在检漏仪质谱室处于工作压力下，仪器可检出的氦分压比的最小变化量称为分压比灵敏度，亦称为最小可检分压比，记作 $\gamma_{\min}$。

图 11-16 所示为利用标准漏孔校准检漏仪的分压比灵敏度的系统图。它将一支标准漏率 q_{L0} 接近检漏仪灵敏度的标准漏孔接到校准系统上；与图 11-15 所示的漏率灵敏度校准系统相比较，分压比灵敏度校准系统增加了流量计 17 和二通阀 18；校准方法与漏率灵敏度的基本相同，所不同的是在用针阀 2 调节检漏仪工作压力时，需要记录由流量计指示的空气流量 q_{La}。

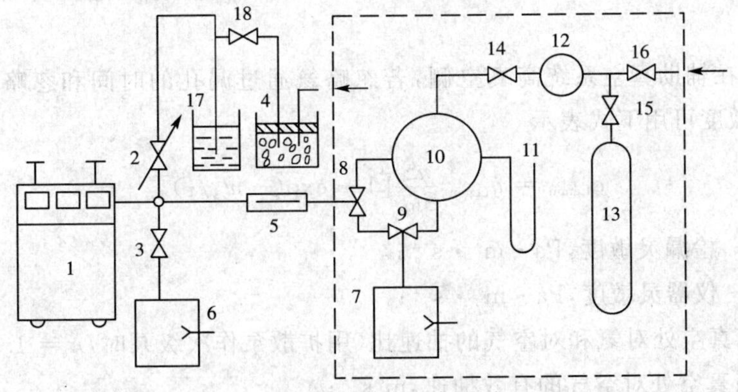

图 11-16　检漏仪分压比灵敏度的校准系统

1—检漏仪　2—针阀　3、14、15、18—二通阀　4—干燥器
5—标准漏孔　6—辅助泵　7—机械泵　8,9—三通阀　10—稳压瓶
11—U 型计　12—取样容器　13—氦气瓶　16—放气阀　17—流量计

校准时，压力为 p_{He} 的氦通过标准漏孔的氦流量为

$$q_{LHe} = q_{L0} \times 2.7 \frac{p_{He}}{p_0}$$

质谱室中氦的分压比增量为

$$\Delta\gamma = \frac{q_{LHe}}{nq_{La} + q_{LHe}} A \tag{11-4}$$

因此，氦质谱检漏仪分压比灵敏度为

$$\gamma_{min} = \frac{NI_n}{I - I_0} \cdot \frac{2.7 q_{L0} p_{He}/p_0}{nq_{La} + 2.7 q_{L0} p_{He}/p_0} \tag{11-5}$$

式中：γ_{min}—— 分压比灵敏度；

q_{La}—— 流量计指示进入质谱室的空气流量，$Pa \cdot m^3 \cdot s^{-1}$；

n—— 质谱室处系统对氦和对空气抽速之比；

其余符号意义同前式。

上述校准法所用标准漏孔为铂丝—玻璃型、压扁金属型或毛细管型等。如果采用带氦室的薄膜渗氦型标准漏孔，则校准系统不需要配气装置（如图 11-15 和图 11-16 中的虚线框内部分）。但是标准漏孔的标准漏率应接近检漏仪的灵敏度，并且掌握标称漏率的年递减数值，以便修正因充氦室压力下降而引起的标称漏率的变化。

(3) 氦质谱检漏仪的检漏灵敏度

氦质谱检漏仪在实际检漏条件下所能达到的灵敏度称作检漏灵敏度。由于检漏时保证不了校准仪器时所规定的最佳工作条件，所以检漏灵敏度低于仪器灵敏度。影响检漏灵敏度的因素包括：检漏的环境条件，检漏仪配置在辅助真空系统的位置，示漏气体的纯度，检漏时间的控制和操作人员的技术水平。因此在氦质谱检漏仪进行实际检漏时，应当根据被检件的特点和现存条件选择合适的检漏方法，配置适当的辅助真空系统，正确地使用和发挥仪器的检漏能力，以求达到检漏灵敏度高、时间短、结果可靠、运转费用低等检漏工作的目的。

检漏仪接在辅助真空系统高真空侧，若忽略氦通过漏孔的时间和忽略检漏仪反应时间，其检漏灵敏度可用下式表示

$$q_{Ldmin} = q_{Lemin} \frac{nS}{S_{iHe}} [1 - \exp(-nt_s/\tau)]^{-1} \tag{11-6}$$

式中：q_{Ldmin}—— 检漏灵敏度，$Pa \cdot m^3 \cdot s^{-1}$；

q_{Lemin}—— 仪器灵敏度，$Pa \cdot m^3 \cdot s^{-1}$；

n—— 高真空处对氦和对空气的抽速比（用扩散泵作次级泵时，$n = 1.6$）；

S—— 高真空处对空气的有效抽速，$m^3 s^{-1}$；

S_{iHe}—— 检漏仪支路对氦的抽速，$m^3 s^{-1}$；

t_s—— 检漏时间，s；

τ—— 检漏系统高真空部分时间常数（$\tau = V/S$，V 为高真空部分容积，m^3），s。

当 $t_s \to \infty$ 时，即稳定状态，由上式得

$$q_{\mathrm{Ldmin}} = q_{\mathrm{Lemin}} \frac{nS}{S_{\mathrm{iHe}}} \tag{11-7}$$

即在施氦足够长时间的条件下，检漏灵敏度与仪器灵敏度和仪器进气口处的分流比 nS/S_{iHe} 有关。如果能关闭辅助真空系统，只用检漏仪自身的真空系统抽气($S = S_{\mathrm{iHe}}$)，此时检漏灵敏度等于仪器灵敏度。这是最充分发挥氦质谱检漏仪灵敏度的最佳检漏工况。在实际检漏中，小型且小漏的清洁被检件，容易实现最佳检漏工况；在其他情况下，可用调节分流 nS/S_{iHe} 的办法来提高检漏灵敏度。

检漏仪接在前级真空侧，在忽略氦通过漏孔所需时间和忽略检漏仪的反应时间的条件下，检漏灵敏度可用下式表示

$$q_{\mathrm{Ldmin}} = q_{\mathrm{Lemin}} \frac{n_{\mathrm{b}} S_{\mathrm{b}}}{S_{\mathrm{iHe}}} \left(\frac{n}{\tau} - \frac{n_{\mathrm{b}}}{\tau_{\mathrm{b}}} \right) \left\{ \frac{n}{\tau} [1 - \exp(-n_{\mathrm{b}} t_{\mathrm{s}}/\tau_{\mathrm{b}})] - \frac{n_{\mathrm{b}}}{\tau_{\mathrm{b}}} [1 - \exp(n t_{\mathrm{s}}/\tau)] \right\}^{-1} \tag{11-8}$$

式中：S_{b}—— 前级真空处对空气的有效抽速，$\mathrm{m^3\,s^{-1}}$；

n_{b}—— 前级真空处对氦和对空气的抽速比；

τ_{b}—— 检漏系统前级真空部分的时间常数($\tau_{\mathrm{b}} = V_{\mathrm{b}}/S_{\mathrm{b}}$，$V_{\mathrm{b}}$ 为前级真空处容积，$\mathrm{m^3}$)，s；

其余符号同前式。

当 $t_{\mathrm{s}} \to \infty$ 时，即稳定状态，由上式得

$$q_{\mathrm{Ldmin}} = q_{\mathrm{Lemin}} \frac{n_{\mathrm{b}} S_{\mathrm{b}}}{S_{\mathrm{iHe}}} \tag{11-9}$$

即在施氦足够长的时间后，检漏灵敏度只与仪器灵敏度和仪器进气口处的分流比有关。

反应时间 τ_{r} 和清除时间 τ_{c} 是氦质谱检漏仪在检漏中的两个重要参数，其值主要由检漏仪的反应时间、清除时间和辅助真空系统参数决定。

氦质谱检漏仪本身的反应时间和清除时间可以采用如图 11－17 所示的装置测定。其测定过程是：首先将仪器调整到工作状态，由仪器 1 和机械泵对标准漏孔 2 两端抽气；关阀 5 开阀 4，使来自配气系统的氦气经标准漏孔进入检漏仪，记录最大输出指示值；关阀 4 开阀 5 抽标准漏孔进气端；待仪器指示下降到初始本底值后，重复上面步骤，测出输出指示上升到最大值的 0.63 倍所用的时间。该时间就为检漏仪的反应时间 τ_{r}。当仪器输出指示为某一数值时，停止施加氦气并同时记录，测出输出指示下降到该数值的 0.37 倍所用的时间，即为检漏仪的清除时间 τ_{c}。

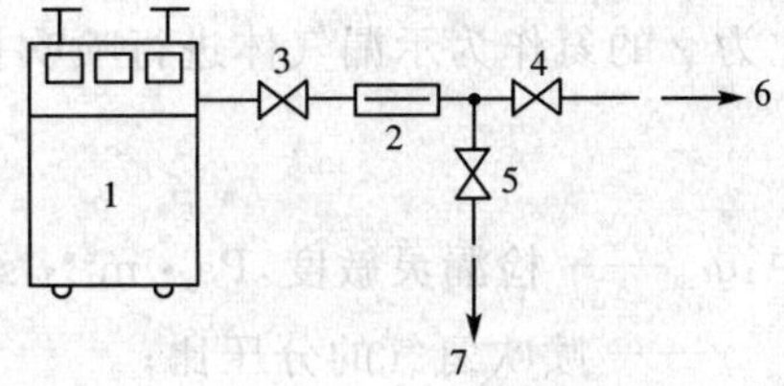

图 11－17　反应时间和清除时间测定装置

1－检漏仪　2－标准漏孔　3、4、5－阀门

6－接配气系统　7－接机械泵

若将检漏仪接在辅助真空系统高真空侧，在实际检漏中，可以利用被检件上的漏孔，采用与上述相同的方法，测定其反应时间和清除时间，分别记为 τ_{r} 和 τ_{c}。在具体检漏中，以

$3\tau_r$ 作为施加氦的时间(即探索时间)就足以判定是否有漏孔以及漏率的大小;以 $3\tau_c$ 作为清除检漏系统中氦气的时间,完全可以认为氦气已清除干净。其反应时间与清除时间也可通过下式估算

$$\tau_r = \tau_c = \frac{\tau}{c} = \frac{V}{nS} \tag{11-10}$$

式中:V—— 检漏系统高真空部分的容积,m^3;

S—— 高真空处对于空气的抽速,$m^3 \cdot s^{-1}$;

n—— 高真空处对氦与对空气的抽速之比;

τ—— 高真空部分的真空系统时间常数,s。

若将检漏仪接在辅助真空系统前级侧,在实际检漏中,也可以利用被检件上的漏孔,采用与上述相同的方法,测定反应时间和清除时间,并以 $3\tau_r$ 和 $3\tau_c$ 作为具体检漏时的探索和清除的判定时间。

综上所述,当检漏仪接在高真空侧时,前级泵参数对检漏灵敏度、反应时间和清除时间均无影响,次级泵参数却是主要影响参数。当检漏仪接在前级真空侧时,在 $V/S \gg V_b S_b$ 的条件下,前级泵参数对反应时间和清除时间基本上无影响,但却是影响检漏灵敏度的主要参数。τ_r 和 τ_c 只取决于 V 和 S,由于 S 一般较大,所以说次级泵缩短了检漏时间。在稳定状态下,次级泵不影响前级真空侧的检漏灵敏度,但在过渡过程中却有影响。

应该指出,上述结论是在假设任何时候被检件内的氦的分压总是均布的条件下得出的。该假设对于较低压力的小容积被检件是符合的,但对中等压力的大容积被检件,由于氦分子平均自由程小于容器尺寸,过渡过程的有关公式并不能准确描述检漏过程,实际的反应时间和清除时间要比按式(11-10)的计算值大,应当考虑氦气在被检件内的扩散时间。

若某一辅助真空系统中的检漏灵敏度为 q_{Ldmin},但使用的示漏气体并非纯氦,而是用分压比为 γ 的氦作为示漏气体进行喷吹检漏,此时检漏灵敏度则为

$$q_{Ldi} = q_{Ldmin}/\gamma \tag{11-11}$$

式中:q_{Ldi}—— 检漏灵敏度,$Pa \cdot m^3 \cdot s^{-1}$;

γ—— 喷吹氦气的分压比;

q_{Ldmin}—— 检漏仪的检漏灵敏度,$Pa \cdot m^3 \cdot s^{-1}$。

11.4.4 检漏方法

(1) 喷吹法

喷吹法是氦质谱检漏仪最常用、最方便的一种检漏方法,其检漏装置如图 11-18 所示。检漏时首先预抽被检件 4,并调整检漏仪,使其处于正常的工作状态;然后开启检漏仪节流阀 2,使被检件与检漏仪连通,调整好检漏仪,使其处于待检漏状态;用喷枪 6(或喷嘴)在被检件可能存在漏孔的部位喷吹氦气。

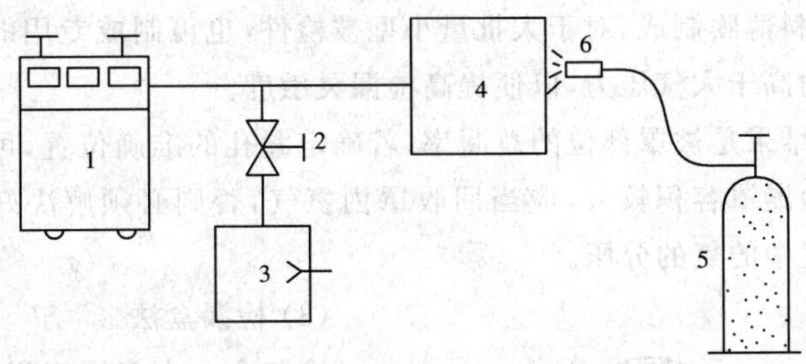

图 11-18 喷吹检漏法

1—检漏仪 2—辅助阀 3—辅助泵 4—被检件 5—氦气瓶 6—喷枪

喷吹一定时间后，检漏仪即可指示出被检件是否存在漏孔及漏孔的漏率。

检漏时，喷吹示漏气体时间要适当，太短时检漏灵敏度低，太长时检漏效率低。如果要求检验灵敏度为 q_{Ldmin}，当检漏仪接在高真空侧时，其喷吹时间可由式(11-6)求得；当检漏仪接在前级真空侧时，可由式(11-8)式求得。

喷枪移动速度 v 与喷嘴直径 d 及喷吹时间 t_s 有如下关系

$$v = 10d/t_s \tag{11-12}$$

检漏时，以此式计算所得的喷枪移动速度进行喷吹，较为合适。

喷吹法检漏可采用标准漏孔法确定漏孔漏率。若已知一标准漏孔的标称漏率为 q_{L0}，将其设置在与被检漏孔基本相当的位置，用氦喷吹时的输出信号为 I_s，而用相同示漏气体在同样条件下喷吹被检漏孔时，其输出信号为 I，则被检漏孔的漏率为

$$q_1 = q_{\mathrm{L0}} \times I/I_s \tag{11-13}$$

喷吹法检漏时应注意的问题是：

① 由于氦气轻，喷吹检漏时，应从被检件上方开始检漏，逐渐向被检件下方移动喷枪；由靠近检漏仪处开始检漏逐渐移至远处；先用大气流粗检找出漏孔所在区域后，再用小气流精检以找出漏孔的确切的位置。

② 当存在两个相距很近的可疑漏孔时，应注意喷枪喷出氦气流方向(或盖住一个漏孔点)进行检漏。

③ 检出的漏孔应复查。

④ 检漏场地要有良好的通风条件，但不得影响喷枪喷出的氦气的流动方向。

(2) 氦罩法

利用检漏罩将被检件的整体或局部罩起来，检漏时先将罩内空气抽除，然后充入示漏气体，以检漏仪输出信号表征漏孔的存在和被罩部位的总漏率，其检漏装置如图 11-19 所示。

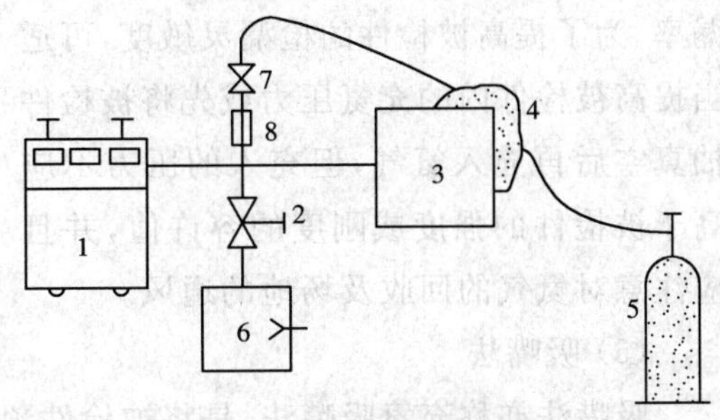

图 11-19 氦罩法检漏

1—检漏仪 2—辅助阀 3—被检件 4—氦罩 5—氦气源 6—辅助泵 7—阀门 8—标准漏孔

检漏罩可用塑料薄膜制成。对于大批量小型被检件，也可制成专用的刚性较好的检漏罩，使充入氦气压力高于大气压力，以便提高检漏灵敏度。

氦罩法的检漏结果是被罩部位的总漏率。若确定漏孔的准确位置，可再用喷吹法进行进一步检漏。如果检漏罩容积较大，应当回收罩内氦气，否则必须解决好检漏场地的通风问题，以便降低空气中的氦的分压。

(3) 检漏盒法

检漏盒法大多用于焊接件的焊缝检漏，特别是焊接件还没构成一个整体容器时更为方便，其检漏装置如图 11 - 20 所示。图中检漏盒往往是特制的能与被检件表面很好吻合的刚性盒体。

检漏时，将检漏盒罩在可疑部位上，用辅助泵抽气并使该盒与被检件表面密合。调整检漏仪，使其处于工作状态。在检漏盒所罩部位背面施加氦气，这样就可以根据检漏仪输出信号判定漏孔位置及漏率，其检漏灵敏度可用标准漏孔比较法求之。

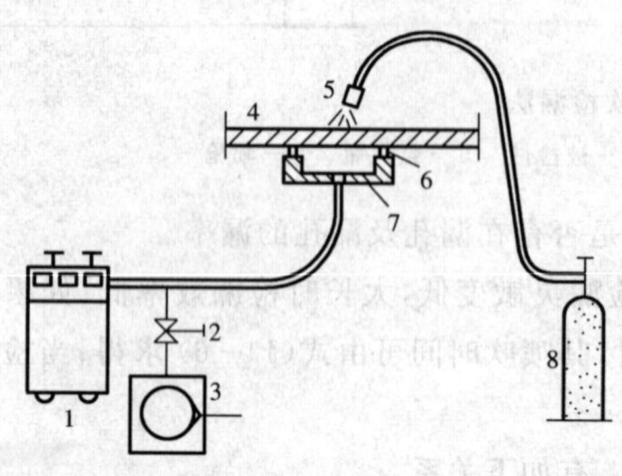

图 11 - 20 检漏盒法检漏

1 — 检漏仪 2 — 辅助阀 3 — 辅助泵 4 — 被检件
5 — 喷枪 6 — 密封圈 7 — 检漏盒 8 — 氦气瓶

设计检漏盒应满足的要求是：盒内至少能抽空至几十 Pa；盒与被检件密封可靠、扣罩方便；盒的形状与尺寸要尽可能适应于多种形式的焊缝。检漏盒的材料可以选用金属、硬塑料或硬橡胶。

(4) 充压法

充压法检漏装置如图 11 - 21 所示。将被检件放入容器内对该容器抽至低真空，调节辅助阀和检漏仪，使检漏仪处于正常工作状态。将被检件内充入氦气，如果有漏孔，氦经过漏孔逸出进入容器，并随之进入检漏仪。根据检漏仪指示可判定漏气及总漏率。为了提高被检件的检漏灵敏度，可适当提高被检件内的充氦压力或先将被检件抽真空后再充入氦气，但充入的压力不应高于被检件的强度或刚度的容许值，并且应注意对氦气的回收及场地的通风。

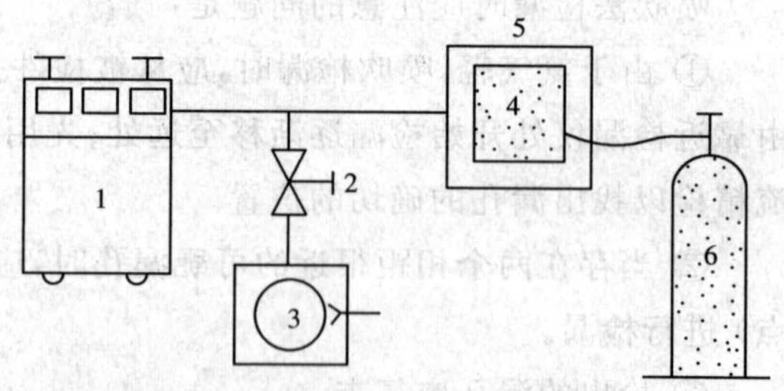

图 11 - 21 充压法检漏

1 — 检漏仪 2 — 辅助阀 3 — 辅助泵
4 — 被检件 5 — 容器 6 — 氦气瓶

(5) 吸嘴法

吸嘴法亦称充氦吸嘴法，是将被检件预先抽成真空再对其内部充入氦气，然后用以软管与检漏仪相连的吸嘴（或称吸枪）在被检件外表面可疑处逐点吻吸。若有漏孔，由被检件内流出的氦随周围空气一起被抽入检漏仪，从而产生漏气的输出指示。其检漏装置如

图 11－22 所示。

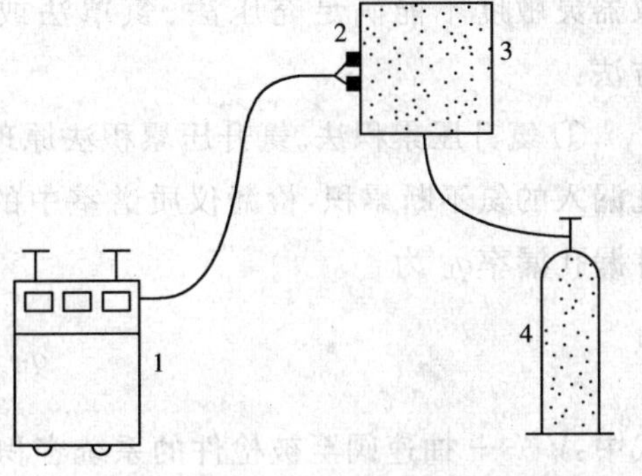

图 11－22　吸嘴法检漏

1－检漏仪　2－吸嘴　3－被检件　4－氦气瓶

吸嘴法的检漏灵敏度与检漏仪性能、充气压力、氦分压、吸嘴与被检件的距离及移动速度、连接管的通导以及辅助泵抽速等因素有关。因此该法多用于定性检漏。

吸嘴法检漏应当注意以下问题：

① 检漏灵敏度与充气的氦分压比成线性关系。在氦分压比不变的条件下，充气压力越高，最小可检漏率越低。但是，初检时被检件内切勿充入过高压力的氦气，应注意防止有大漏孔时浪费氦气及对检漏仪本底的严重干扰。因此，先以低充气压和低氦分压粗检，如有大漏孔，应立即封闭（修补或临时补漏），然后再以高压、高氦分压比精检，并且注意复检。

② 在校准检漏灵敏度时，如果大气中氦的检漏仪指示大于氦气通过标准漏孔时检漏仪指示的 30%，应该采取措施减少大气中氦的分压，否则，该灵敏度检测是没有实用价值的。

③ 吸嘴与被检件表面距离不大于 1mm，吸嘴移动速度不大于 $2cm \cdot s^{-1}$。

④ 充气压力必须在安全范围内，以防止被检件损坏和保护工作人员安全。

⑤ 检漏完毕，要回收氦，并注意检漏场地通风良好。

（6）背压法

背压法检漏系统如图 11－23 所示，其检漏原理及步骤已在前面详细论述过。这里只介绍背压检漏法的注意事项：

① 为提高检漏灵敏度，应适当提高充气压力，加长浸泡时间，缩短净化时间。

② 背压法适用于容积较小的被检件的检漏。

③ 背压法不适用于有大漏孔被检件的检漏。如果被检件上有较大漏孔，在净化时会使充入被检件内部氦流失严重，降低检漏仪输出指示，甚至检不出漏孔。

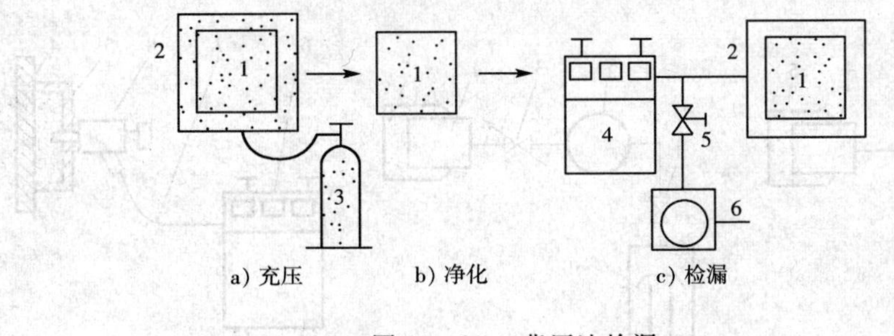

图 11－23　背压法检漏

1－被检件　2－容器　3－氦气瓶　4－检漏仪　5－辅助阀　6－辅助泵

（7）累积检漏法

对漏气和出气都不大的被检件，采用累积法检漏可以大大提高检漏灵敏度。特别是当仪器灵敏度不能满足充压法、氦罩法或吸嘴法检漏方法的要求时，可以采用如下作业方法：

① 氦升压累积法。氦升压累积法原理如图 11－24a 所示。将检漏仪的抽速阀关闭，由漏孔漏入的氦不断累积，检漏仪质谱室中的氦分压不断增高，从而提高了检漏灵敏度。被检件漏孔漏率q_L 为

$$q_L = VS\Delta I/\Delta t \tag{11-14}$$

式中：V—— 抽速阀至被检件的系统容积，m^3；

S—— 检漏仪的分压灵敏度，Pa/ 格（其值可以用标准漏孔校准得到）；

ΔI—— 检漏仪输出在 Δt 时间的变化量，格；

Δt—— 累积时间，s。

② 峰值（氦罩）累积法。采用氦罩的峰值累积法原理如图 11－24b 所示。将快速阀关闭，由氦罩漏入的氦气不断累积，经过 Δt 时间后，打开快速阀使流入检漏仪质谱室中的氦显著增多，从而提高了检漏灵敏度。被检件中的漏孔漏率 q_L 为

$$q_L = q_{Ldp}\Delta I_{max}/\Delta t \tag{11-15}$$

式中：q_{Ldp}—— 峰值累积法检漏仪的刻度，$Pa \cdot m^3$ / 格（其值可以用标准漏孔校准得到）；

ΔI_{max}—— 检漏仪输出最大变化量，格；

Δt—— 累积时间，s。

③ 峰值（吸嘴）累积法。采用吸嘴的峰值累积法原理如图 11－24c 所示。在累积时间内，流入氦罩（或检漏盒）中的氦不断累积，其分压不断增高。当打开吸嘴阀时，将有较高分压的氦流入检漏仪，提高了检漏灵敏度。如果使用标准漏孔比较法，则可由下式计算漏孔漏率

$$q_L = q_{L0}\Delta I_{max}/\Delta I_{0max} \tag{11-16}$$

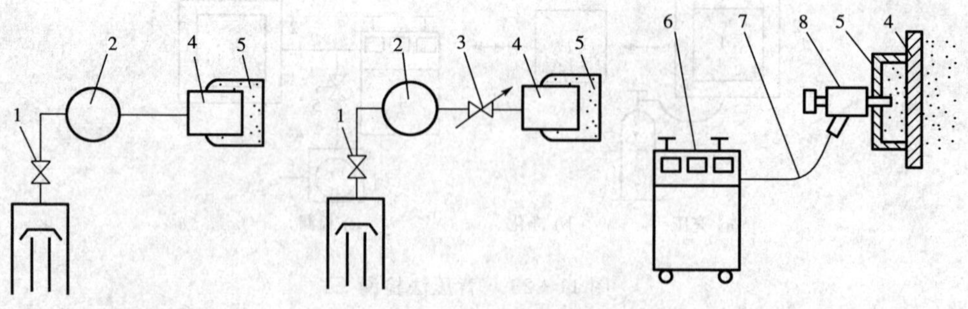

a）氦升压累积法　b）峰值（氦罩）累积法　c）峰值（吸嘴）累积法

图 11－24　累积检漏法原理

1－抽速阀　2－质谱室　3－快速阀　4－被检件　5－氦罩　6－检漏仪　7－导管　8－吸嘴

式中：q_L—— 被检漏孔漏率，$Pa \cdot m^3 \cdot s^{-1}$；

q_{L0}—— 标准漏孔的标准漏率，$Pa \cdot m^3 \cdot s^{-1}$；

ΔI_{max}、ΔI_{0max}—— 在相同检测条件下，对应于被检件和标准漏孔的检漏仪输出的峰值变化量，格。

在累积法检测过程中，应注意保持检漏仪工作状态稳定，尽量防止仪器噪声和工作压力的变化，尽可能少用或不用吸氦的橡胶、油质及塑料等材料。

(8) 选择性抽气法

采用对氮、氧、二氧化碳等抽气能力强但对氦抽气能力弱的选择性抽气方法，可以显著提高检漏灵敏度。常用的选择性抽气泵是分子筛吸附泵及钛升华泵，其检漏装置如图 11-25 所示。它的检漏原理基本与累积法相同。这种方法由于采用了选择性抽气泵，既可使累积时间明显增长，又可使检漏稳定，因此可进一步提高检漏灵敏度。其最小可检漏率可达 $3 \times 10^{-14}\ Pa \cdot m^3 \cdot s^{-1}$。

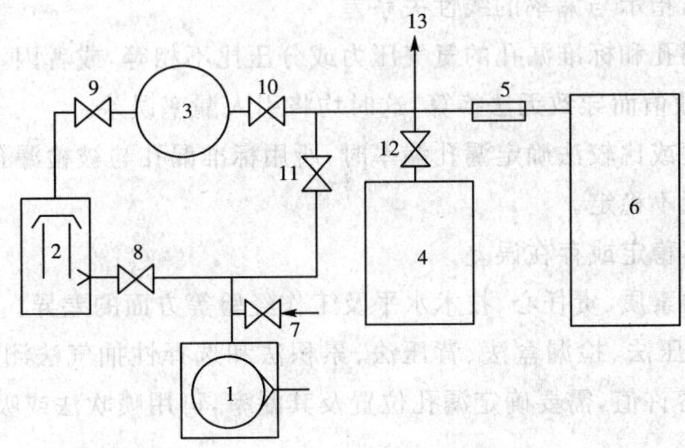

图 11-25 选择性抽气检漏法原理

1—机械泵 2—扩散泵 3—质谱室 4—分子筛吸附泵

5—标准漏孔 6—配气系统 7～12—阀门 13—接被检件

(9) 逆流氦检漏法

来自被检件的氦气由前级真空侧通入真空系统，然后逆其主泵气流方向到达高真空侧的质谱室，以这种方式进行检漏的方法称作逆流氦质谱检漏法，简称逆流检漏法。

这种方法通常使用专门的逆流氦质谱检漏仪。逆流检漏法的检漏灵敏度，主要取决于主泵对氦的压缩比。该压缩比越小，而对其他气体压缩比越大，检漏灵敏度越高。实践证明，逆流氦质谱检漏仪的主泵抽速可以小一些，可以不设置冷阱，质谱室不易污染，灯丝寿命长，所以其结构简单；被检件压力可高些（可达几十 Pa，而顺流检漏仪要求低于 10^{-2} Pa）。因此，扩展了质谱检漏仪的使用范围，尤其在工业检漏中得到了广泛应用。

除了采用逆流氦质谱检漏仪之外，真空系统较为完善的常规（即顺流）型检漏仪，经过必要的调试，也可以采用逆流法检漏。如图 11-11 所示真空系统的检漏仪（逆流检漏时关闭节流阀 12），使用时适当降低扩散泵加热功率。逆流法检漏仪器灵敏度比相同功率下顺流法检漏的仪器灵敏度高几倍至几十倍。另外，以涡轮分子泵为主泵的逆流氦质谱检漏技术研究表明，其检漏灵敏度可达 $1\times10^{-10}\,Pa\cdot m^3\cdot s^{-1}$，已接近顺流检漏灵敏度。

11.5 漏率测量的误差

在检漏工作中，不仅要正确判断被检件是否漏气，而且往往要判定其漏率大小。因此检漏工作者必须明了测量漏率时的误差来源，以便消除或降低误差，保证检漏质量。

漏率测量时，引进误差的主要因素有以下这些：

(1) 校准灵敏度时，标准漏孔所在的位置与被检漏孔的位置不同，即二者与检漏仪的距离相差较大，漏入氦气的途中损失不相等，这就导致了经二者进入检漏仪的氦气量可比性差。

(2) 所用标准漏孔的标称漏率都有一定误差。

(3) 检漏仪输出指示与漏率的线性关系差。

(4) 进入被检漏孔和标准漏孔的氦气压力或分压比不相等，或者因不能准确地给出氦气压力和分压比的数值而导致无法换算，这时均将引入漏率误差。

(5) 校准灵敏度或比较法确定漏孔漏率时，所用标准漏孔与被检漏孔气流特性不同。

(6) 检漏仪性能不稳定。

(7) 氦气纯度不稳定或存在误差。

(8) 检漏人员的素质、责任心、技术水平及工作经验等方面的差异。

当用氦罩法、充压法、检漏盒法、背压法、累积法和选择性抽气法测量总漏率时，如果被检件总漏率超过容许值，需要确定漏孔位置及其漏率，可用喷吹法或吸枪法继续检测。

11.6 真空检漏工作的注意事项

为了保证真空设备或系统具有良好的密封性能，仅仅在设备安装完毕后去寻找漏孔的位置，堵塞漏孔的通道是远远不够的。作为一名优秀的真空技术人员，有必要在真空设备或系统的设计、制造、调试、使用各个环节中随时进行真空检漏工作。现就这些环节真空检漏的工作内容及其应考虑的问题做些说明。

(1) 真空设备设计中的注意事项

① 根据设备的工艺要求，确定真空设备的总的最大允许漏率，并依据这一总漏率确定各组成部件的最大允许漏率。

② 根据设备的最大允许漏率等指标，在设计阶段就初步确定将要采用的检漏方法，并将其作为指导设备设计、加工、调试、验收的基本原则之一。

③ 根据设备或部件的最大允许漏率指标，决定设备的密封、连接方式和总体加工精度以及动密封形式(如法兰采用金属密封还是橡胶密封)等。

④ 容器结构强度设计时，应考虑采用加压法检漏被检件所应具有的耐压能力和结构

强度。

⑤ 选择零部件结构材料时，应考虑是否使用了可能被工作介质和示漏气体腐蚀而导致损坏的材料。

⑥ 结构设计时，在容器或系统上要留有必要的检漏仪器备用接口，以便在设备组装、调试过程中检漏使用。尤其是大型、复杂的管路系统，通常需要采用分段检漏方法，因此在管路上要设置分段隔离的阀门，并在每一隔离段上预留检漏仪器接口。

⑦ 零件结构设计时，尽量避免采用可能干扰检漏工作的设计方案。例如在真空室内螺钉孔不能采用盲孔形式，因为安装螺钉后螺孔内部剩余空间的气体只能通过螺纹间隙逸出，形成虚漏。从而延长系统抽气时间，干扰检漏正常进行。

⑧ 结构设计中不允许存在连续双面焊缝和多层密封圈结构，因为这会在中间形成"寄生容积"。内侧焊缝或密封圈有漏孔时，"寄生容积"内的气体会形成虚漏；当内、外双侧焊缝或密封圈同时泄漏时，"寄生容积"使示漏气体穿越双层焊缝的响应时间过长，无法正常检漏。

⑨ 焊接结构设计时，应尽量减少总装后无法检漏的焊缝。

(2) 真空设备制造过程中的检漏工作

在设备的加工阶段，有必要跟随加工工艺（尤其是焊接工艺）及时地对半成品零部件进行检漏。对于制造完毕后无法接触、检漏或修补的部件，焊缝要严格检漏，不合格的要及时重焊、补焊并重新检漏，符合要求后才可以进入下一道工序。特别是对于大容器的组焊、加工，中间过程的检漏十分关键，必要时应该设计、制造专门的检漏工具（如探漏盒、盲板等）。对于采用双层室壁水冷夹套的真空室体，最好首先组焊完内层室壁并检漏，确认没有漏孔后再组焊外层室壁。同样道理，对于室壁外侧有保温层等不易拆卸的结构，必须首先对室壁做严格检漏，然后才能包覆外层结构。

在条件允许的情况下，所有真空法兰与其接管（包括真空室体法兰与室体壁）均应采用焊后加工法兰表面的工艺。不经焊后加工的法兰，即便在安装调试阶段可能满足了密封要求，但在设备使用过程中，受热、振动等因素影响也可能诱发焊接应力的释放，从而导致法兰变形和密封性能下降。

加工制造过程中，严格执行真空作业卫生和作业规范，对于提高真空设备和系统的气密性也是很有帮助的。焊接坡口打磨成型后，经去油清洗并及时保护防止再次受到污染，将有利于提高焊缝的气密性。已经加工完成的零部件动、静密封面，应该具有保护措施，严防在存放、搬运、装配过程中发生磕碰、划伤。使用焊接波纹管、金属与陶瓷或玻璃封接件、玻璃器件等易损件时，更应精心作业，尤其要避免已经通过预检漏后被损坏而产生的漏孔。

(3) 真空设备安装调试过程中的检漏步骤

安装调试阶段是真空设备或系统检漏工作的主体。若设备焊缝的气密性已经通过加工阶段的检漏得以保证，那么在设备安装、调试过程中，检查、保证连接部位的密封性，是检漏工作的重点，包括各个管道、部件间的法兰连接和动密封件等重点可疑部位。若同时对焊缝和连接部位检漏，则检漏的工作量和难度都加大。大型、复杂真空设备最好采用分段检漏，每装上一个部件，便对其连接部位和焊缝进行一次检漏，达到要求后再装下一个部件。因为将所有部件全部装配完成后再检漏，不仅怀疑部位太多，还可能有多个漏孔同时漏气，给总体检漏带来极大困难。

真空设备安装调试过程中的检漏步骤如下：

① 了解待检设备的结构组成和装配过程。掌握设备的要求，查明需要进行检漏的重点可疑部位。

② 根据所规定的最大允许漏率以及是否需要找出漏孔的具体位置等要求，并从经济、快速、可靠等原则出发，正确选择好检漏方法或仪器，准备好检漏时所需的辅助设备后拟定切实可行的检漏程序。

③ 应对被检件进行清洁，取出焊渣、油垢后再按真空卫生条件进行清洁处理，并予以烘干。对要求高的小型器件，清洁处理后应通过真空烘干箱烘烤，这样不但可以避免漏孔不被污物、油、有机溶液等堵塞，而且也保护了检漏仪器。

④ 对所选用的检漏方法和检漏设备进行检漏灵敏度的校准，并确定检漏系统的检漏时间。

⑤ 采用真空检漏法时，为了提高仪器的灵敏度，应尽可能将被检件抽到较高真空。

⑥ 在条件允许的情况下，应尽可能优先应用较为经济和现场具备条件的检漏方法。

⑦ 采用氦质谱检漏设备检漏时，对于检漏要求不高的或有大漏产生的被检件，在检漏初期应尽量用浓度较低的氦气进行检漏，然后再进行小漏孔的检漏，以节约氦气。

⑧ 对已检出的大漏孔及时修补堵塞，然后再进行小漏孔的检漏。

⑨ 对检出并修补的漏孔进行一次复查，以确保检漏结果达到要求。

(4) 真空设备使用过程中的注意事项

在真空设备使用运行阶段，时常出现设备气密性下降、总体漏率上升的情况，它势必影响真空设备的正常工作。造成这种现象的原因包括：机械振动造成连接部位松动；经常拆卸部位的密封圈可能损坏或安装不正确；由于冷、热冲击而发生变形和疲劳破坏；某些部件或材料因受工作介质的腐蚀而损坏；某些原本被水、油或其他脏物堵塞的漏孔重新释通；应力集中而造成裂纹，等等。

正确使用真空设备，应该将检漏工作纳入真空设备日常维护、管理规范之中，例如定期做静态升压检测实验。操作人员发现设备气密性下降应及时解决，根据设备使用情况和故障现象来分析泄漏原因，并采取适当的检漏手段，检出漏孔位置，及时修补。不要等到设备出现多种、多处泄漏，已经无法正常工作时再去检漏维修。另外，平时准备充足的密封备件，定期(而不是出现问题后) 更换易损件，也是做好真空检漏工作、保证设备正常运行的主要措施。

12 标准漏孔

12.1 标准漏孔及其常用的结构形式

所谓标准漏孔，就是专门为真空检漏及校准工作而制造、能够在一定条件下向真空系统内部提供已知气体流量的元件。标准漏孔的规格就是所提供的气体流量（即漏率），一般要指明所对应的气体种类、温度、压力等条件。如果不特别指明，则指温度为 296K ± 3K，入口压力为 1.01×10^5 Pa，出口压力低于 1×10^3 Pa 的干燥空气（其露点温度低于 248K）的漏率。

为了校准各种检漏仪器的灵敏度和标定检出漏孔的大小，在真空检漏技术中采用标准漏孔的办法。此外，还可以采用精密的标准漏孔来完成对真空泵抽速的测量及真空计的校准等。目前所采用的标准漏孔主要有两种类型，一种是实漏型，另一种是虚漏型。前者有金属压扁型、玻璃毛细管型、玻璃—铂丝型等，后者则有薄膜渗氦型、放射性型等。几种常用的标准漏孔如图 12-1 所示。

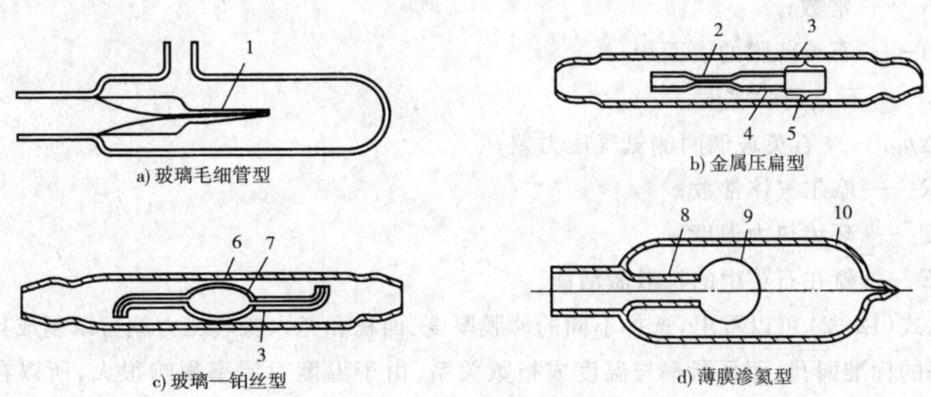

图 12-1 几种常用标准漏孔的结构

1—玻璃毛细管 2—漏孔（无氧铜） 3—11# 玻壳 4—可伐管 5—8# 玻璃

6—玻璃接头 7—铂丝 8—过渡接头 9—石英薄膜 10—氦室（11# 玻璃）

如图 12-1a 所示的玻璃毛细管型标准漏孔是用局部拉细的玻璃毛细管制成的，其漏率为 10^{-4} Pa·L·s^{-1}。

如图 12-1b 所示的是金属压扁型标准漏孔，这种漏孔通常用无氧铜管或可伐管通过模具压制而成，具有制作简单、性能稳定、不易堵塞等特点，其漏率为 10^{-3} Pa·L·s^{-1}。

如图 12-1c 所示的是玻璃—铂丝标准漏孔，它是利用玻璃与铂丝的不匹配封接制成的。当铂丝直径为 0.1 ～ 1.5mm、封接长度为 5 ～ 10mm 时，漏率约为 10^{-7} Pa・L・s^{-1}。当温度改变时，其漏率会变化。若 296K 的漏率为 $q_{L,296}$，则温度 T 时的漏率为

$$q_{L,T} = f(T)q_{L,296} \tag{12-1}$$

式中，$f(T)$ 的曲线如图 12－2 所示。

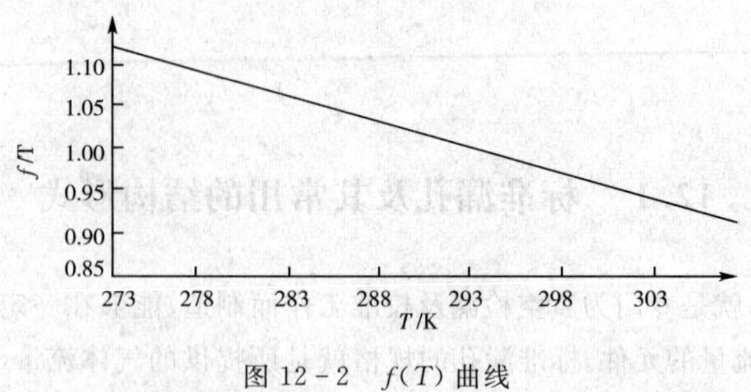

图 12－2 $f(T)$ 曲线

图 12－1d 所示的是带氦室的薄膜渗氦型标准漏孔，是将石英玻璃吹制成一定直径和厚度的薄膜球泡，利用石英玻璃具有较强的渗氦能力而制成的。氦室内的氦气压力通常为 10^5 Pa 左右，它的漏率一般为 10^{-2} ～ 10^{-6} Pa・L・s^{-1}。当氦在石英玻璃中的扩散达到稳定状态时，沿垂直器壁方向的渗氦量可用下式描述

$$q_{LHe} = KA\frac{\Delta p_{He}}{b}\exp(-\frac{E}{RT}) \tag{12-2}$$

式中：K—— 常数；

A—— 石英薄膜的表面积；

b—— 石英薄膜厚度；

Δp_{He}—— 石英玻璃两侧氦气压力差；

R—— 摩尔气体常数；

T—— 环境热力温度；

E—— 氦在石英中的扩散激活能。

从式(12－2)可以看出，选择不同的薄膜厚度、面积和充入氦气压力就可以制成具有不同漏率的标准漏孔，而且漏率与温度成指数关系。由于温度对漏率影响很大，所以在使用时应注意修正由于温度变化所带来的影响，并且可以利用漏率与温度有关的这一性质把石英薄膜渗氦型漏孔做成漏率可调的漏孔。

例如，一支在 0℃ 时漏率为 1.14×10^{-3} Pa・L・s^{-1} 的石英薄膜渗氦漏孔，当温度升高到 200℃ 时，漏率可变成 6.8×10^{-4} Pa・L・s^{-1}，其变化值可达两个数量级。但是这个变化过程较慢。由于这种漏孔在进气端的压力改变时，重新建立稳定的氦流量需要较长的时间，所以这种漏孔制成带氦容器结构形式是必要的。

薄膜渗氦型标准漏孔所具有的特点是性能稳定、抗污能力强、完全没有被堵塞漏孔的现象。但随着使用时间的增长，氦室内氦压力逐渐下降，漏率将逐年递减。

12.2 标准漏孔的校准

在制造标准漏孔的过程中，需要对其漏率做精确的校准。由于流经标准漏孔的流量特别微小，因此标准漏孔的校准实际就是测量微小流量的问题。其测量方法较多，但是最常用的方法主要有两种，即定容升压法和氦质谱检漏仪比较法。

所谓定容升压法，实际就是前面述及的静态升压法。只是由于被校漏孔的漏率通常较小，因此要求测量过程的精度更高，并尽可能消除系统放气和本底漏气所造成的误差。测量时还要充分考虑气体种类、温度、湿度的影响。在测试中所选用的标准气体，是指露点低于 248K 的干燥空气或氮气，若采用其他气体，则所得结果为相应气体的校准漏率，而不能称为标准漏率。

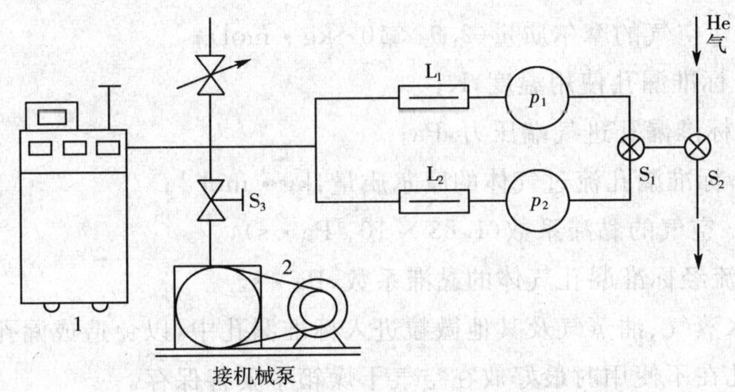

图 12-3　氦质谱检漏仪比较法校准系统

氦质谱检漏仪比较法实际是利用氦质谱检漏仪和一个已知漏率的标准漏孔，来比照求出另一个标准漏孔的实际漏率的方法。氦质谱检漏仪比较法校准系统如图 12-3 所示。在检漏仪工作条件不变的情况下，先后测出已知漏孔 L_1 和待校漏孔 L_2 的进气氦压和信号，则待校标准漏孔的漏率为

$$q_{L,02} = \frac{I_2 - I_0}{I_1 - I_0} q_{L,01} \tag{12-3}$$

式中：$q_{L,01}$，$q_{L,02}$—— 分别为已知标准漏孔 L_1 和待校漏孔 L_2 的漏率；

p_1、p_2—— 分别为 L_1、L_2 的进气端氦压；

I_1、I_2—— 分别为 L_1、L_2 的输出信号；

I_0—— 检漏仪本底信号。

12.3 标准漏孔使用中应注意的问题

(1) 必须强调，标准漏孔的标称漏率是指在特定条件下的漏率值，而这些条件如不加说明的话，则是指温度为(23 ± 3)℃、漏孔进气端压力为标准大气压力(1.01×10^5 Pa)、出

气端压力低于 10^3 Pa、通过干燥空气(露点低于 -25℃) 的漏率。若标准孔的使用条件与上述规定不符时,其漏率值就不是标准漏率,应通过换算求得。

当漏孔中的气流为黏滞流时,其漏率应为

$$q_L = q_{L0} \frac{p^2 \eta_{air}}{p_0^2 \eta} \tag{12-4}$$

当漏孔中的气流为分子流时,其漏率应为

$$q_L = q_{L0} \frac{p}{p_0} \sqrt{\frac{M_{air}}{M} \frac{T}{T_0}} \tag{12-5}$$

上两式中:q_{L0}—— 标准漏孔的漏率;

T_0——296K;

p_0——1.01×10^5 Pa;

M_{air}—— 空气的摩尔质量(2.9×10^{-3} kg·mol);

T—— 标准漏孔使用温度,K;

p—— 标准漏孔进气端压力,Pa;

M—— 标准漏孔流过气体的摩尔质量,kg·mol^{-1};

η_{air}—— 空气的黏滞系数(1.83×10^{-5} Pa·s),

η—— 流经标准漏孔气体的黏滞系数,Pa·s。

(2) 应防止水蒸气、油蒸气及其他微粒进入标准漏孔中,以免造成漏孔的堵塞。

(3) 标准漏孔在不使用时最好放在空气干燥箱中妥善保存。

(4) 标准漏孔使用时间过长时,其漏率值可能改变,应重新校准。

(5) 标准漏孔应尽量避免在振动较大、温度易于升高的条件下使用,以免发生振裂、炸裂或发生原件几何尺寸变化,引起漏率的改变。

(6) 标准漏孔安装时应小心,安装要牢靠,其位置既应选择合理,使用方便,又要尽量避免易于被人、工具和落下物碰撞或击坏。

(7) 标准漏孔堵塞后,可在抽空条件下采用缓慢烘烤的办法使其疏通,但不可使用火花检漏仪加热标准漏孔。疏通后的标准漏孔须经重新校准后方可使用。

13 真空测量仪器电路

真空测量仪器有相当一部分是间接测量，而间接测量仪器主要由传感器（如真空规管）及测量、控制电路等组成。传感器是仪器的核心，决定仪器的工作原理。它将表征气体压力的量转换成电量；测量电路对已获取的被测信号进行变换和放大，供指示器指示出测量结果，或供记录仪记录下历史数据；特别地，测量过程中可能还需对系统运行状态进行控制，这时就必须配备控制电路单元。

在全面认识了真空传感器的基础上，本章介绍一些常用真空仪器的测量与控制电路。这些电路有模拟式的，也有数字式的、微机化的，基本反映了目前广泛使用的真空测量仪器的现状。

13.1 WZK—1A 复合真空计

复合真空计的测量电路由热偶真空计电路和电离真空计电路两部分组成，其原理图如附图 1 所示。

13.1.1 热偶计电路

热偶管在工作时，要求热丝上的电流保持恒定不变。因此，热偶计的电路主要为一恒流源电路。它由变压器 B_1 的副绕组 11 ～ 13、整流桥 ZL、电容器 C_{10}、电阻 R_{28} ～ R_{30}、W_6 等组成。选取基础电阻远大于热偶规管热丝电阻，就可达到热丝电流稳定的目的。

13.1.2 电离计电路

电离计电路是由加速极电源电路、发射电流稳定电路和离子流放大器组成的。

(1) 加速极电源电路

它是由变压器副绕组 4 ～ 5、整流管 G_1(6Z4)、滤波电容 C_4 及稳压管 G_2(WY2)、G_3(WY1) 组成。输出 250V 直流高压，加到规管加速极上。

(2) 稳发射电路

稳发射电路由放大管 G_5(6J1)、调整管 G_6、G_7(6P1)、变压器 BL—2、电阻 R_{23}、R_{32}、R_{33} 等组成。发射电流正常时为 5mA，该电流流经 R_{13}、R_{12}、R_{11}(共约 5.1kΩ) 将产生 25V 电位降，作为电离计规管阴极对收集极的正电位。该电位加在放大管 G_5 的控制栅极上，而放大管的阴极电位是由稳压管供给的，可作为参考电压。当发射电流 I_e 增加时，放大管 G_5 的控制栅电位增加，其板极电位下降；而放大管 G_5 的板极与调整管 G_6、G_7 的阴极相连，且调整管阴极电位降低，而调整管的栅极电位是稳定不变的，因此放大管的板极电位降低即调整管阴极电位降低，使调整管板极电流增加；于是变压器 BL－2 初级电流也随之增加。由于初级线圈回路中串联有 R_{23}、R_{32}、R_{33}，因初级电流增加其上电压降将增加，从而使变压器 BL－2 初级电压降低，于是规管灯丝加热电压降低，即发射电流降低，使发射电流又稳定在 5mA。如果发射电流减少，则其控制过程与上述相反，从而使发射电流保持在 5mA。

13.2 DC－3 型超高真空计

DC－3 型超高真空计电气原理图如附图 2 所示。其功能是满足电离规管正常工作的电参数，并显示被测真空度高低，其电路包括 DG－1 型电离规管、阴极发射电流稳定电路、离子流放大电路、保护电路、直流稳压电路等。

13.2.1 电离规管

DG－1 型电离规管为 BA 型热阴极电离真空规管，其发射电流为 1mA，收集极对阴极电位为－100V。测量时，栅极对地加有 250V 高压（即栅极对阴极为＋150V）；除气时，栅极加 600V 高压，靠电子流轰击栅网而除气，轰击电流约 80mA；阴极对地为＋100V 电位。

13.2.2 阴极发射电流稳定电路

经变压器 B 将电网电压降压为 2×13V，经二极管 D_{26}、D_{27} 全波整流，D_{28} 倍压整流，通过晶体管 $BG_{14\sim20}$ 组成的串联负反馈稳压电路，进行发射电流连续调节，实现发射电流稳定。

发射电流稳定电路为连续式稳流电路，它是由下述具体电路组成的：

① 基准电路。由稳压管 D_{25} 及电阻 R_{59}、R_{60} 组成，提供一个 100V 稳定的基准电压。

② 取样电路。阴极发射电流 I_e 流过电阻 R_{55}，形成反映发射电流变化的信号电压；电阻 R_{65}、R_{66} 形成电网电压取样电路。

③ 阻抗变换电路。由晶体管 BG_{14} ～ BG_{16} 组成复合管射极输出电路，具有高的输入阻抗和低的输出阻抗。

④ 比较放大电路。晶体管 BG_{17} 将基准电压和信号电压进行比较放大，并控制调整电路；晶体管 BG_{18} 形成另一信号回路的比较电路。

⑤ 调整电路。由晶体管 BG_{19}、BG_{20} 组成。

⑥ 保护电路。由二极管 D_{29} 和晶体管 BG_{18} 分别构成晶体管 BG_{17} 反相电压保护和规管阴极过流保护。

该电路具有手动调节规管发射电流和自动稳定规管发射电流的双重功能。

（1）手动调节功能

手动调节发射电流调节电位器 R_{60}，例如使 R_{60} 的中心抽头移向右端时，使 BG_{14} 的基极电位变正，故其集—射极电流增大，从而复合管 $BG_{15\sim16}$ 的集—射极电流增大，二极管 D_{29} 及电阻 R_{63} 上的电流也就加大，随之 R_{63} 上的压降增大；它使 BG_{17} 基极电位变正，而集—射极电流减少，于是电阻 R_{64} 上的电流减少，其压降亦减少；复合管 $BG_{19\sim20}$ 基极电位变负，集—射极电流增大，管压降 U_{CE20} 减少；加在规管 DG－1 上的电压增加，灯丝电流增加，灯丝温度上升，使发射电流增加。

反之，要想减少发射电流，可使发射电流调节电位器 R_{60} 的中心头向左移，控制过程与上述相反。

复合管 $BG_{14\sim16}$ 系硅管，其导通时 U_{CE14} 一般只有 0.7V，三只管子串联复合也只需 2.1V 就够了，这里为什么在发射电流调节电位器 R_{60} 两端加上 200V 的电压呢？从附图 2 中可以看出，当我们把发射电流调节电位器 R_{60} 的中心头由接地点之零电位开始右移，加到 BG_{14} 管基极上的电位随之升高，规管DG－1 的发射电流也随之增大，于是，连接规管灯丝的电阻 R_{55}（100kΩ）的压降因流过其上的发射电流增大而增加，其极性是接地端为负，接灯丝端为正。当发射电流调到规管要求的发射电流为 1mA 时，$U_{R55}=100V$，即规管灯丝对地电位为 100V，而此＋100V 恰好通过 BG_{17} 的发射极－基极，再通过二极管 D_{30} 加到复合管 $BG_{14\sim16}$ 的发射极。也就是说，当发射电流达到 1mA 时，复合管 $BG_{14\sim16}$ 的发射极对地电位大约为 100V 正电位。因此，如果复合管 $BG_{14\sim16}$ 的基极电位不调到 100V 以上，复合管便不能工作。或者说，如果复合管 $BG_{14\sim16}$ 的基极电位不能调到＋100V 以上，那么规管 DG－1 的发射极电流就达不到 1mA，不能保证规管正常工作时所需要的发射电流值。另外，如果发射电流调不到 1mA，则规管灯丝对地电位也就升不到＋100V，因而规管 DG－1 的收集极对灯丝应该具有的－100V 电位就不能保证，仪器便不能正常工作。因此，复合管 $BG_{14\sim16}$ 的基极必须加＋100V 以上的电位。

在"发射"和"测量"时，规管 DG－1 的加速极加＋250V 高压（加速极对灯丝电压为＋150V），由变压器 B 的 300V 副绕组输出的交流电压经 D_{22} 半波整流获得。

在规管除气时，加速极加有＋600V 高压，它是由变压器 B 的 600V 副绕组输出的交流电压经 $D_{18\sim21}$ 全波整流后供给的，除气电流约 80mA。

(2) 发射电流自动稳定

规管发射电流的稳定由两个单元电路来完成：

其一为晶体管 BG_{18} 和复合管 $BG_{19\sim20}$ 及电阻 R_{64}、R_{67} 所组成的电路。

当某种原因使规管 DG－1 灯丝回路电流增大，即阴极加热电流增大时，流过电阻 R_{67} 上的电流也随之增大，其电位降也就增大，极性是左端为正右端为负。而此负端又直接连接着晶体管 BG_{18} 的基极，其发射极通过耦合电阻 R_{65}、R_{66} 接到 R_{67} 的左端（正电位），由于 R_{67} 上压降增大，使 BG_{18} 的基极电位变得更负，于是，BG_{18} 的 I_{CE} 也随之增大，此电流流经 BG_{18} 的负载电阻 R_{64}，所以 R_{64} 上的压降也增大，极性是上端为正下端为负，从而使复合管 $BG_{19\sim20}$ 的集—射极电流减小。这样一来，就恰好抵消了原来增加的那一部分电流，使得灯丝加热电流保持相对稳定不变，从而达到自动稳定发射电流的目的。但当加热电流过流时，使 $BG_{19\sim20}$ 截止，起保护作用。

反之，当某种因素使规管灯丝电流减少时，控制过程恰好与上述相反，同样也可以达到自动稳定发射电流的要求。

其二为复合管 $BG_{14\sim16}$、BG_{17} 及有关元件 R_{55}、R_{60} 等组成的电路单元。

首先分析一下复合管 $BG_{14\sim16}$ 的功能。由电子学中知道，一般采用复合管的目的是提高电流放大倍数 $\beta(=\beta_1\cdot\beta_2\cdot\beta_3)$，也就是说，在复合管的第一只管子的基极上注入较小信号电流，在复合管的末级就能得到很大的信号电流。因此，一般的复合管的第一级都采用小功率管，而末级则采用大功率管。但在此电路中，复合管 $BG_{14\sim16}$ 却用了三只小功率管 3DG404A 组成，显然它的目的不是为了提高电流放大系数，获得大功率输出，而是取其高输入阻抗和低输出阻抗的特性。

由复合管 $BG_{14\sim16}$ 可以看出，它不是从集电极取输出，而是由发射极取输出，系射极电路。大家知道，射极输出器具有高输入阻抗和低输出阻抗的特性。显而易见，由三只晶体管复合而成的射极输出器，其输入阻抗更高，输出阻抗更低，是根据该电路的特殊要求而设计的。因为晶体管 BG_{17} 的基极输入阻抗一般很低，约几百欧姆，所以要求前级的输出阻抗要低，这样才能达到良好的级间匹配。为此，前级复合管 $BG_{14\sim16}$ 采用了多级复合管组成的射极输出器来满足这一电路要求。

$BG_{14\sim16}$ 的输入回路由电位器 R_{60} 和电阻 R_{55} 组成，电位器 R_{60} 一端接地，中心抽头通过电阻 R_{62} 接到复合管 $BG_{14\sim16}$ 的基极，R_{60} 最大可调到 150kΩ，另外，R_{55}（100kΩ）是规管 DG－1 灯丝接地电阻，一端接地，另一端通过 R_{67}、BG_{17} 的 R_{EB}、D_{29} 的反向电阻接到复合管 $BG_{14\sim16}$ 的发射极。这样，当 R_{55} 上有发射电流（规管 DG－1 的工作电流）通过时，其上就有电压降产生，当规管的发射电流为 1mA 时，R_{55} 上有 100V 的电压降，其正端经 BG_{17} 和 D_{29} 接到复合管 $BG_{14\sim16}$ 的发射极上。当 R_{60} 的滑动头接近地电位时，$BG_{14\sim16}$ 基极不会有电流流入，只有其滑动头向高电位移动到 100V 时，$BG_{14\sim16}$ 的基极才能得到合适的偏置电流。基极电位变化这样大（0 ～ 100V）才开始有基极电流，可见它的输入阻抗是很高的。设计这样高的输入阻抗，是因为规管 BG－1 工作时其收集极对阴极必须有 100V 的负电位，因收集极是接地的，所以 R_{55} 上应有 100V 的电压降。当规管的发射电流调整为 1mA 时，R_{55} 上的 100V 电位差也就确定了。这时，只要 BG_{14} 的基极电位比 BG_{16} 的发射极电位高 $3\times0.7=2.1$V，复合管就处在正常工作状态。

下面分析一下这部分电路是如何实现自动稳定规管发射电流的。当规管 DG－1 的发射电流不能维持 1mA 时，发射电流的起伏引起 R_{55} 上的电位降也有波动，这就成为稳发射电路的控制信号，这个信号一般都很小，但配合 $BG_{14\sim16}$ 的高输入阻抗，则可形成大的信号。当规管的发射电流超过 1mA 时，则 R_{55} 上的压降将超过 100V，复合管 $BG_{14\sim16}$ 的发射极电位也将超过 100V，但基极电位不变，因此造成基极对发射极电位相对降低，故注入基极电流减小，这相当于把电位器 R_{60} 的滑动头移近接地点一样，使规管 DG－1 发射电流自动减少，如果电路调整得合适，那么减少的这部分发射电流，恰好等于原来发射电流增加的那一部分。反之，当发射电流减少时，通过与上述相反的过程，又会使发射电流增加，从而达到稳定规管发射电流的目的。

(3) 二极管 D_{29} 的作用

D_{29} 的作用是反向保护，使复合管 $BG_{14\sim16}$ 不受反向击穿而损坏，同时也保护了晶体管 BG_{17}。当发射电流调节电位器 R_{60} 的中心头向右移动，使规管 DG－1 的发射电流为 1mA 时，R_{55}(100kΩ) 上将有 100V 电压降，灯丝为正地为负，于是复合管 $BG_{14\sim16}$ 的发射极对地有 100V 正电位。在这种情况下，如果把电位器 R_{60} 的中心头以很快速度旋到左端地电位(这种情况是常遇到的)，那么，因规管灯丝热惯性所致，规管的发射电流不能立即下降到零，所以 R_{55} 上的电压也不能立即下降为零，须延迟一段时间才能逐渐下降为零。这种情况一旦发生，如果没有 D_{29} 作反向保护，在 R_{60} 中心点迅速回到地电位的一瞬间，100V 或缓慢下降的高压会立即把复合管 $BG_{14\sim16}$ 的发射极与基极击穿。

加了反向二极管 D_{29} 后，由于它的反向击穿电压高于 200V，不仅保护了复合管基极不受反向击穿，同时也保护了 BG_{17} 基极不受正向高压的损坏。

13.2.3　离子流放大电路

离子流放大器由 DC－2 型静电计管作为前置放大器进行差动放大，再经 $BG_7 \sim BG_{11}$ 组成的二级差动放大和一级射极输出，从而实现离子流放大，供后继显示电路使用。

离子流放大器采用三级差分电路，目的是为了较好地克服放大器的零点漂移。关于怎样克服零点漂移过程，在电子学中已有详细叙述。这里着重分析一下放大器的工作过程。

(1) 调零

把倍率开关 K_4 旋到“调零”处，使 BG_7 的输出与静电计管的输入短路，调节电位器 R_{26} 使电路平衡，电表 GB 指示为零。电位器 R_{21} 是通过调反馈量调节放大倍数的，为机内调节。

(2) 放大过程

把倍率开关旋到测量各档位置时，则有信号(即离子流) 输入放大器。当输入信号使静电计管右边的控制栅极的电位上升(相对阴极) 时，第一个板极电流 I_{a1} 增加，板极电位 U_{a1} 减小。

由于 I_{a1} 增加，R_{30} 上的压降增加，使静电计管左边的控制栅极相对阴极电位减小，于是第二板极(左边) 电流 I_{a2} 减小，故其板极电位 U_{a2} 增加。

这样，静电计管两个板极有差分放大信号输出，分别送入晶体管 BG_{10} 和 BG_{11} 的基极。由于 U_{a1} 下降，所以 BG_{10} 的基极电位降低，其集电极电流 I_{C10} 增加，集电极负载电阻 R_{23} 上的电压降增大，集电极电位 U_{C10} 增加；相反 BG_{11} 的集电极电位 U_{C11} 减小。这样，输入信号经过第二级差分放大输出。

被两极放大的差分信号送入晶体管 BG_8 和 BG_9，U_{C10} 增加使 BG_8 的基极电位上升，所以 BG_8 的集电极电流 I_{C8} 降低，其负载电阻 R_{19} 上的电压降减小，故集电极电位 U_{C8} 降低。相反，可知 U_{C9} 增加。

经过第三级放大的信号，只取用 BG_8 集电极上信号送入晶体管 BG_7。应当注意，虽然在 BG_8 和 BG_9 这一级差动放大中，我们只取了 BG_8 集电极上的信号单端输出，但是由于 BG_8 和 BG_9 两管发射极公共电阻 R_{18} 的存在，使得该级对零漂信号有很强的负反馈作用，所以仍然可以使得输出端的零点漂移，比单管放大电路的零漂减少 1 ～ 2 个数量级。由于输出电压不是两管输出电压的相减，所以两管的零漂不能完全抵消。

(3) 射极输出器

BG_7 是一个射极输出器，主要用来作阻抗变换，把较高的输入阻抗，变成较低的输出阻抗，以配合表头 CB 指示的需要。

晶体管 BG_7 的基极接收 BG_8 集电极送来的信号。由于 U_{C8} 降低使 BG_7 的基极电位下降，于是 BG_7 的集电极电流 I_{C7} 增加，而其射极电位 U_{C7} 降低，使得接在 BG_7 射极回路里的电表指示增大。

相反，当离子流输入变小时，放大过程与上述相反，使得电表指示减小。

(4) 放大器的负反馈

负反馈的优点是众所周知的，它可以使放大器的放大倍数稳定，压低放大器内部的噪声，从而使输出电平更稳定。本放大器三级差分放大均采用公共阴极（或射极）电阻进行信号负反馈。而射极输出器 BG_7 更是一个 100% 的电压负反馈。而从整个离子流放大器来看，又采用了输出电压100%的负反馈，把 BG_7 射极输出的 U_{C7} 通过电阻 R_{32} ～ R_{38} 和 R_{31} 直接送到静电计管的栅极。由于 U_{C1} 和 U_{C7} 的极性相反，故为负反馈；由于输出信号 U_{C7} 全部反馈到输入端，故是100%的电压负反馈。所以，该放大器的电压放大倍数接近为1，但电流放大倍数很大，为 10^7 倍。

13.2.4 保护电路

保护电路由延时电路和超程保护电路两部分组成。

(1) 延时电路

本仪器所用电路的延时，就是要延迟继电器 J_1 的吸合时间。因为在晶体管与电子管混合组成的小电流放大器中，静电计管阴极预热需要一段时间，而晶体管只要一通电就能立即工作。不设延时放大器会在开始的一段时间内失去平衡，造成打表（即表针大幅度摆动）的现象。为避免打表，必须设计延时电路。

实现延时的方法是，在晶体管 BG_{12} 的基极与基极电阻 R_{50} 和 R_{48} 中间，接上一个大电容 C_{13}，另一端与该管发射极相接。我们知道，电容器两端的电位不能突变，需要一段充电时间。开机时，C_{13} 两端的电位为零，即 BG_{12} 基极与发射极电位相等，该管不能工作，集射极之间无电流，所以接在 BG_{12} 集电极回路中的继电器 J_1 的励磁线圈中，也就没有电流通过，故不能吸合，于是 J_1 的触点 4 与 8(c 与 d)、2 与 6(即 a 与 a) 呈常断状态，使其后有关电路不能工作。过几秒钟后，电容器 C_{13} 充电结束，两端建立起一定的电位，晶体管 BG_{12} 的基极开始有偏流注入而工作，于是继电器 J_1 吸合，触点 4 与 8 接通（即 c 与 d 接通）使发射调节电位器中心头与复合管 BG_{14} 基极接通，规管工作；触点 2 与 6 接通（即两个 a 点接通），使表头接入电路有指示。另外，继电器 J_1 一旦吸合，其励磁线圈的电流就不再从 BG_{12} 的集－射极通过而直接由触点 5、10 来构成回路，从而保护了 BG_{12} 管。

(2) 超程保护电路

当系统的真空度还处在较低状态时，如果误把量程开关旋至较高档上时(或系统突然破裂，真空度急剧下降时)，就会造成放大器的输入信号过强，输出很大，从而打表。这种现象，称为超程。为避免这种现象发生，本仪器设计了超程保护电路。

一旦超程时，晶体管 BG_{17} 集－射电流很大，管压降很小，于是其发射极电位突然变负，促使稳压二极管 D_{17} 反向击穿，使得电阻 R_{53} 上开始有电流通过，产生电位降，极性是上负下正，再通过电阻 R_{52} 加到晶体管 BG_{13} 的基极上，使它导通，此时，串接在晶体管 BG_{13} 集电极上的继电器 J_2 线圈中的电流突增，造成吸合。J_2 一经吸合，则：

①J_2 上的触点 1 与 6 断开，即 c 与 d 断开，发射调节中心点与复合管 BG_{14} 的基极断开，电离计管 DG－1 不能工作，保护了规管。

②J_2 上的触点 4 与 8 接通，使得 f 点与 e 点短路。相当于使晶体管 BC_{17} 的集电极与发射极短路，于是复合管 BG'_{20} 被封闭不工作。e 与 f 短路后，复合管 BG'_{20} 的基极直接接正电位，而其发射极则须经过 R_{67} 及规管灯丝，故发射极电位比基极电位还要负一些，因此复合管 BG'_{20} 被封闭，内阻很大，无电流通过，保护了规管灯丝。

③J_2 上的触点 5 与 10 接通，使 BG_{13} 的集电极与发射极短路，不再工作，起保护该管的作用。

④J_2 上的触点 7 与 12 接通，面板上的红色报警指示灯亮。

当故障排除以后，只需用手指按一下面板上的开关 K_3，继电器 J_2 断电，仪器便可恢复正常工作。

13.2.5 直流稳压电路

在 DC－3 超高真空计电路中，离子流放大器的电源、DG－1 规管的栅极电压和阴极发射电流稳定电路，采用了直流稳压电路进行电压稳定。因为规管栅极电压的稳定度要求不高，故采用稳压管 D_{23}、D_{24} 进行稳压，输出 250 伏直流稳定电压，满足 DG－1 电离规管对栅极电压要求。阴极发射电流的设定电压的稳定度要求较高，故采用二极稳压，即将经稳压管 D_{23}、D_{24} 稳定的 250 伏直流电压，再经稳压管 D_{25} 稳压后，通过电位器 R_{60} 获取。

供给离子流放大器的直流电源由两部分电路完成。第一部分是由晶体管 BG_1 ～ BG_6 组成的串联负反馈稳压电路，第二部分是由稳压管 D_{12} ～ D_{14} 组成的二级稳压电路，二者的正负极连起来。一个放大器为什么要用两种不同类型的稳压电源?这主要是由于放大器本身的需要：离子流放大器的前置放大器由静电计管构成，其电源电压若不稳定，板极就会有虚假的信号输出，经后边的多级放大后，便会造成很大的测量误差，故要采用稳定度比较高的稳压电路。能不能只用这一组电源?不行，因为静电计管的栅极对地应是零电位，而且晶体管 DG_7 的发射极，在调整表头零点时，对地也应该是零电位，因此需要把两组电源的连接点接地；上面的电源对地是正电位(适应静电计管板极的要求)，而下边的电源对地则是负电位(适应 PNP 型晶体管集电极的需要)，这样，也恰好适应射极输出器 BG_7 在有输出信号时，能够让其发射极电位变负的需要。

下面再来分析一下串联负反馈稳压电路的稳压过程。当电网电压上升时，则输出电压U_{SC}升高，经取样电路$R_{10}\sim R_{12}$取样后，使加到晶体管BG_6的基极电位提高，使得基极电位比发射极电位相对提高，故I_{C4}增加（因是NPN型管）。从而U_{C6}降低，引起BG_4基极电位下降，使I_{C4}降低；然而，对于晶体管BG_5来说，则由于BG_6集－射电流的增加，使得射极公用电阻R_8上的电位降增大，故使BG_5射极电位提高，趋近于基极电位（基准电压），所以I_{C5}降低，U_{C5}增加，引起晶体管BG_3之基极电位上升变正，于是其集电极电流I_{C3}增大。

晶体管$BG_{3\sim4}$组成的电路，为双端输入单端输出差分放大器，当BG_3的集电极电流I_{C3}上升时，在电阻R_3上的电位降便增大，即右端电位下降，也就是使得BG_2基极电位变负，于是I_{C2}降低（NPN管），此电流经过电阻R_2造成其上电位降减少（右端趋正），故调整管BG_1的基极电位变正，趋近于发射极电位（注意BG_1是PNP型管），所以BG_1的集－射电流下降，内阻变大，即管压降U_{CE1}增加，这样一来，就抵消了原来输出电压U_{SC}增加的那一部分，从而维持了输出电压U_{sc}的相对稳定。

反之，当输出电压U_{sc}下降时，控制过程恰好与上述相反，同样也可以使输出电压达到相对稳定的目的。

在DC－3超高真空计中，离子流放大器电源稳压和发射电流的稳定都是通过改变调整管的管压降（或说内阻）来达到目的的，那么为什么一个叫稳压、一个叫稳流呢？两者区别在于：稳压电路是从输出电压的变量中，提取信号，即由取样电阻上电压的变化去控制调整管的管压降发生变化，以达到稳定输出电压的目的；稳流电路则是从输出电流的变化量中提取信号（实际上也就是电流的变化量，在电阻R_{55}、R_{67}上造成的电位变化的信号），去控制调整管的管压降发生变化，以达到稳定输出电流的目的。

13.3 ZDZ－2D数字电阻真空计

ZDZ－2D数字电阻真空计电气原理图如附图3所示，它是由测量电桥、真空调节、大气调节、函数放大器、压力控制器、数字电路及其控制电路等组成。

13.3.1 测量电桥及其控制电路

测量电桥由$R_1\sim R_4$组成，并与运算放大器U_1、晶体管Q_1、晶体管Q_2组成定温式控制电路，使电阻规R_1工作在定温状态。当被测压力升高时，规管内分子传热量增加，规管热丝R_1的温度和阻值均下降，于是电桥失去平衡，并输出一电压信号给电桥控制电路，使其输出电压增加，即测量电桥电源电压增加，规管热丝R_1的温度和阻值回升，直到恢复到规管原来的给定温度为止。

13.3.2 真空调节电路

真空调节电路由R_{10}和稳压管D_3组成的稳定电压给定电路、运算放大器U_{2A}和R_{13}及W_2组成的可调放大倍数的倒相电路组成，用来产生一个负的电压信号。在被测压力低于

1.3×10^{-1}Pa 时，模拟输出为 0V。当规管受污染或长期使用后，仪器零点发生变化，调节此电路，可以使仪器复零，相当于模拟式仪表的调零电路。

13.3.3　大气调节电路

它由运算放大器 U_{2B} 和 R_{18}、W_2 组成，是一个可变放大倍数的差动放大器。其功能是当真空调节电路调定后，调节电位器 W_2，使被测压力为大气压时，仪器输出为满度（即 10^5Pa）。

13.3.4　函数放大器

ZDZ－2D 数字电阻真空计，是利用对流和热传导的原理实现 $10^5\sim10^{-1}$Pa 范围内的压力测量，电阻规输出的电信号与被测压力之间的关系是非线性的。如果用模拟电表指示压力，就要用非线性刻度，而本仪器为数字显示，为减少数字显示的困难和保证显示精度，最好是把表征压力的信号送往 A/D 之前，先用专门的电路进行线性化。本函数放大器就是利用非线性反馈法实现线性化，对 $10^5\sim2\times10^{-1}$Pa 压力范围内的电信号进行压缩，对 $2\times10^{-1}\sim0.6\times10^{-1}$Pa 压力范围内的电信号进行放大，以便实现一定精度的数字显示。函数放大器由运算放大器 U_3、二极管 D_4、D_5 和电阻 $R_{19}\sim R_{29}$ 等组成。

13.3.5　数字电路

数字电路由 A/D 转换器、只读存储器（ROM）、译码驱动显示单元等组成。

A/D 转换器所用器件为 ADCl210，它将线性化后的模拟电压转换为 10 位二进制数字输出。数字最低有效位（LSB）所对应的电压相当于 5V/1023，即 4.9mV。因此，当模拟输入电压每增加 4.9mV 时，二进制输出将增加 1。A/D 的 10 位二进制的输出不是用来进行计数显示真空度，而是作为可编程只读存贮器 EPROM2716（2 片）的选址信号。因为表征真空度的电压信号虽然经过线性化处理，但尚未达到理想的线性化要求，若用 A/D 输出的 10 位二进制数直接表征被测真空度，势必带来很大的测量误差。本仪器是在 EPROM 中存入电阻规的校准曲线，故当两片 EPROM 某一单元同时被选中时，就有一组真空度代码（2 位尾数，1 位指数及其符号）输出，这组代码经 CD4511 译码驱动后，送 4 位 7 段 LED 直接显示出被测真空度的量值。

7.9kHz 时钟发生器控制 A/D 的转换速度；208Hz 的时钟经分频后，一路作为译码器更新显示，另一路作为 A/D 的启动转换脉冲。

13.3.6　压力控制电路

本仪器安排有两个压力定值控制点，两路是完全独立的，用以进行压力控制。按下过程控制按钮，调节相应的过程控制压力设定电位器，使显示读数为所要求的控制压力，然后释放按钮，则过程控制压力值被设定。当需要检查设定点设定压力时，可随时按下过程控制按钮，而不会中断压力测量或控制过程。

压力控制电路由压力设定电路(U_{4A}、W_3)、倒相电路(U_{4B})、驱动放大电路(U_5、Q_3)和继电器J_1组成。当从U_3输出表征压力值的电压信号与设定压力值信号相等时,继电器J动作,实现压力控制。

13.4 数字化热偶真空计

在低真空测量和控制中,我国使用得最多的真空计是热偶真空计。随着电子技术的发展,数字热偶真空计越来越多。现以SRJ型数字热偶计为例,介绍其电路原理。其测量电路如附图4所示,它是由规管加热电流电路和真空度显示电路两部分组成的。

13.4.1 加热电流电路

SRJ型数字热偶真空计使用的是ZJ—53B型热偶真空规管,其加热电流要求为28mA左右。加热电流电路如图13-1,加热丝的冷态电阻为9.5±1Ω,该加热电流的调节范围为24～42mA。

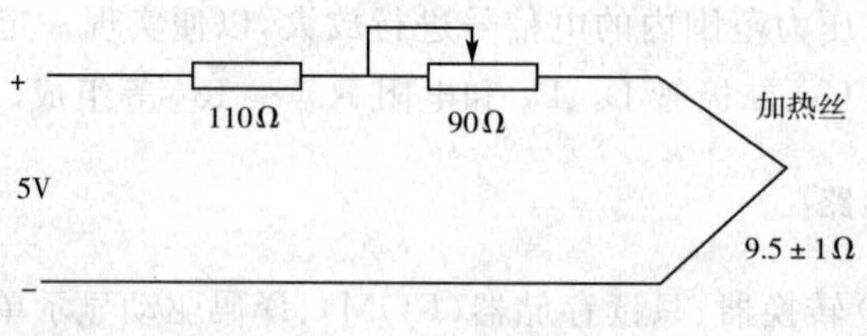

图13-1 加热电流电路

13.4.2 毫伏值测量及真空度显示电路

由热偶规管输出的是热电势毫伏值,该毫伏值转换为真空度并显示出来的过程如图13-2所示。热电偶输出的毫伏值首先通过由运算放大器OP07组成的精密放大器放大为伏量级信号,尔后经过滤波器滤波送给12位A/D转换器7109,经7109转换为数字量的信号选通二片只读存储器EPROM 2732,从2732中提出对应于毫伏值的真空度,经74LS17译码器后送给4位8段LED数码显示器。电气原理图见附图4。

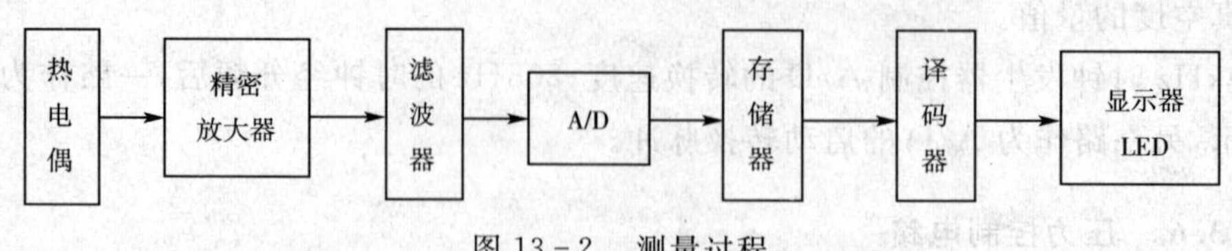

图13-2 测量过程

OP07运算放大器具有低失调、低噪声、低漂移、偏置电流小的优点,适宜于工业计量仪器及各类测量仪器中使用。电路中放大器的放大倍数为

$$A=\frac{R_1+R_4}{R_1}\,\frac{R_3}{R_2+R_3}$$

其中电阻 $R_1 = R_2, R_3 = R_4$，故

$$A = \frac{R_4}{R_1}$$

可见放大器为一差动输入的线性放大器。

7109 是一种 12 位低速、廉价、高精度、低噪声的双积分型 A/D 转换器，它输出的最大值为 $2^{12} = 4096 = 4k$，片内有振荡器，只需外接晶体或 RC 器件。本电路中采用外接 RC 器件作其振荡源，转换工作频率为 $f = 0.45/RC$，由于真空测量中对转换速度要求不高，取 $R = 200k\Omega, C = 120PF$ 即可。7109 的满度电压 V_{FS} 和参考电压 V_{REF} 相等且为 4.096V，此值对应 7109 的最大 12 位输出值 4096，这样输入 7109 的电压每改变 lmV，输出值就变化一个字。7109 的数字输出线 $B_1 \sim B_{12}$ 作为 2 片 2732 的地址线 $A_1 \sim A_{12}$，用以寻址片内单元，不同的 A/D 转换结果选中不同存储单元，就有对应的真空度数据输出。7109 工作于直接输出工作方式。

2732 是容量为 $4k \times 8$ 的存贮器，电路中设置于直读工作方式。把热偶规管输出的毫伏值与真空度的对应表事先写进 2732 中，当地址线 $A_1 \sim A_{12}$ 被选通后，对应的真空度值由二级数据线 $D_0 \sim D_7$ 传送给 4 片 74LS17，经译码器译码后分别送给 4 片 LTS546R 共阴极 8 段码显示器显示。

13.4.3 内存数据的设置

存贮器 2732 中需建立一个数据库，该数据库实际上是把热偶计校准的曲线离散化成若干个点，把这些点对应的数据存入 2732 中以备选通。

首先测量一支待用的热偶规管，得出一组毫伏与真空度的对应值，毫伏值的最大输出为 10mV，以 $\Delta E = 10mV/4096$ 为步长把曲线离散化，离散成 4096 个点。依照 E 对应 2732 的地址码，将真空度对应的内存码用仿真器写入 EPROM 2732 中去，如表 13-1。以上过程是在计算机及其开发系统上完成的。

13-1 热电势、真空度与存储码对应表

E(mV)		10.0000	9.99976	…	9.9683	…	5.7300	…
p(Pa)		000.0	000.0	…	000.1	…	014.4	…
E 对应 2732 的地址码		111111111111	111111111110	…	111111110010	…	011000101000	…
p 对应 2732 的内存码	下片	00H	00H	…	00H	…	01H	…
	上片	00H	00H	…	01H	…	44H	…

13.4.4 测量数据的显示

当用 SRJ 热偶真空计进行真空度测量时，若热偶规输出热电势 $E = 5.73mV$，对应的真空度 p 应为 14.4Pa，此时 E 对应的 2732 的地址码为 0110/0010/1000H，内存码为

0144H。如热电偶输出为 5.730mV，那么经 7109 输出 0110,0010,1000H，选通二片 EPROM2732，下片输出 01H，上片输出 44H，送给译码器译码后，再送显示器显示。第三块 LTS546R 显示器的小数点控制段接低电平，使其常亮，那么显示结果就为 014.4，即所测真空度，从而完成了由热偶毫伏值的测量到真空度的转换，实现了真空度数字显示。

13.5 ZDR－10 型微机化电离真空计

ZDR－10 型微机化电离真空计配用 ZJ－10 型电离规(DL－5)，其压力测量范围为 9.9 ～ 10^{-4} Pa，仪器采用了 MCS－51 系列单片机 8031 作为真空计测量电路的控制中心，具有以下功能：定时采样，数字显示；量程自动切换；在测量范围内的给定压力值发出控制信号(2 路)；当压强超过上限(10Pa) 时，切断灯丝电流，进行灯丝自动保护，并能在 150s、300s、450s 后再次自动启动规管工作；备有 BCD 码输出接口。

仪器技术参数为：加速极对阴极电位 115V；阴极对地电位 50V；发射电流在 10 ～ 10^{-2} Pa 时为 50μA，在 10^{-2} ～ 10^{-4} Pa 时为 500μA；电源 220VAC，50 ～ 60Hz，22W。

13.5.1 电路结构

ZDR－10 型电离真空计的电气原理图由附图 5 所示的测量电路和附图 6 所示的单片机电路两部分组成。

测量电路由电离规管发射电流稳定电路、加速极电压稳定电路、离子流放大器、保护单元和仪器供电的电压稳定电路等组成。

单片机电路由 8031 单片机、A/D 转换器(0809)、只读存储器 EPROM、随机存取存储器 RAM 以及显示器、接口电路等部分组成。

13.5.2 测量电路

(1) 规管加速极电压稳定电路

由变压器 160V 副绕组，经 Z_2 全波整流，DW_{1-3} 稳压管稳压后，由电位器 W_2 引出 165 ± 5V 电压加到电离规管加速极。

(2) 规管阴极电位的获得

由规管技术要求可知，阴极对地电位为＋50V，它是由发射电流在 R_{11}、R_{12} 产生的压降和二极管 D_{13} 正向压降、稳压管 DW_6 的稳定电压(45V)共同形成。在测量 10 ～ 10^{-2} Pa 范围内的真空度时，发射电流为 50μA，此时由计算机控制继电器 J_3 失电，故 J_3 的常开接点断开，在 R_{11}、R_{12} 上产生的压降为 $50 \times 10^{-6}\text{A} \times (4\text{k}\Omega + 36\text{k}\Omega) = 2\text{V}$；当测量 10^{-2} ～ 10^{-4} Pa 范围内的真空度时，发射电流为 500μA，此时计算机控制继电器 J_3 得电，J_3 的常开接点闭合，R_{12} 被 J_3 的接点短路，发射电流仅流过 R_{11}，并在其上产生 $500\mu\text{A} \times 4\text{k}\Omega = 2\text{V}$ 的压降。因此，不论何时，阴极电路可以始终保持阴极对地电位为 50V。

(3) 离子流放大器

离子流放大器由二级运放电路构成。它将微弱离子流放大并变换成电压，然后与 A/D 转换器相接。为了使放大器与规管匹配，并保证必需的精度，放大器的前置级选用高输入阻抗的精密运算放大器。放大器的量程切换，是由计算机根据测量值大小控制继电器 J_1、J_2 和 J_3 实现的。

(4) 发射电流稳定电路

规管灯丝加热电路是由 6.5V/3A 副绕组和双向可控硅 KS—5/100 组成的。其发射电流设定由电位器 W_3 实现。发射电流的稳定是通过改变可控硅导通角的大小，进而改变灯丝加热电流实现的。当发射电流产生变化时，R_{11}、R_{12} 上的电压降变化，此变化量通过 R_{16} 和电压跟随器 JC4—1 放大，并改变晶体管 BG_2 的导通状态，从而改变电容器 C_{13} 的充放电时间。电容器 C_{13} 控制单结晶体管 BG_1 的通和断时间间隔，通过脉冲变压器 BM 改变可控硅的导通角，从而实现发射电流的稳定。

电压跟随器 JC4—1将电压信号 $I_e \times (R_{11}+R_{12})$ 送到放大器 JC_3，进行 $(1+R_{51}/R_{52})$ 倍放大，再送到 A/D 转换器，变换成数字量后送入单片机，进行发射电流 I_e 的数据处理和控制。

(5) 稳压电源

2×19V 副绕组与二极管 D_3、D_4 构成可控硅触发电路的工作电源，并使其与可控硅电源同步。该副绕组与桥式整流 Z_1 及 JC_1、JC_2 三端式稳压器一起，构成±15V 的稳压电源，为运放组件供电。

9V 副绕组与桥式整流器 Z_3 及 JC_8、JC_9 三端式稳压器一起，构成＋5V 稳压电源，为计算机供电。

13.5.3　单片机电路

单片机电路由单片机、A/D 转换器、EPROM、扩展 RAM、输出接口及显示器等组成。

(1) 单片机

单片机采用 MCS 8031 微处理器，为 8 位 CPU，片内无程序存贮器 ROM，但有 128 字节随机存贮器 RAM，并行 I/O 口 16 线，一个全双工串行 I/O 口，2 个 16 位定时器 / 计数器。扩展一个 ROM，就成为一个计算机最小系统。

(2)EPROM

本仪器扩展一片可用紫外光擦洗的只读存贮器 EPROM 2716(2K×8)，用以作为单片微机的程序存贮器。程序固化由专用的 EPROM 固化器完成。当需将片内的信息擦除时，只需用紫外线照射芯片窗口 15～20 分钟即可。经过擦除的 EPROM，还可以重复固化新的程序。

(3) 扩展 RAM

由于 8031 片内 RAM 只有 128 字节，不够本仪器工作中使用，所以又扩展了一片数据存贮器 8155。它除了具有 256×8 的静态 RAM 外，还设有地址锁存器、22 线可编程并行 I/O 口和一个可编程 14 位二进制定时器 / 计数器。这些资源可根据需要选用。

(4) 可编程并行接口 8255

由于 8031 的并行 I/O 口线不够使用，故本仪器又扩展了一片可编程的并行接口芯片 8255。8255 具有 3 个 8 位并行口，可用于与显示器的传送控制及与上位机通信。

(5)A/D 转换器

本仪器采用的 A/D 转换器是 ADC0809。它是逐次逼近型，精度为 8 位，由 8 路模拟转换开关、A/D 转换器、三态输出锁存器等单元组成。本仪器仅使用了 2 路模拟输入，一路接真空规离子流信号 V_p，另一路接真空规发射电流信号 V_I。

(6) 译码器和显示器

译码器 3×14511B 将 8255 输出的 BCD 码进行译码，分别点亮显示器 $D_1 \sim D_3$，实现 2 位尾数、1 位指数的真空度数据显示。

以单片微机为核心单元的控制电路，保证仪器具有以下良好性能：数据采集、模 / 数转换、数据处理、真空度显示等均在程序控制下自动完成，连续测量，无须值守，自动保护。

13.6 DNB 束功率测量系统设计

诊断中性束(Diagnostic Neutral Beam，简称 DNB) 是建立在强流离子源基础上，利用中性化的高能脉冲粒子束线轰击托卡马克(Tokamak) 装置中的等离子体，从而诊断出等离子体参数的一种诊断方法。依据 DNB 诊断结果对托卡马克装置运行参数进行再调整，能使其产生的等离子体的运行状态达到最佳。DNB 束功率测量系统用于预先测量 DNB 束线功率大小及功率密度剖面。

13.6.1 系统原理

用于高能束线功率测量的束截止热量计分为连续式和惯性式两种。惯性式束截止热量计的特点是使用厚重的束线拦截板吸收脉冲能量，将其转化为热量；束线拦截板连接一个较小的冷却系统，热量从板上传递到冷却媒质，使热扩散建立了一个时间延迟，因此适用于大功率(千瓦级) 脉冲束线的截止和功率测量。

DNB 束功率测量系统即是一种惯性式束截止热量计。DNB 中性束轰击功率测量靶板并被靶板吸收，束线能量转化为热量。通过检测靶面上热量分布情况，能够得到具有确定脉宽束线的功率大小和功率密度剖面。

热量测量的关键是对温度的测量。通过测量分析 DNB 束线轰击靶板后靶面各处的温升，可以确定靶面上的热量分布情况，进而得出束线功率密度剖面。再针对束线功率密度在整个靶面上进行积分，可以得到束线功率的近似大小。

13.6.2 系统设计

(1) 系统方案

DNB 束功率测量系统由功率测量靶板、热电偶、热电偶信号调理器、数据采集卡、现场计算机、终端计算机及束功率测量程序等组成。其系统结构简图如图 13－3 所示。

功率测量靶板安装在 DNB 束线出口位置，可在垂直方向移动，用于导通或拦截束线。靶板和外界的真空隔离通过高压缩比波纹管实现。靶板上呈十字形均匀分布着 13 个孔径 2mm 的漏热孔，每个漏热孔对应一个无氧铜柱，铜柱上装有热电偶。DNB 束线轰击靶板后，靶面各处的温升由热电偶测得并转化为相应的电信号；信号经热电偶信号调理器调制放大后，由数据采集卡采集到现场计算机中进行数据的处理和存盘；处理后的数据用以计算束线功率大小及确定束线功率密度剖面；温度采集值和功率计算值通过光纤链路传输到控制室终端计算机中，用于复现束线功率大小及功率密度剖面。

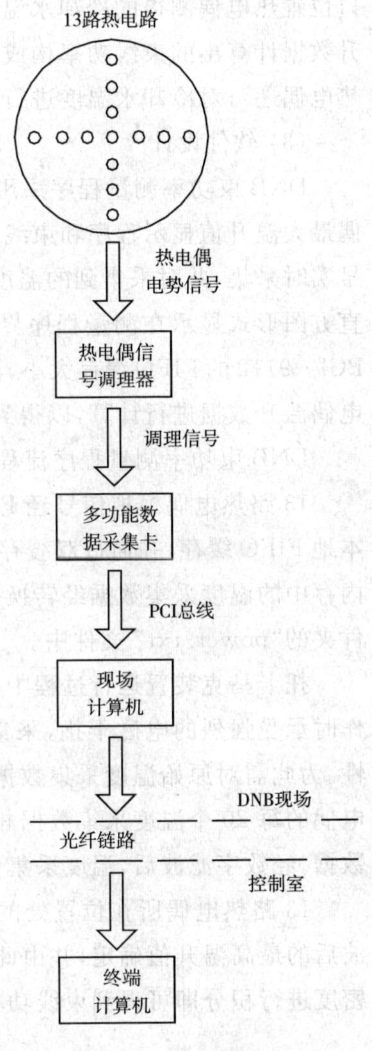

图 13－3 DNB 束功率测量系统结构简图

(2) 硬件设计

DNB 束功率测量系统硬件部分由 K 型热电偶温度转换器、K 型热电偶专用信号调理器 AD595、多功能 PCI 总线数据采集卡 PCI－9112、现场计算机及终端计算机等组成。

K 型热电偶温度转换器为镍铬－镍硅型热电偶。它在 0～200℃ 之间热电系数变化小，线性度好，并且感温部分为热接点，热响应时间为毫秒量级，适合测量点温度和动态温度，符合 DNB 束功率测量系统测量几十摄氏度范围内急速温度变化的要求。

在实际的热电偶工作过程中，必须对热电偶进行冷端补偿、调零、电压放大和线性化等工作，否则会产生很大的测量误差。AD595 是 K 型热电偶专用信号调理器，其内部具有电压放大、冷端补偿、冰点基准、热电偶故障报警等电路。K 型热电偶输出的电势信号经 AD595 调制放大后对应 10mV/℃ 的电平。

多功能 PCI 总线数据采集卡 PCI－9112 可采集 16 路单端或 8 路差分模拟输入，具有最高 110kHz 的采样率。经 AD595 调制放大后的 13 路热电偶模拟信号均以单端输入方式接入 PCI－9112，经 PCI－9112 上的 A/D 转换电路处理后，存入本地 FIFO 缓存。在 DNB 束功率测量系统中，PCI－9112 的采样率一般选为 8kHz，平均每路通道 500Hz，即每路热电偶模拟信号的采样周期为 2ms。

PCI－9112 与现场计算机之间的数据传输采用 DMA 方式。现场计算机对温度采集值进行运算处理后，得出当次 DNB 脉冲束线功率大小及功率密度剖面。温度采集值和功率计算值在现场计算机上存盘后，经光纤链路传输到控制室终端计算机上加以复现。

由于 DNB 束功率测量系统是一种惯性式束截止热量计，附带有一个冷却水循环系统，故本系统另外设计了冷却水测量法来计算束线功率大小。冷却水测量法根据冷却水进出口位置热电偶测得的冷却水温差来进行束线功率的计算，计算结果与根据13路热电偶温升数据计算出的束线功率构成比对，以提高测量系统的可信度。在冷却水进出口位置设置热电偶还可对冷却水温度进行监测，以防冷却水循环系统故障。

(3) 软件设计

DNB束功率测量程序采用Visual Basic 6.0语言编写，包括数据采集程序、13路热电偶最大温升值显示程序和束线功率计算程序等部分。它的主要特点是：可对13路热电偶信号实时采集，并对采集到的温度数据进行数值处理和存盘；可将各路热电偶最大温升值以直方图形式显示在测量程序界面上；可修改数据采集时间及PCI－9112的采样率，设置PCI－9112的FIFO缓存大小，读取以往实验炮号下的数据；可依据束线功率计算模型对热电偶温升数据进行计算，以得到束线功率的近似大小。

DNB束功率测量程序流程图如图13-4所示。

13路热电偶模拟信号经PCI－9112上的A/D转换电路处理后被存入PCI－9112的本地FIFO缓存，并通过双缓存模式循环地传输到计算机内存中。A/D转换停止后，计算机内存中的温度采集数据经转换公式转换后，读入计算机磁盘目录中以实验炮号命名的文件夹的“power. txt”文件中。

托卡马克装置运行过程中，装置周围存在强电磁场及辐射场，DNB束功率测量器件工作时承受强烈的电磁干扰，采集到的温度值波动最高可达±1.5℃，严重影响测量的精确性。为此需对原始温度采集数据进行数字滤波处理，具体是将“power. txt”文件中各路热电偶的每20个温度采集数据相加取平均值，结果存入“powerFinal. txt”文件中作为最终数据。经数字滤波后，温度采集值波动降至0.3℃以下，符合测量精度要求。

13路热电偶所在位置处的功率密度大小，可由数据采集时间内各路热电偶经数字滤波后的最高温升值确定，并由此可以得出束线功率密度剖面，再在整个靶面上对束线功率密度进行积分即可得到束线功率的近似大小。

13.6.3 实验结果与分析

图13-5所示是实验炮号52028的DNB脉冲束线轰击功率测量靶板时一路热电偶温升曲线。

每次DNB脉冲束线轰击功率测量靶板前3～4s时，功率测量程序启动数据采集，这段时间内采集的温度值为DNB装置内环境温度，故较为平缓。DNB脉冲束线轰击功率测量靶板后，装有热电偶的铜柱温度会急速上升并最终达到均衡状态。相应地，热电偶测得的温度值也在急速上升并最终停留在稳态温度。经多次DNB实验得知，当束线脉宽为100ms时，铜柱的热均衡将在大约2s内达到，热电偶达到稳态温度的时间也约为2s。到达稳态温度后，铜柱温度会缓慢降低，对应于图上热电偶测得的温度值的缓慢下降。

根据以上分析可以看出，数据采集时间由环境温度采集时间和铜柱温度达到稳态值的时间共同决定，一般取为8～12s。

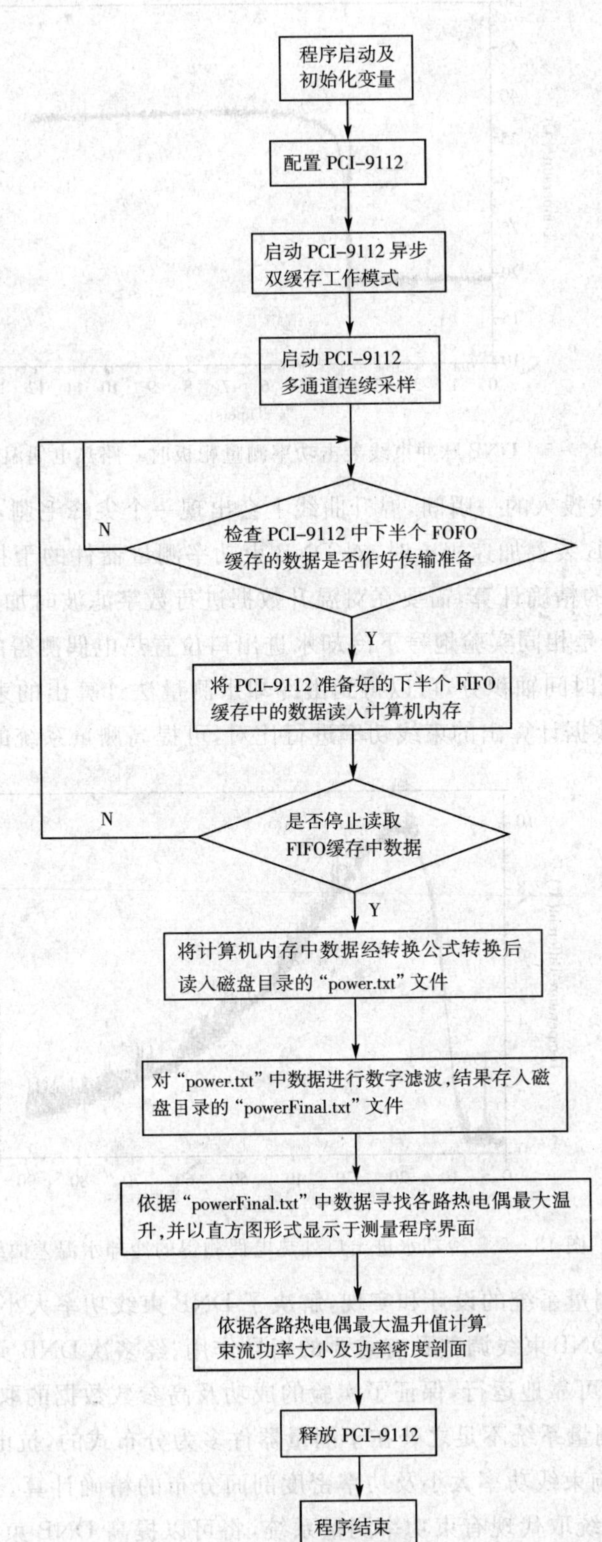

图 13-4 DNB 束功率测量程序流程图

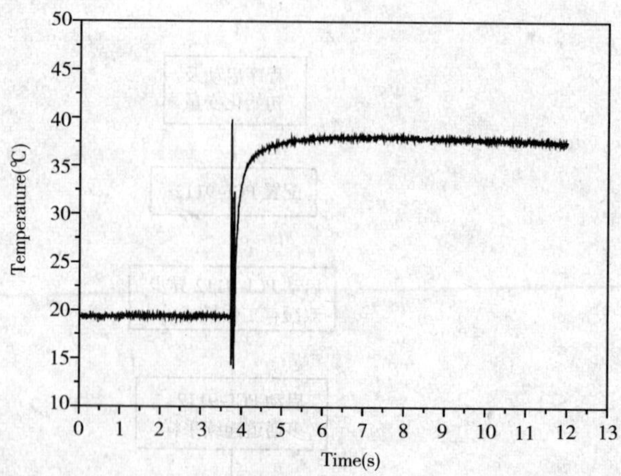

图 13－5　DNB 脉冲束线轰击功率测量靶板时一路热电偶温升曲线

DNB 脉冲束线投入的一瞬间，温升曲线上会出现一个尖峰毛刺，这反映了万伏级杂散场高电压加在 DNB 装置加速极上时，对 DNB 束功率测量器件的干扰。此干扰的存在会影响 DNB 束线功率的精确计算，需要在对温升数据进行数字滤波时加以剔除。

图 13－6 所示是相同实验炮号下冷却水进出口位置热电偶测得的冷却水温差曲线。通过对此曲线在整个时间轴积分，可以得到由冷却水测量法计算出的束线功率。将它与根据 13 路热电偶温升数据计算出的束线功率进行比对，可提高测量系统的可信度。

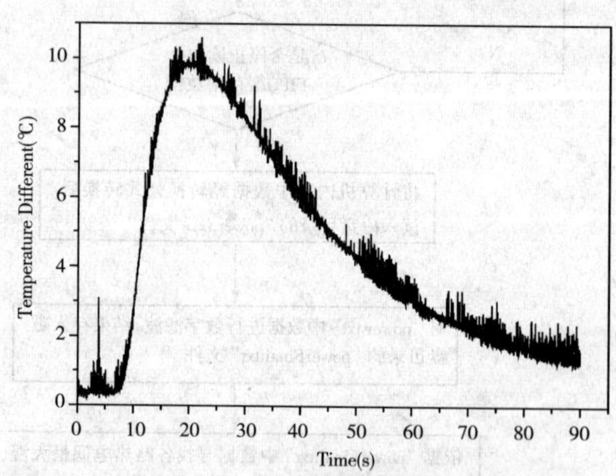

图 13－6　冷却水进出口处热电偶测得的冷却水温差曲线

DNB 束功率测量系统的设计和实现，解决了 DNB 束线功率大小及功率密度剖面的测量和计算问题，对 DNB 束线调整具有重要的指导作用。经多次 DNB 实验证明，DNB 束功率测量系统能够稳定可靠地运行，保证了实验的成功及高参数数据的取得。

DNB 束功率测量系统不足之处在于测量器件多为分布式的，抗电磁干扰能力弱，测量数据毛刺较多，影响束线功率大小及功率密度剖面分布的精确计算。采用基于以太网的新型分布式集成化系统取代现有束功率测量系统，将可以提高 DNB 束功率测量的精确性和实现测量数据的局域网共享。

14　真空设备与系统的自动控制

14.1　真空系统电气控制概述

真空自动控制系统就是能够对真空设备或装置的工作状态进行自动监测与控制的整个系统。不论真空自动控制系统如何复杂，从宏观上看，都是由两部分组成：一部分是起控制和调节作用的自动控制装置，通常它包括真空计和其他工业自动化仪表组成的测量装置、调节装置、执行机构（如真空阀）等；另一部分是被控对象，也就是自动控制装置所要控制的真空装置或工艺过程。

14.1.1　真空自动控制系统的组成和分类

为了方便对真空自动控制系统的研究，人们通常按不同的分类方法对其进行分类。

(1) 按被控制量的性质分类

① 连续控制系统：是指系统的各个环节的输出是其输入的连续函数的控制系统。按给定值的类型不同，这类系统又分为定值控制系统和随动系统。

定值控制系统是指给定值在系统工作过程中始终保持恒定的系统，它使被控制量保持恒定或基本上保持恒定。这类系统也称为自动调节系统，如反应式离子镀膜工艺过程中的压力控制系统。

随动系统也称为伺服系统或跟踪系统。其给定值是随时间而随机变化，被控制量始终快速而准确地跟踪给定值的变化。例如，具有自动记录仪的真空测量或温度测量系统，从控制角度上看，可以认为是随动系统。

② 断续控制系统：是指系统各个环节的输入和输出均为开关量的控制系统，如真空泵的控制。如果控制系统是按一定的逻辑关系而决定各个环节的输出量的有或无，则称为逻辑控制系统；如果控制系统按一定顺序决定各环节的输出量的有或无，则称为顺序控制系统，或称为程序控制系统，如真空炉的工艺流程控制。

(2) 按控制系统的结构分类

① 开环控制系统：是指系统的输出量对系统的控制作用没有影响的控制系统（即无反馈回路），其原理框图如图 14－1 所示。真空泵的控制即为开环控制。开环控制的缺点是控制系统受到扰动因素影响时，被控制量将会受到直接影响，而控制系统本身不能自动补偿。

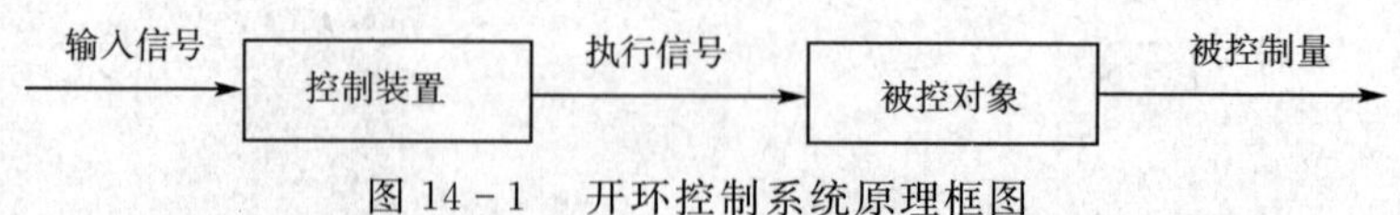

图 14－1　开环控制系统原理框图

② 闭环控制系统：系统的被控制量对系统的控制作用有直接影响的控制系统称为闭环控制系统，又称为反馈控制系统。系统的被控制量通过反馈环节反馈到控制装置的输入端，与给定值进行比较，形成偏差信号。控制装置根据偏差信号去控制被控制量，使被控制量与给定值的偏差保持在容许范围内，整个控制系统形成一个闭合回路，其原理框图如图14－2所示。属于这类控制系统的如连续镀膜机中控制收卷和放卷电机转速的恒张力控制系统。

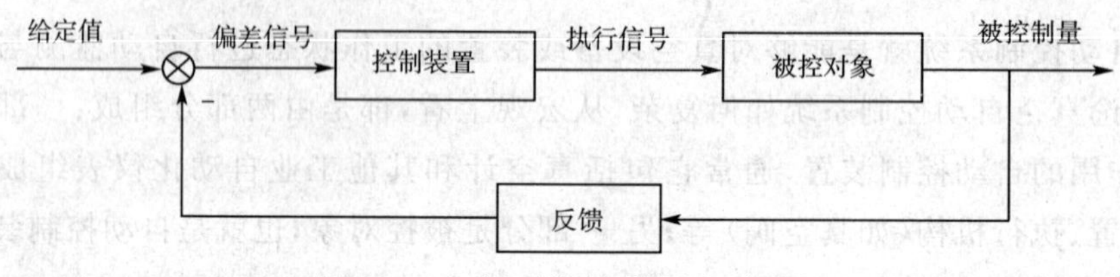

图 14－2　闭环控制系统原理框图

(3) 按控制装置类型分类

① 继电器控制系统：控制装置由继电器组成的控制系统。通常用来实现程序控制或位式调节。

② 可编程序控制系统：控制装置为可编程序控制器的控制系统。中小型可编程序控制器用来实现程序控制，大型可编程序控制器既可以实现程序控制，又可进行自动调节。

③ 自动控制仪控制系统：其控制装置为自动控制仪。如真空装置上由压力控制仪组成的定值压力控制系统。

④ 计算机控制系统：控制装置为各种类型的计算机的控制系统。计算机具有强大的数学运算和逻辑判断能力，因而能够根据需要，构成各种类型、功能齐全的自动控制系统。具体控制方式有直接数字控制(DDC)和计算机监控(SCC)。前者完全由计算机代替常规控制装置的功能，后者只是由计算机向各控制装置传送给定值，控制作用则仍由控制装置完成。计算机可实现集中控制，也可以实现分散控制。

(4) 按输出量与输入量的关系分类

① 线性控制系统：输出量和输入量的关系为线性的控制系统。所谓线性，就是系统及其各个环节均可以用线性微分方程来描述，并可进行拉氏变换。如真空装置中的压力控制系统。

② 非线性控制系统：是指系统中一些环节具有非线性特性(如饱和、死区及摩擦等)的控制系统。它们往往要用非线性微分方程来描述。

14.2.2　真空自动控制的基本规律

自动控制的规律，实际上就是自动控制装置(即调节器)的调节规律，也就是调节器接受了偏差信号(即输入信号)以后,它的输出信号(即控制信号)的变化规律,即调节器的输入信号与其输出信号之间的关系。尽管调节器的类型很多,结构型式和工作原理也不尽相同,但其基本控制规律却不外乎是位式控制、比例控制、积分控制、微分控制、比例积分控制、比例微分控制、比例积分微分控制等几种。因为,作为被控对象的真空装置的动态特性是不易改变的,为了得到满意的控制效果,通常是根据被控真空装置的控制要求,选择具有合适控制规律的调节器。为了便于调节器的选择,现将几种基本控制规律分述如下:

(1) 位式控制:指被控制量偏离给定值时,调节器使执行机构全开或全关的控制,如具有真空继电器的压力控制。位式控制是最简单的控制方式,其控制精度较低。

(2) 比例控制:调节器的输出信号与偏差信号的大小成比例,使执行机构的位置对应于偏差的大小,常用字母P表示。比例控制能减小偏差,提高控制精度,但不能消除偏差,故又称为有差控制。比例控制规律可以用下述数学式表示

$$\Delta P = K_p \cdot e \tag{14-1}$$

式中:ΔP 为调节器的输出变化量;e 为调节器的输入,即偏差;K_p 为比例调节器的放大倍数。

放大倍数是可调的,所以比例调节器实际上可以看成是一个放大倍数可调的放大器。在实际工作中,常采用比例度 δ(也称为比例带)而不是用放大倍数 K_p 来衡量比例控制作用的强弱。所谓比例度,就是放大倍数 K_p 的倒数,并以百分数表示,即

$$\delta = \frac{1}{K_p} \times 100\% \tag{14-2}$$

增大比例度,控制系统的稳定性提高,而系统的静态偏差增大;反之,系统的静态偏差减小,而系统的稳定性降低。

(3) 积分控制:调节器的输出信号与偏差对时间的积分成比例。使执行机构按偏差的积分规律进行调节,常用字母I表示,是理论上的偏差为零的控制。积分控制的数学式为

$$\Delta P = K_i \int e dt \tag{14-3}$$

式中:ΔP 为调节器的输出变化量;e 为调节器的输入,即偏差;K_I 为积分系数,它是反映积分作用强弱的参数。在实际工作中,常用 K_I 的倒数来表示积分作用的强弱,即

$$T_I = 1/K_I \tag{14-4}$$

T_I 称为积分时间(min),它是一个可调参数,在数值上等于调节器积分回路的时间常数。T_I 越小,表示积分作用越强;T_I 越大,表示积分作用越弱;若 T_I 为无穷大,则表示没有积分作用。

(4) 微分控制:调节器的输出信号与偏差变化速度成正比,这就是微分控制,常用字母D表示,其数学表达式为

$$\Delta P = T_D \frac{de}{dt} \tag{14-5}$$

式中:ΔP 为调节器的输出变化量;T_D 为微分时间;de/dt 为偏差变化速度。微分时间 T_D 越长,

偏差变化速度 de/dt 越大，则调节器输出的变化(即微分作用)就越大。若偏差固定不变，不管这个偏差有多大，由于它的变化速度为零，微分作用也就为零，这是微分作用的特点。

(5) 比例积分控制：它是比例控制和积分控制两种控制规律的结合。其调节器的输出信号不仅与偏差成比例，而且与偏差对时间的积分成比例。它具有比例和积分两种控制规律的特点，是真空控制中常用的控制规律，常用字母 PI 表示。其数学表达式为

$$\Delta P = K_P + K_I\int e\mathrm{d}t = K_P(e + \frac{1}{T_I}\int e\mathrm{d}t) \tag{14-6}$$

式中：$T_I = K_p/K_I$，称为比例积分调节器的积分时间。

(6) 比例积分微分控制：单独的积分控制很少采用，一般采用PI控制，这基本上可满足真空控制的要求。但对滞后较大的被控制对象，需加微分控制才能得到较为满意的控制效果。包括这三种控制规律的调节器称为比例、积分、微分三作用调节器，用这种调节器实现的控制就是比例积分微分控制，常用字母 PID 表示，其数学表达式为

$$\Delta P = K_P(e + \frac{1}{T_I}\int e\mathrm{d}t + T_D\frac{\mathrm{d}e}{\mathrm{d}t}) \tag{14-7}$$

式中各符号的意义与前述相同。

PID 控制综合了 P、I、D 各类控制的优点，具有较好的控制性能，但是，这并不意味着在任何条件下，采用 PID 控制都是最合适的。如果采用比较简单的控制规律就能满足真空装置的控制要求，就不需要选用 PID 控制了。

14.2 真空获得设备控制电路

真空获得设备各种各样，其电气控制电路也各不相同。但是，经过分析我们完全可以找出它们的共同特征：其一，不论何种真空获得设备，电控电路总是使之得电或失电；其二，不论何种真空设备，电控电路总是使之运动或停止。

以前比较常用的真空设备控制电路是继电 — 接触器控制，即以继电器、接触器和各种开关器件组成的有触点控制方式。虽然控制电路使用的电气元件繁多，但大体可概括为三类：

(1) 电气执行元件。如电动机、电磁阀和电炉等直接驱动真空设备运转的元件。由于电动机由接触器控制，接触器的状态(通电或断电)直接对应电动机的运行和停止，所以也把接触器称为执行元件。

(2) 信号元件。如各种按钮、转换开关、行程开关、热继电器、水压继电器等均属于信号元件。它们的功能是把与控制电路运转有关的其他物理量(如机械位移、压力、温度等)转换为信号或发出系统运行指令。

(3) 运算元件(指有记忆功能的元件)。如各种中间继电器、时间继电器，其功能是对信号进行逻辑运算，从而判断电气控制的进程并发出控制指令。运算元件不但包括中间继电器、时间继电器等有记忆功能的电路，也包括那些有机械记忆功能的信号元件。在这种情况下，信号元件就兼有运算元件的功能。因此，常把信号元件和运算元件统称为控制元件。

14.2.1 机械真空泵控制电路

由于机械真空泵的驱动电机容量较小，因此，多用直接启动电路，如图 14-3 所示。KM 为磁力启动器，FU 为熔断器，FR 为热继电器，SB 为按钮开关，DF 为电磁放气阀，QS 为刀开关，M 为真空泵电机。

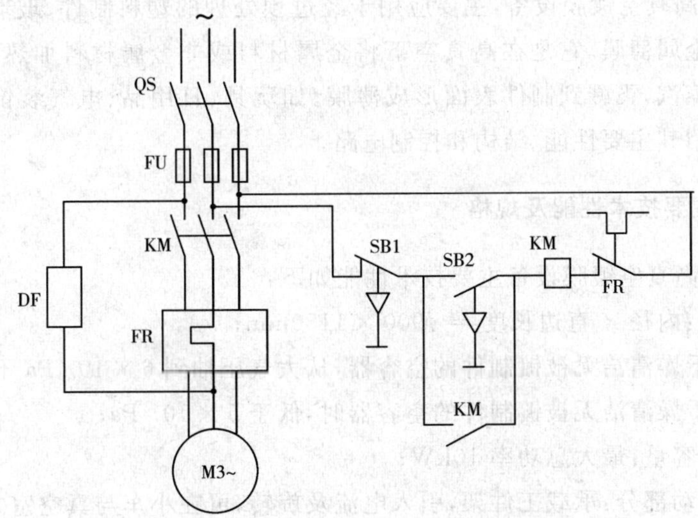

图 14-3 直接启动机械真空泵电路图

14.2.2 油扩散泵、油增压泵控制电路

油扩散泵及油增压泵的控制电路是控制其加热电炉通电还是断电。由于油扩散泵及油增加泵的工作条件是要有足够的前级压强及通冷却水，所以这两种泵的加热电炉通电时，必须具备上述条件。其控制电路如图 14-4 所示。

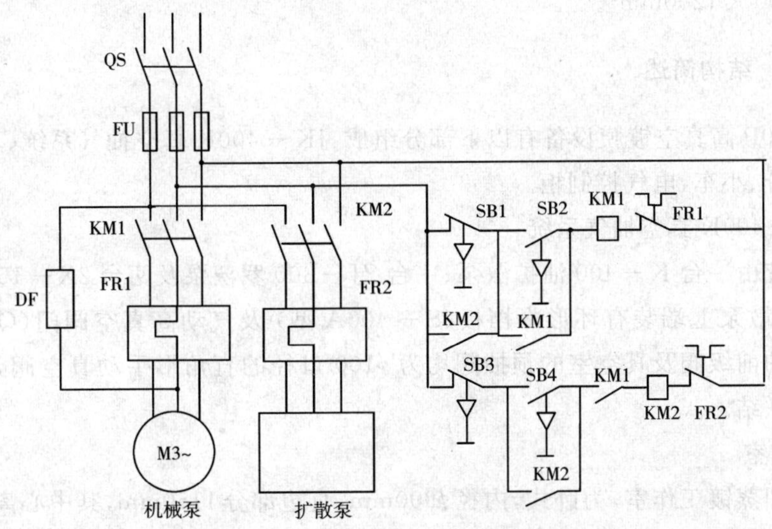

图 14-4 扩散泵系统控制电路图

14.3 真空镀膜机继电器控制电路

真空镀膜设备很多，继电控制电路各异，这里介绍的是 DZ－900P 高真空镀膜设备控制电路。

DZ－900P 高真空镀膜设备，主要应用于经过预处理的塑料制件、玻璃制件的表面蒸镀金属薄膜、非金属薄膜。它是在高真空下将金属材料或非金属材料加热到适当温度，使材料汽化，形成蒸汽，飞溅到制件表面形成薄膜。如玩具、日用品、电气装饰件、商标、反光器件等。以下介绍其主要性能、结构和控制电路。

14.3.1 主要技术性能及规格

DZ－900P 高真空镀膜设备主要技术性能如下：

真空室尺寸：内径 × 直边长度 ＝ $\phi 900 \times 1150$mm；

抽气时间：干燥清洁无被镀制件的空容器，从大气压抽到 6×10^{-2}Pa 不超过 15min；

极限真空：干燥清洁无被镀制件的空容器时，低于 5×10^{-3}Pa；

蒸发变压器容量：最大总功率 10kW；

镀膜工件转动部分：承载工件架，引入电流及旋转，可在小车与真空室之间移动；

工件架与转动架：承载工件，工件架直径 ≤ 200mm，8 件，工件架自转速度调节范围为 0 ～ 80rpm，转动架绕蒸发源转速调节范围 0 ～ 25rpm；

小车：承接镀膜工件转动部分，移动式；

整机功率：380V，50Hz，三相最大视在功率 20kW；

耗水量：进水温 < 30℃，$1\text{m}^3/\text{h}$；

外形尺寸：主机占地面积 $2100 \times 3000\text{mm}^2$，电气控制柜 $600 \times 600\text{mm}^2$，高度 1800mm，工作面积 $1500 \times 1200\text{mm}^2$。

14.3.2 结构简述

DZ－900P 高真空镀膜设备有以下部分组成：JK－400K 真空抽气系统、真空室、镀膜工件转动部分、小车、电气控制柜。

(1)JK－400K 真空抽气系统

抽气系统由一台 K－400 油扩散泵、一台 ZJ－300 罗茨泵及两台 2X－15 旋片式机械泵等组成。扩散泵上端装有环形冷档板(S－400A 型）及气动高真空阀门(QF－400AⅡ型)，扩散泵的前级阀及真空室的预抽阀均为 $\phi 100$ 口径的直角形手动真空阀，各泵之间均有相应管道联结。

(2) 真空室

真空室即蒸镀工作室，为卧式，内径 $\phi 900$mm，直边部分 1150mm，其中心离地面高度为 1200mm，真空室全部由碳钢制成，室内装有供镀膜工件转动部分用的平行钢轨，右上为

ϕ400mm 抽气接头。接头上装设 2 个真空计插座，分别安装 ZJ—2 型高真空电离计规管及 ZJ—51 型低真空热偶计规管。

真空室后部封头上装有大电流引入电极 3 个、旋转运动传入的密封座 1 个、高压引入电极 1 个、电极 4 对。

真空室门安装在前方，铰链连接。大门右上方有 ϕ125(外径) 的观察窗口，中间装有 GM－25 型(ϕ25) 真空放气用隔膜阀。真空室前下方装有电极换档开关。

(3) 镀膜工件转动部分

镀膜工件转动部分支承放置被镀工件的工件架或其他夹具，导入蒸发电流，传入旋转运动。本部件的一端装有 3 个电极，与真空室的大电流引入电极紧密接触，大电流经编织软铜线接于电极棒上，两种蒸发元件分别装于两组电极棒的引脚上。电极下方设有弹性离合器，当本部件定位于真空室内妥当后，离合器即嵌入真空室底部的旋转运动密封座的凸出离合器内，这样就可输入旋转运动，经摩擦传动使转动架绕蒸发源转动。8 只工件架均匀分布安装在转动架上，通过链传动使 8 只工件架绕各自中心转动。

(4) 小车

车身上装有与真空室尺寸相同的左右平行钢轨。当小车与真空室对接后，镀膜工件传动部件在小车与真空室间移动。当镀膜工件转动部件移入小车后，即可在真空室外进行所需的镀前清洁、工件安装、蒸发源与蒸发材料的安装等工艺操作，当使用 2 至 3 套镀膜工作转动部件和小车时，可提高设备的利用率。

(5) 电气控制柜

本镀膜机配备了大电流变压器(10kW)、高压变压器、互感器、整流元件、转动工件架的直流电机(0.4kW)。

电气控制柜是整机的控制、测量及指示部分。正面上端为 SG－3 复合真空计，中下部为各工作部分按钮指示灯及电流表、电压表。

电控柜内部装有控制元件、与各工作部件相连接的电缆及插头，各单元均有名牌指示。

电气控制原理图如附图 7 所示。

14.3.3 操作说明

DZ－900P 是一大型真空装置，操作者必须具备一定的真空知识和机电知识，才能正常操纵之。

(1) 准备工作

① 保持真空室内清洁、干燥，必要时做清洁处理。

② 确认机械泵、罗茨泵的旋转方向符合说明书规定；泵油清洁不浑浊，油量在油面标志之间。

③ 接通全部冷却水。

④ 关闭全部阀门(如预热扩散泵，则前级阀不关闭)。

⑤ 开动空压机。

(2) 蒸镀工件准备

① 在镀膜工件转动部件上装上被镀工件及蒸发元件、被镀材料。

② 将镀膜工件转动部件由小车推入真空室,向底部推紧,使电极紧密接触,离合器嵌入,定位牢固。

③ 关紧大门,关紧 GM－25 放气阀,扣紧大门四周的四个轧兰。

(3) 抽气

① 启动一台 2X－15 机械泵,打开前级阀,扩散泵加热。

② 机械泵抽气

如扩散泵已在预热状态,先关闭前级阀(加热不停止),启动两台 2X－15 机械泵,打开预抽阀,对真空容器粗抽,观察前级真空管路上真空表的真空度。

③ 罗茨泵抽气

当真空度到达 4×10^3 Pa 后启动罗茨泵。注意不得任意提前启动罗茨泵,以免过载造成损坏。罗茨泵工作后,通过热偶真空计观察真空室的真空度。

当罗茨泵启动约 1～3min 后,即应打开前级阀,恢复对扩散泵抽气。此段扩散泵加热而不抽气的时间不得超过 6～8min。

④ 扩散泵抽气

当热偶计所指示的真空度到达 130Pa 以下时,关掉预抽阀,打开主阀,使扩散泵对真空室抽气。此段时间,对空容器约为 2～3min。

⑤ 当扩散泵抽气后,热偶计指针会迅速指向满刻度,此后应使用高真空电离计来测量真空。约 1～2min 后,可达到 2×10^{-2}～4×10^{-2} Pa。

继续抽气时,真空度将不断升高。

(4) 蒸镀

当真空室已达到所需真空度后,可进行蒸镀操作。蒸镀工艺由用户根据最佳值操作。注意蒸发电流之最大值只允许在不超过 30s 的时间内使用。

(5) 停机

在完成本工作日最后一次蒸镀后,应按下述步骤停机:

① 保持容器在高真空下,关闭 SG－3 真空计。

② 关主阀,关预抽阀,关罗茨泵,关机械泵,关扩散泵加热。

③ 在扩散泵停止加热 1h 后关前级阀,关机械泵。

④ 关冷却水及空压机电源。

⑤ 关总电源。

14.4 真空热处理炉真空测量与控制电路

真空热处理技术是 20 世纪 40 年代在国外兴起的一项新技术,此后陆续开发了真空渗碳、加压气淬、高流速气淬等新的真空热处理炉及真空热处理技术。我国真空热处理应用始于20世纪60年代。当时从苏联引进了一些真空退火炉、真空钎焊炉，到了70年代，又陆续从日本的Hayes公司、大同特殊钢公司、美国的ABAR公司、德国的Ipsen公司、Degussa公司引进了单室气淬炉、单室油淬炉、加压气淬炉、回火炉、渗碳炉等。引进真空热处理设备对我国真空热处理炉的研制和真空热处理技术的发展起到了积极的推动作用。天津电炉厂于1971年试制成功我国第一台ZBC－60－B型半连续真空淬火炉，其后各高等院校、研究所、工厂先后研制了各种淬火炉、渗碳炉等，并已形成批量生产的能力，使我国的真空热处理设备与工业发达国家的差距大大缩小，并在炉温均匀性、极限真空度及压升率等方面均已达到国际先进水平，但在自动控制上与国外还有差距。这里介绍合肥工业大学曾经研制的真空热处理炉中真空测量与控制电路的结构及其原理。

14.4.1　主要技术要求

系统对真空监控的技术要求是：① 真空度测量范围$10^5 \sim 10^{-4}$Pa；② 在$10^3 \sim 10$Pa范围内测量误差$\Delta \leqslant \pm 15\%$，在$10 \sim 10^{-4}$Pa范围内$\Delta \leqslant \pm 5\%$；③ 显示方式为数字显示；④ 输出方式为BCD码加模拟信号0～5VDC；⑤ 自动换档；⑥ 控制方式为自动加手动后援；⑦ 仪器供电电源220VAC，50Hz。

14.4.2　系统结构与功能

为提高自动化程度和测量精度，本设计中采用了微型计算机技术及数字测量技术。系统结构方块图如图14－5所示。

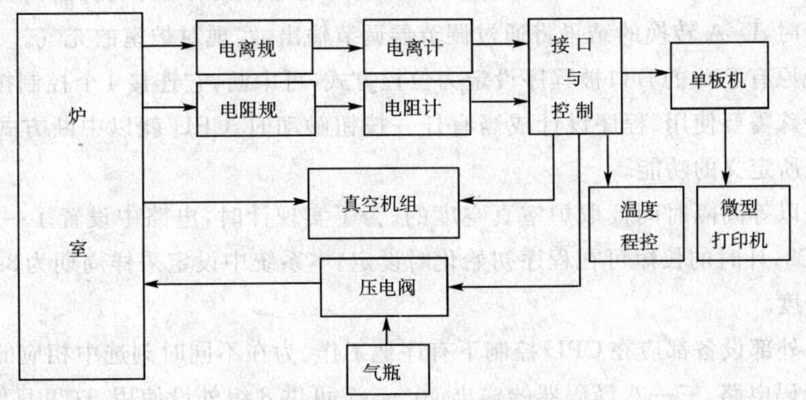

图14－5　系统结构图

根据炉室压强变化范围为$10^5 \sim 10^{-4}$Pa的要求，测量仪器选用一台电离真空计与一台电阻真空计，以分别完成高低真空的测量。测量结果一方面经微机接口电路处理，转换成可供单板机与温度程控仪接收的信号；另一方面又经控制电路变换，实现对真空机组与充气压电阀的控制。单板机用来处理、存储、打印现场数据，并完成对真空系统的程序控制。

(1) 微机程序控制器

微机程序控制器结构如图14－6所示。本部分由单板机、BCD码接口、打印机、D/A转换器等组成。单板机所提供的硬件功能及监控程序可直接使用于本系统中。在充分利用原有资源的基础上，本系统还增加了打印机和部分接口与控制电路。增加的BCD码接口电路处理两台真空计的输出数据，它包括CMOS电平到TTL电平转换电路、电阻计与电离计所测数据的有效选择，以保证正确地输入、输出真空度，并将此值分别送到单板机与温度程控仪。

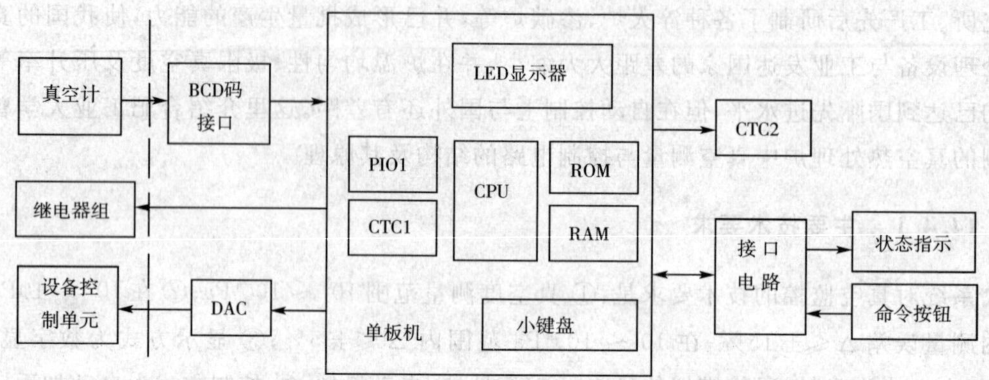

图 14-6 微机程序控制器结构图

读入CPU的现场数据可存储于RAM中，并按程序要求做必要的比较判断。当现场真空度处在正常要求范围时，程序控制使显示正常；当此值出现越限时，能给出相应的越限报警。这类状态显示是由状态锁存器74LS273与安装在面板上的发光二极管实现的。当炉室真空度达到需要启动下级泵或切换到另一机组时，则一方面给出状态提示，另一方面通过单板机原有PIO的A口发出控制信号，使相应的继电器动作，实现所需的控制；当炉室真空度过高时，D/A转换的结果将通过调节器调节输出，实现对炉室的充气。

单板机原有PIO的B口被程序设定为位控方式，可中断，它连接4个控制按钮。这组按钮供现场特殊需要使用。程序设计成当有任一按钮触动时，CPU就以中断方式为之服务，执行各按钮所定义的功能。

微机是以等间隔时间读取炉室真空度的。为了实现计时，电路中设置了一个计数器/定时器CTC2。计时的长短可在程序初始化时设定。本系统中设定采样周期为8s，即每8s读取一次真空度。

上述各外部设备都应在CPU控制下有序地工作。为在不同时刻选中相应的外设，特设计了I/O译码电路。三一八译码器的输出y0～y7可供8组外设使用，这里只使用了yl～y4作为D/A转换器、CTC2、PIO2、锁存器74LS273的选址信号，尚余4组可供扩展用。

本系统的工作程序由以下4个模块组成：引导程序，参数预置程序，巡回检测程序，停机处理程序。

引导程序利用了单板机留给用户定义的4个功能键启动4个用户程序的特点，将几个程序模块的首地址存于启动地址表（2FB8H～2FBFH）中。这样，系统运行以后，操作人员只需触动按钮就能让微机在所期望的程序下运行。

参数预置程序主要用来设定日期、扩散泵启动真空度、两个机组切换的真空度以及炉室真空度的高低限等。

测量与控制程序流程图如图 14－7 所示，它由主程序和中断服务程序两部分构成。主程序完成对 PIO1、PIO2 和 CTC2 的工作方式设定等初始化工作，形成 8s 计时；中断服务程序周期性地完成系统真空度的测量、显示与数据存储，并对测量结果做出判断，决定需要施行的控制。

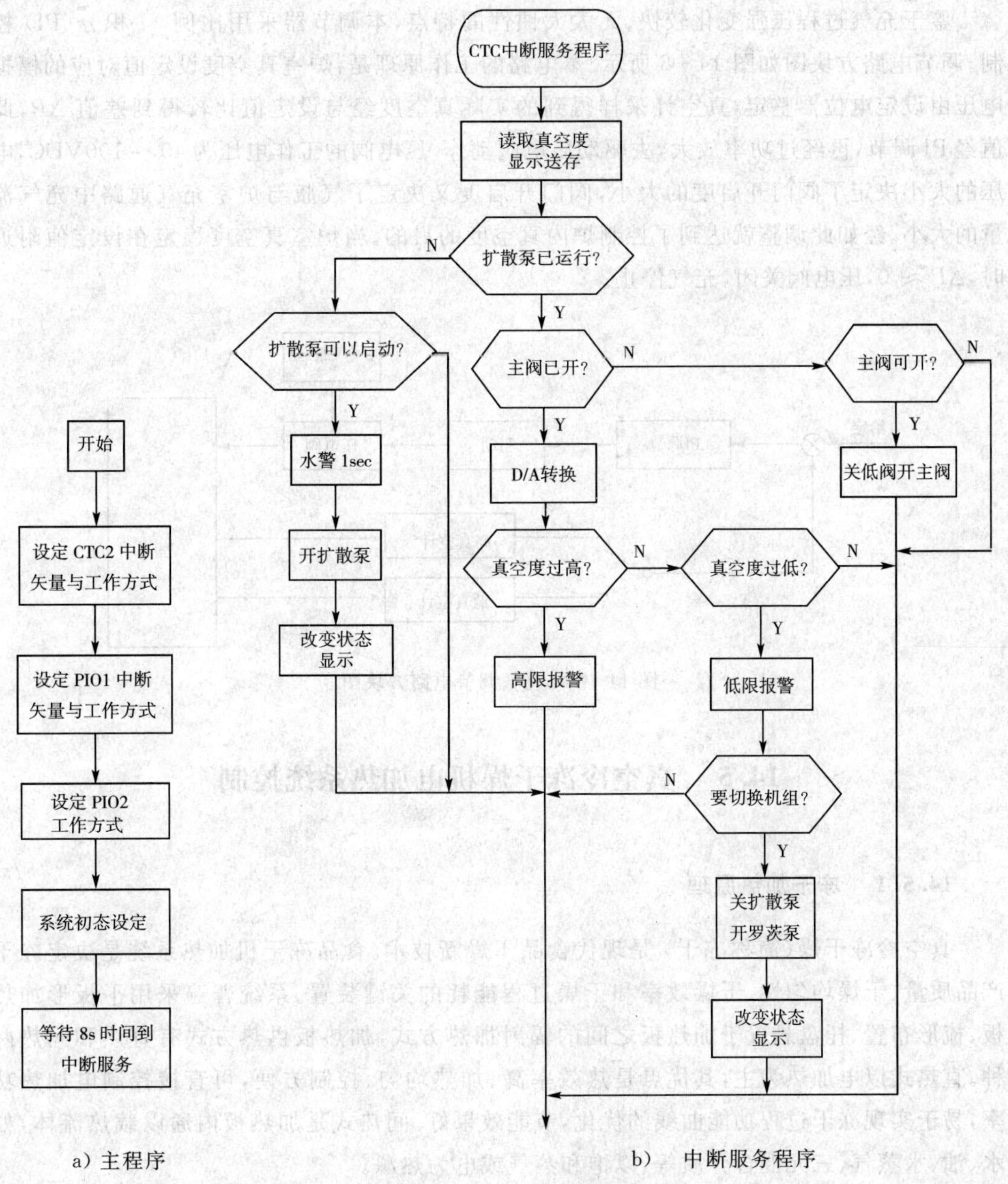

图 14－7　测量与控制程序

真空系统停机时，应先关断扩散泵电源，在不断冷却水的情况下延时半小时以上，确保油扩散泵冷却后，才能关掉机械泵。停机处理程序就是为满足这些要求而设计的，流程图略。

(2) 充气调节电路

真空热处理炉工作过程中，为调节炉室真空度，对炉室充气是常有的事。这种充气过程在手动操作方式中，很难使炉室压强快速跟随设定值，误差也较大。为提高充气过程的速度与准确性，将 PID 调节规律引入了充气控制，收到了满意的效果。

鉴于充气过程压强变化较快、无太大惯性的特点，本调节器采用比例 — 积分(PI) 控制。调节电路方块图如图 14 - 8 所示。本电路的工作原理是：炉室真空度设定值对应的模拟电压由设定电位器整定，真空计采样得到的实际真空度经与设定值比较得到差值 ΔP，此值经 PI 调节，再经过功率放大，去驱动压电阀动作。压电阀的工作电压为 40 ~ 100VDC，电压的大小决定了阀门开启度的大小，阀门开启度又决定了气瓶与炉室充气通路中充气流量的大小。经如此调整就达到了控制炉内真空度的目的。当炉室真空度稳定在设定值附近时，$\Delta P \approx 0$，压电阀关闭，充气停止。

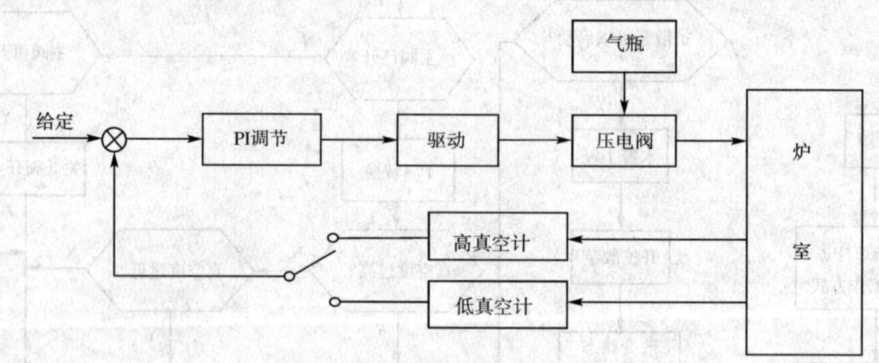

图 14 - 8　充气调节电路方块图

14.5　真空冷冻干燥机电加热系统控制

14.5.1　冻干加热原理

真空冷冻干燥(简称冻干)是现代食品干燥新技术。食品冻干机加热系统是决定冻干产品质量、干燥均匀性、干燥效率和干燥过程能耗的关键装置。系统普遍采用平板形加热板、梳形布置、托盘悬置于加热板之间的辐射加热方式，加热板供热方式有直热和间热两种。直热式以电加热为主，其优点是热效率高、加热均匀、控制方便，可直接控制电加热功率，易于实现冻干过程功能曲线的优化，节能效果好。间热式是加热板内通以载热流体，如水、油、水蒸气、三元混合介质等，以饱和蒸气或电为热源。

冻干机加热电源通过电极引入干燥室内，再接到每块加热板的电源接头上。由汤逊气体放电理论可知，气体在一定的外电场强度和真空度下会造成气隙击穿，发生气体间隙放电。处于正常状态并隔绝各种外电离因素作用的气体是完全不导电的。然而通常气体中由于紫外线、宇宙射线等外电离因素的作用存在少量带电粒子，这些带电粒子沿电场方向运动形成导电电流。当气体间隙上的电压增大到一定数值后，导电电流会突然剧增，从而使气体失去绝缘性能，称为击穿或放电。发生放电击穿的最低临界电压为放电电压 U_B，此时的电场强度 E_0 为气体的电气强度。常见的气体放电形式有火花放电、辉光放电、电晕放电和电弧放电。

巴邢等人通过实验发现间隙放电电压 U_B 与气压 p 和间隙宽度 d 的乘积 pd 有关，获得了 $U_B = f(pd)$ 曲线称为巴邢曲线，如图 14-9 所示。巴邢曲线从实验上证明了汤逊放电理论的正确性，并且修正了汤逊放电理论。同时巴邢实验还表明，当 pd 很大时（约 26600 cm·Pa），放电机理将发生改变，汤逊理论不再适用。

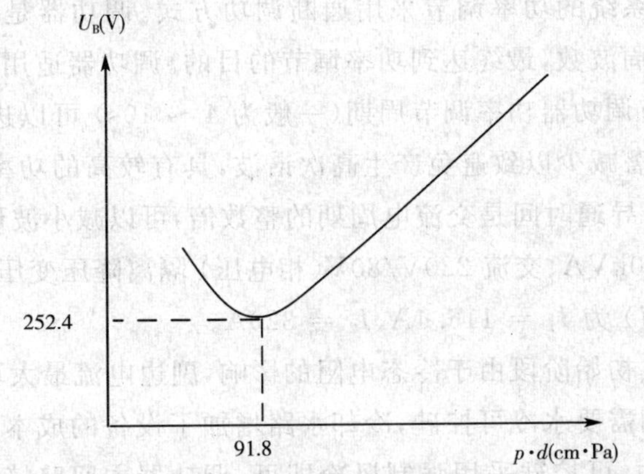

图 14-10 巴邢曲线（均匀场空气隙 $U_B = f(pd)$ 曲线）

因为冻干工艺过程中干燥室内真空度为 $13.3 \sim 10^5$ Pa，主过程在 $13.3 \sim 133$ Pa，另外考虑到干燥室壁的结构，引入电极间的距离不可能太大，所以冻干工况符合汤逊理论，且正好处于最易放电区域。一旦发生真空放电，将损毁供电主回路和控制回路的电气元件，造成冻干加热过程中断。因此，从自身安全角度出发，必须保证加热系统电压始终低于导致真空放电的最低电压。

根据汤逊理论，外电场强度是否超过气体的电气强度 E_B 是决定放电与否的根本原因。放电电压和电场均匀程度关系极大，电场越均匀，相同 pd 条件下的放电电压越高，其极限就是理想均匀电场中的放电电压。电极形状对电场均匀程度影响很大。为避免真空放电，在一定的电极距离条件下，电极越大越平滑则效果越好。另外，工频交流条件下放电电压的幅值与均匀电场作用下放电电压基本相同；电极温度升高也易导致放电电压降低。因此，在具体设计时必须考虑这些因素。

对于均匀电场，由巴邢曲线可知，当 $pd = 91.8$ cm·Pa 时，最小放电电压 $U_{min} = 252.4$ V。因此选择三相星形供电方式时，采用最大供电相电压为 80V，则两电极间瞬时电压最大值为 $80\sqrt{6}$ 即 195V，低于 U_{min}，系统安全。在理论计算的基础上，应对此供电电压做多次实际工况下的实验，如果没有发生放电现象，则表明电压选择合适。实际设备还应对电极表面进行一定的绝缘处理，以进一步确保设备工作安全。

14.5.2 电加热控制方式

冻干面积为 40m^2，取单位面积最大加热功率 $q_{max} = 1.5kW/m^2$，考虑线路损耗等因素，确定加热系统最大加热功率为 65kW。由前所述，采用工频交流 80V 三相星形供电，设每相电阻为 R，那么 $3 \times U^2/R = p \geqslant 65kW$，即 $R \leqslant 0.295\Omega$，取每相总电阻 $R = 0.25\Omega$。

电加热功率调节有移相调压和通断式调功两种方式。冻干试验表明，加热系统所需外部供热功率变化最大，大致在 $q_{max} \sim 0.1q_{max}$ 范围内变化。如果采用移相调压方式，设导通角 $\theta = 180°$ 时为 q_{max}，则 $0.1q_{max}$ 时导通角很小，它对可控硅触发信号要求相当严格，而且主电路中的感性成分易引起误触发；同时，高次谐波更易引起放电，也会对电网产生严重的谐波污染。因此，加热系统的功率调节采用通断调功方式。调功器是通过改变可控硅在一个调节周期内的通断周波数，最终达到功率调节的目的。调功器适用于具有较大惯性时间常数的负载，通过调节调功器功率调节周期（一般为 4 ～ 10s）可以进行大范围的调功。调功器通断控制能够显著减少以致避免产生高次谐波，具有较高的功率因数和效率。过零调功（在 $\alpha = 0°$ 时触发）导通时间是交流电周期的整数倍，可以减小波形的畸变，对电网影响较小。本系统选用了 80kVA、交流 220V/80V（相电压）隔离降压变压器，变压器原边、副边最大工作电流（有效值）为 $I_1 = 116.4A$、$I_2 = 320A$。

实验发现，在加热初始阶段由于冷态电阻的影响，副边电流最大可达 335A 以上。如果在变压器副边调功，则需要水冷可控硅，冷却水路增加了设备的成本和结构设计上的复杂性。在变压器原边调功，可控硅采用强制风冷即可。调功器主回路接法如图 14－10 所示，D_1、D_2 防止可控硅门极瞬间反向偏压，R_1、R_2 起到分流保护门极的作用。

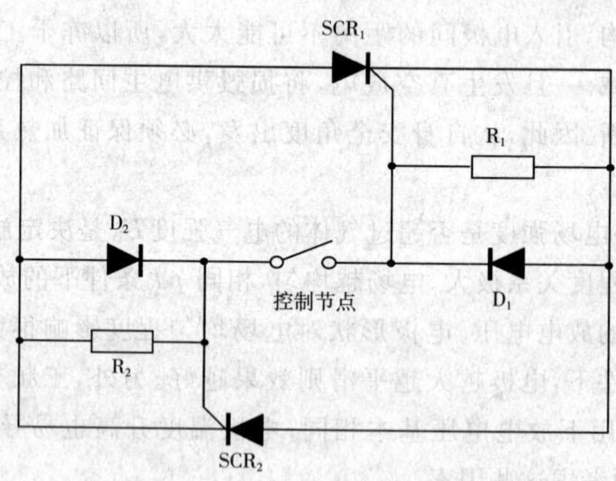

图 14－10 调功器主回路接法

14.5.3 功率调节器

在变压器原边调功时，负载属于变压器类负载，负载电流滞后于线路电压，具有感性负载特性。当变压器投入线路时，激磁电流立即处于不平衡状态而产生过渡现象，其峰值可超过额定负荷电流的5倍，从而出现激磁涌流现象。涌流的大小和投入变压器时线路电压的相位、铁心剩磁通的状态等有关，最大涌流产生于电压过零的瞬间投入情况，涌流的持续时间由回路电阻和阻抗决定。本系统采用的80kVA变压器持续时间通常在10个周波到1s之间。三相变压器组的三相有一相要产生过渡现象，无论什么瞬间投入都不可避免地出现涌流。因此，对于变压器类负载不能采用过零调功方式，而应采用随机导通方式，以避免过零。随机导通后调功器即平稳过渡到正常导通状态，导通过程不出现激磁涌流现象。调功器控制电路接法如图14－11所示。控制点可以采用继电器控制或计算机控制。在加热系统方案设计时，控制节点采用继电器随机通断控制，实验证明调功器能够长期安全运行。

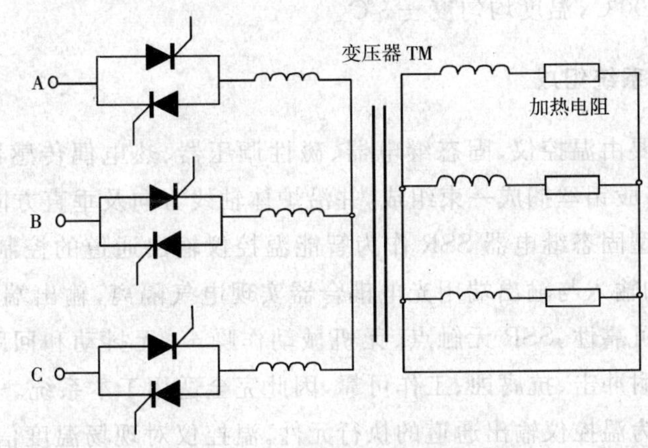

图14－11 调功器控制电路接法

近年来出现了一种将通断控制和移相控制相结合的功率调节方法。在主电路导通的初始段和终了段的几个周波内采用移相控制，实现了变压器平滑地投入和离开线路，减少了对线路的涌流冲击和影响。这种控制方式将移相和通断两者的优点结合起来，特别适合感性负载的功率调节。在加热系统中选用了KT3—4150型感性负载调功器，对可控硅和隔离降压变压器进行RC保护，进一步改善了系统的性能和使用条件。如图14－12所示给出了加热系统的PID控制框图。

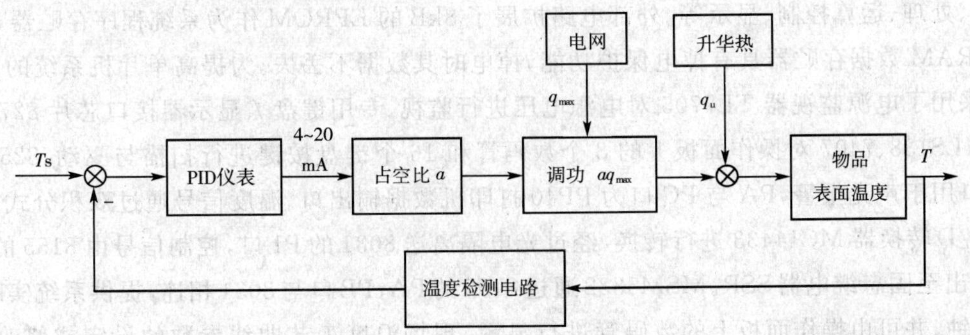

图14－12 加热系统PID控制框图

14.6 真空钎焊炉温度测控电路

真空铝钎焊接工艺自问世以来以其无污染公害、节能等优势逐步取代盐浴钎焊工艺，广泛应用于石油、化工、汽车、航空等领域。真空铝钎焊炉就是根据生产工艺要求而研制的新型设备。设备主要由加热系统、真空系统、水冷系统、充气系统、气路系统和电器控制系统等6大部分组成，适用于板翅式换热器、汽车水箱、冷凝器等真空钎焊，也可用于雷达、波导管等军工产品，还可用于某些金属材料的真空回火热处理等。设备加热系统采用以单片机为核心组成的智能温控仪进行自动检测和调节，具有控温效果好、温度均匀、可靠性高等特点。最高温度800℃，温度均匀度±3℃。

14.6.1 控温系统组成

本控温系统主要由温控仪、固态继电器、磁性调压器、热电偶传感器和记录仪等几部分组成。加热器由多股钼丝捆成一束组成，并沿炉体轴线方向及垂直方向均匀分布。

采用过零触发型固态继电器SSR作为智能温控仪输出通道的控制元件，用双向可控硅进行驱动。SSR的输入与输出端用光电耦合器实现电气隔离，输出端外接RC吸收回路和压敏电阻确保其可靠性。SSR无触点、无机械动作噪声、无抖动和回跳、无火花干扰、开关速度快、寿命长、耐冲击、抗腐蚀、工作可靠，因此完全适用于本系统。

磁性调压器作为温控仪输出通道的执行元件。温控仪对现场温度信号进行检测，然后与设定工艺曲线进行比较，根据偏差由积分分离PID算法进行运算、逻辑分析，给出输出控制信号，用以控制SSR的输出电压。此交流可调电压再经二极管桥式整流变为直流电压对磁性调压器进行励磁控制，以调整磁性调压器的输出功率，达到控温的目的。

14.6.2 温控仪硬件结构

(1) 系统总体结构

智能温控仪硬件总体结构如图14-13所示。系统以8031单片机为核心，用以完成数据采集、处理、运算控制、显示等。外部电路扩展了8kB的EPROM作为系统程序存贮器，8kB的SRAM数据存贮器具有掉电保护功能，掉电时其数据不丢失。为提高单片机系统的可靠性，采用了电源监视器TL7705对电源电压进行监视。专用键盘/显示器接口芯片8279通过74LS138、7407对操作面板上的8个数码管和16个键盘按键进行扫描与驱动。8255的PB口用于声光报警，PA与PC口为PP40打印机数据输出口。温度信号通过双积分式3位半A/D转换器MC14433进行转换，经过光电隔离送8031的P1口，控制信号由8155的PC口输出至固态继电器SSR。MSM5832通过8155的PA、PB口与8031相连，提供系统实时日历时钟，并可由操作面板上的数码管进行显示。现场温度工艺曲线参数的设定或修改、温度、时间显示、声光报警、手动/自动无扰动切换等功能，均可通过操作面板实现。有关芯片的片选信号由74LS138译码器按全译码方式提供。

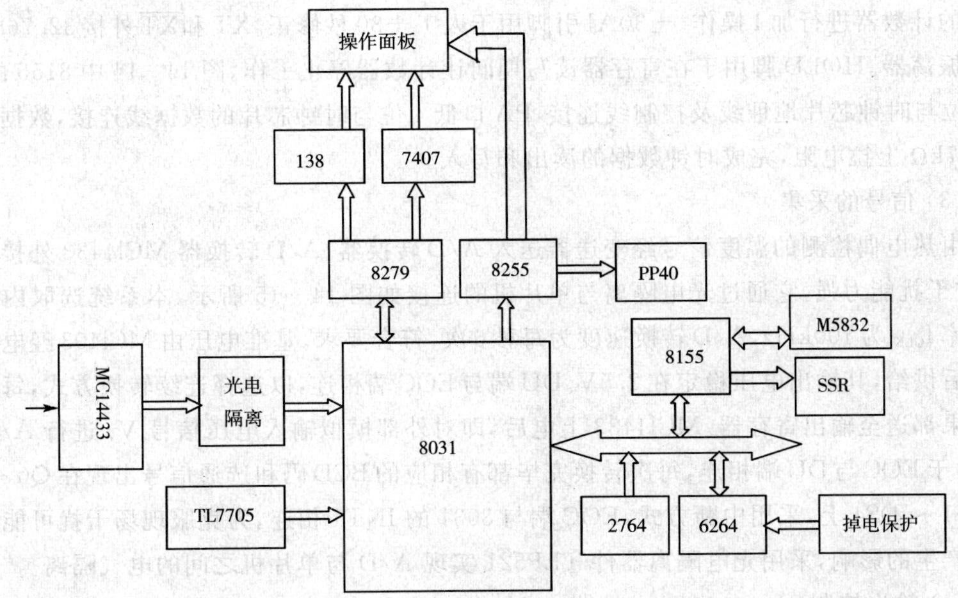

图 14－13　控温微机总体结构图

（2）实时日历时钟电路

MSM5832 实时日历时钟芯片可做到参数一次设定，有秒、分、时、日、星期、月和年等计时功能，用以提供本系统采样、定时及各种操作的时间基准，与 CPU 连接方便，无须中断方式工作。本系统采用 8155 作为接口器件，MSM5832 与 8031 单片机的连接如图 14－14 所示。

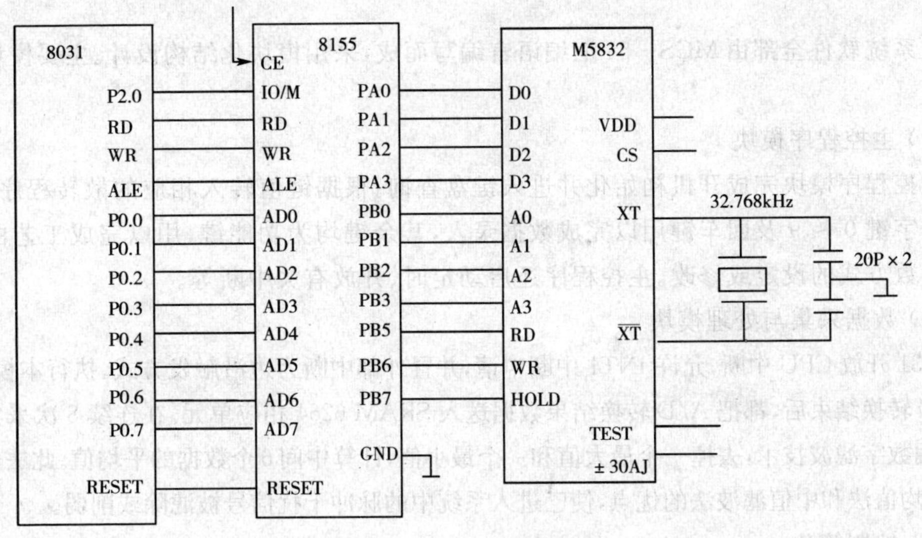

图 14－14　实时时钟电路

MSM5832 有 4 根地址线（A0 ～ A3）用于选择片内 13 个寄存器，4 根数据线 D0 ～ D3 用于与 CPU 之间传递数据，数据形式为 BCD 码。CS 为片选信号，高电平有效，当 CS ＝ 1 时，芯片选通，所有操作功能都允许；当 CS ＝ 0 时，禁止全部操作，因此把 CS 与正电源相接，这样当断电时，可起到保护作用。TEST 引脚悬空，该脚用于对时间的快速调整，当 CS ＝ 1 且 TEST ＝ 1 时，在分、时、日、星期、月和年的寄存器地址被选通的条件下，直接对被选通的计数器进行加1操作。±30AJ引脚用于人工±30秒修正。XT和$\overline{XT}$外接32.768kHz晶体振荡器。HOLD脚用于在寄存器读写期间让计数器停止工作。图14-14中8155的PB口7位与时钟芯片地址线及控制线连接，PA口低4位与时钟芯片的数据线连接，数据线外接4.7kΩ上拉电阻，完成时钟数据的读出和写入。

(3) 信号的采集

由热电偶检测的温度信号经变送器送入A/D转换器。A/D转换器MCl4433外接元件少，抗干扰能力强。它通过光电隔离与单片机的连接如图14-15所示。本系统选取内部时钟频率f_{CLK}为100kHz，A/D转换速度为每秒6次，符合要求。基准电压由MCl403经电位器分压后供给，其输出电压稳定在2.5V。DU端与EOC端相连，以选择连续转换方式，每次转换结果都送至输出寄存器。MCl4433上电后，即对外部模拟输入电压信号V_x进行A/D转换，由于EOC与DU端相连，每次转换完毕都有相应的BCD码和选通信号出现在Q0～Q3和DS1～DS4上，采用中断方式，EOC端与8031的INT1相连。为克服现场干扰可能对单片机产生的影响，采用光电隔离器件TLP521实现A/D与单片机之间的电气隔离。

(4) 输出控制

由设定的工艺曲线与实际测量值比较得到偏差后，按积分分离PID算法得到控制量，该控制信号经8155 PC_5接至固态继电器的输入端，其输出端控制磁性调压器进行调功。由于SCR输入、输出间采用电隔离，因此抗干扰能力强。

14.6.3 系统软件设计

本系统软件全部由MCS—51汇编语言编写而成，采用模块化结构设计。主要模块功能如下：

(1) 主控程序模块

主控程序模块完成开机初始化并进入键盘查询。根据键值转入相应的散转程序。键盘上的数字键0～9及回车键用以完成数据录入，其余键均为功能键，用以完成工艺曲线及有关参数方式的设定或修改。主控程序还启动定时、开放有关中断等。

(2) 数据采集与处理模块

8031开放CPU中断，允许INT1中断申请，并置外部中断为边沿触发方式。执行本模块，每次A/D转换结束后，都把A/D转换结果数据送入SRAM 6264相应单元。在连续8次采集数据后，采用数字滤波技术，去掉一个最大值和一个最小值，计算中间6个数据的平均值。此法兼容了算术平均值法和中值滤波法的优点，使已进入系统中的脉冲干扰信号被滤除或削弱。

(3) 控制算法

标准的PID算法适应性和灵活性较好，但快速性不佳，超调较大，究其原因主要是积分饱和所致，因此本系统选用积分分离PID控制算法，得到了理想的控制效果。为在单片机上实现PID控制算法，采用了离散的PID算式，按下式所确定的积分分离PID算法进行编程。

$$u(k)=u(k-1)+k_p[e(k)-e(k-1)]+k_1k_ie(k)+k_d[e(k)-2e(k-1)+e(k-2)] \tag{14-8}$$

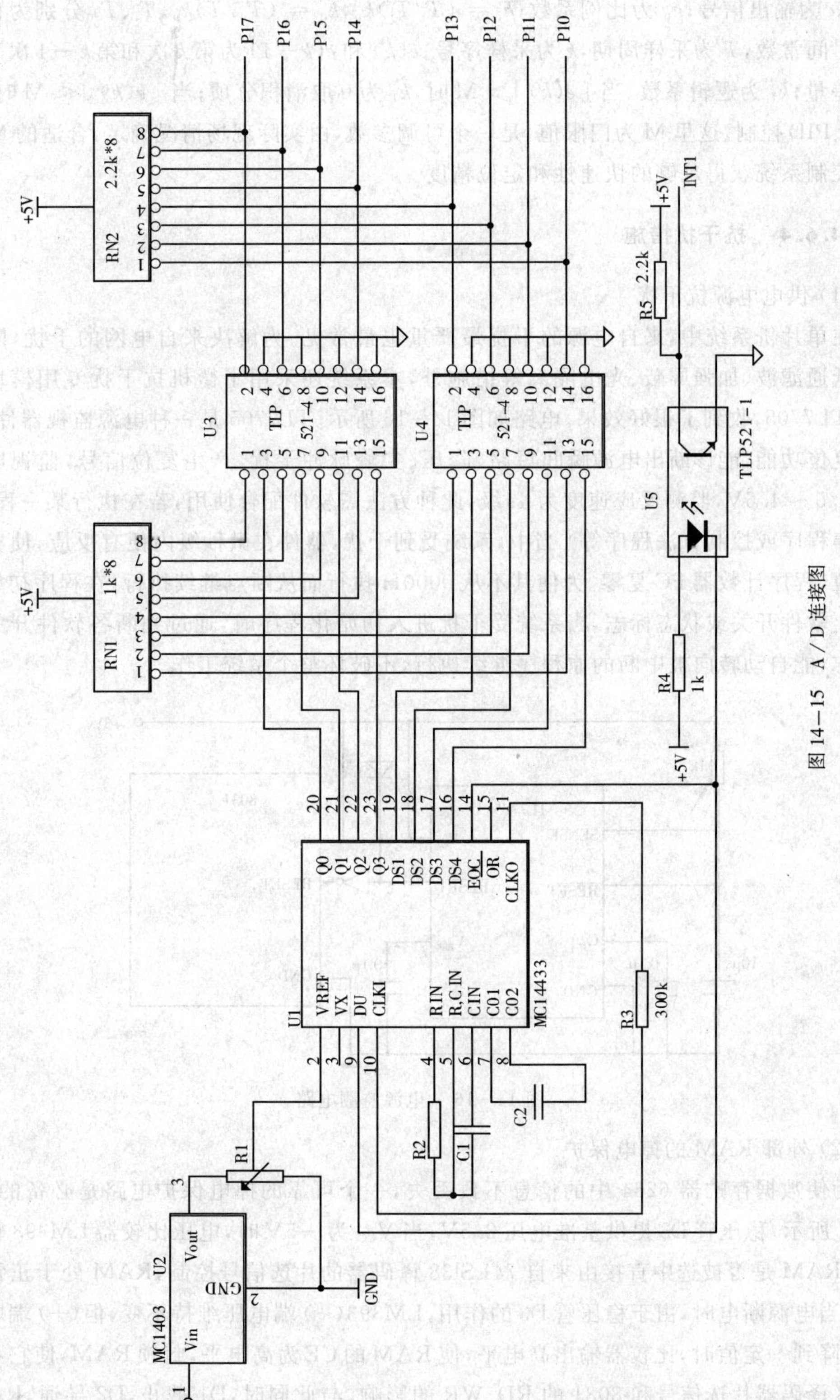

图 14－15 A/D 连接图

P17
P16
P15
P14
P13
P12
P11
P10
RN2
2.2k*8
+5V
RN1
1k*8
U3
TIP
521-4
U4
TIP
521-4
U5
TLP521-1
R5
2.2k
+5V
INT1
R4
1k
+5V
U1
MC14433
VREF
VX
DU
CLKI
RIN
R,C IN
CIN
C01
C02
Q0
Q1
Q2
Q3
DS1
DS2
DS3
DS4
EOC
OR
CLKO
R3
300k
R2
C1
C2
R1
U2
MC1403
Vin
Vout
GND
GND
+5V

式中：u 为输出信号；k_p 为比例系数；$k_i=(T/T_i)k_p$，$k_d=(T_d/T)k_p$，T_i、T_d 分别为积分和微分时间常数，T 为采样周期，k 为采样序号；$e(k)$ 和 $e(k-1)$ 为第 k 次和第 $k-1$ 次采样时的偏差量；k_1 为逻辑系数。当 $|e(k)|>$ M 时，k_1 为 0 取消积分项；当 $|e(k)|\leqslant$ M 时，k_1 为 1 进行 PID 控制。这里 M 为门限值，是一个可调参数，由实际现场情况确定，合适的 M 值有利于控制系统获得足够的快速性和定位精度。

14.6.4 抗干扰措施

(1) 供电电源抗干扰

在单片机系统中，来自电源的干扰最严重也最常见。为解决来自电网的干扰，除采用电源低通滤波、加强屏蔽、光电隔离等措施外，本系统还采用了微机抗干扰专用模块集成电路 TL7705，收到了很好效果。电路如图 14-16 所示。TL7705 是一种电源监视器件，具有上电复位功能，能诊断出电源瞬间短路、降压、尖峰脉冲干扰，产生复位信号，监视电压范围为 4.5～4.6V，监测反应速度为 μs 级。此种方法需软件配合使用，若在执行某一程序(例如采集程序或控制算法程序等)当中，系统受到干扰，器件在微秒级内便有反应，使整个系统复位，程序计数器 PC 复零。为使其不从 0000H 执行而从断点继续执行，在程序初始化部分加上软件开关或状态标志，当系统受干扰进入初始化程序时，通过判断各软件开关和状态标志，能自动转向被中断的原程序继续执行，不破坏整个系统工作。

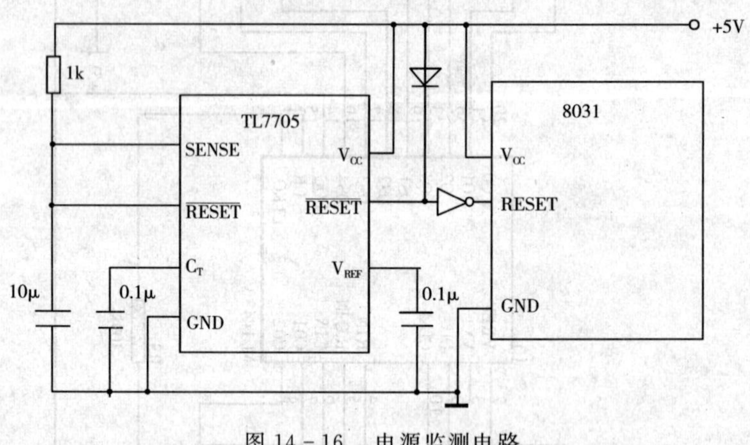

图 14-16 电源监测电路

(2) 外部 RAM 的掉电保护

为使数据存贮器 6264 中的信息不致丢失，一个可靠的掉电保护电路是必备的，如图 14-17 所示。稳压管 D3 提供基准电压 2.5V，当 V_{CC} 为 +5V 时，电压比较器 LM393 输出低电平，RAM 是否被选中直接由来自 74LSl38 译码器的片选信号控制，RAM 处于正常工作状态。当电源断电时，由于稳压管 D3 的作用，LM393(－) 端电压维持不变，但(＋) 端电压下降，下降到一定值时，比较器输出高电平，使 RAM 的 CE 为高电平，封锁 RAM，使它不受来自 138 译码器片选信号和 8031 的 RD、WR 的影响。与此同时，D1 截止，D2 导通，RAM 的 V_{CC} 由备用电池供电，从而保护了 RAM 单元内容不被改写或丢失，达到数据保护的目的。

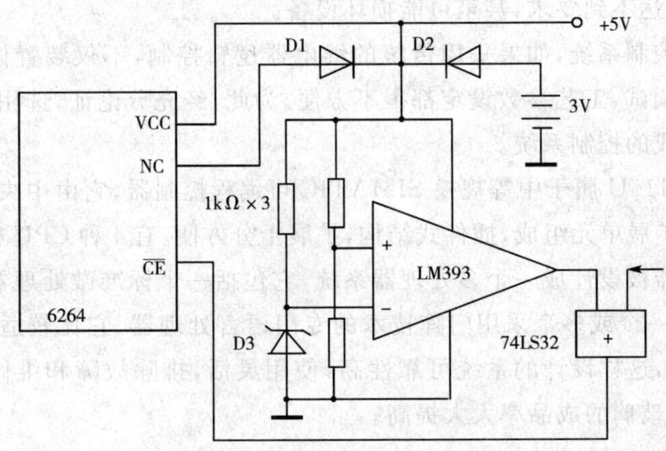

图 14-17 RAM 掉电保护电路

(3) 软件抗干扰措施

为防止由于干扰引起 PC 失控,使程序走飞,系统工作不正常,在软件设计上设置了超时中断监视器。为节省硬件,利用 8031 片内定时器 T0 实现,T1 则作为采样定时。定时器 T0 的中断为高优先级,超时监视中断时间大于主程序正常运行循环一次的时间,这样当 T0 中断周期一到,不论系统由于何种干扰陷入死循环状态时,均使系统回复到 A/D 转换入口处执行。这种超时监视中断对系统测控功能无影响,却能有效防止由于干扰使 PC 失控造成对系统的不良影响。

另外,本系统还采取了数字滤波、光电隔离等一系列措施,大大提高了系统的可靠性。

本温度测控系统的设计采用了 8031 单片机,集成度高,耗电少,测控精度高,抗干扰能力强;操作简单,升温速度、保温时间等参数可在技术指标范围内任意设定,满足不同温度曲线的要求,可记录、打印、显示温度和时间值,便于分析研究;利用磁性调压器作为执行元件,具有安全可靠、无级调节、线性度好、反应速度快、无机械传动等优点,满足高精度控温要求;加热器周边均布,加热时工件区全封闭,热损小,确保恒温区温度均匀,温差小。

14.7 镀膜生产线程序控制系统

建筑玻璃镀膜生产线由打霉机、进线清洗机、防尘室、预储室、过渡Ⅰ室、镀膜Ⅰ室、镀膜Ⅱ室、过渡Ⅱ室、输出室、膜厚检测室、出线清洗机、外观检查室等单元组成,由旋片泵、扩散泵、罗茨泵构成的真空机组多达 20 组,还有大量真空阀、放气阀、闸板阀、拖动电机、真空继电器等部件,显然是一个大型复杂系统。

在这样的生产线上,无论是对真空系统抽空过程的控制,还是对玻璃按照工艺要求行进流程工位的控制,或是与工艺流程相联的诸如拖动系统变频调速电机转速的控制,各个工作室的烘烤温度的控制,玻璃在各个工位停留时间长短的控制,磁控溅射靶极电源输出功率的控制,膜层厚度测量与控制,玻璃的清洗,等等,都必须按照严格的程序进行操作。

否则，产品质量就达不到要求，甚至可能损坏设备。

如此庞大的控制系统，如果采用传统的继电器逻辑控制，不仅装置体积大，而且可靠性差，维护困难，调试、工艺参数设定都很不方便。为此，经充分论证，选用了由可编程控制器作为主机而构成的控制系统。

西门子 S5—115U 属于中等规模 SIMATIC 可编程控制器。它由中央处理器及必要时加上 1 个或多个扩展单元组成，插件式结构，扩展十分方便。有 4 种 CPU 模板可供选用，模板上的中央处理器被设计成一个多处理器系统，它包括一个标准微处理器，并根据不同的 CPU 模板再加上一个或多个采用门阵技术的专门语言处理器。它比较适合复杂工艺过程的控制。事实证明，这样设计的系统可靠性高，使用灵活，排除故障和维修方便，从而使设备的运转率、镀膜玻璃的成品率大大提高。

14.7.1 系统的组成及工作性能

镀膜生产线由一大批子系统组成，其中主要有真空系统、靶极电源系统、传动系统、烘烤系统、前处理系统、后处理系统。

真空系统由 26 台机械泵、24 台罗茨泵、20 台扩散泵及阀组成。靶极电源系统采用平面磁控靶作为溅射源，共 4 套。传动系统采用了富士变频调速器和变频电机进行控制，具有多种速度设定，保证了在镀膜过程中玻璃运行平稳，膜厚均匀，还能镀制各种特性或工艺参数的镀膜玻璃。烘烤系统系为保证膜层的牢固性和镀膜玻璃的光学特性而设置，采用石英加热管、热电偶及日本产 SR43 温控仪、固态继电器等构成。测量范围宽，可以对某一点或某一范围的温度进行控制，具有 PID 自整定功能，控制精度高。前处理系统包括打霉机和进线清洗机，给玻璃表面打霉、清洗、去离子化，以提高膜层质量。后处理系统对已经镀成的膜层做质量检验，包括膜厚检测、外观检查等。系统组成框图如图 14－18 所示。

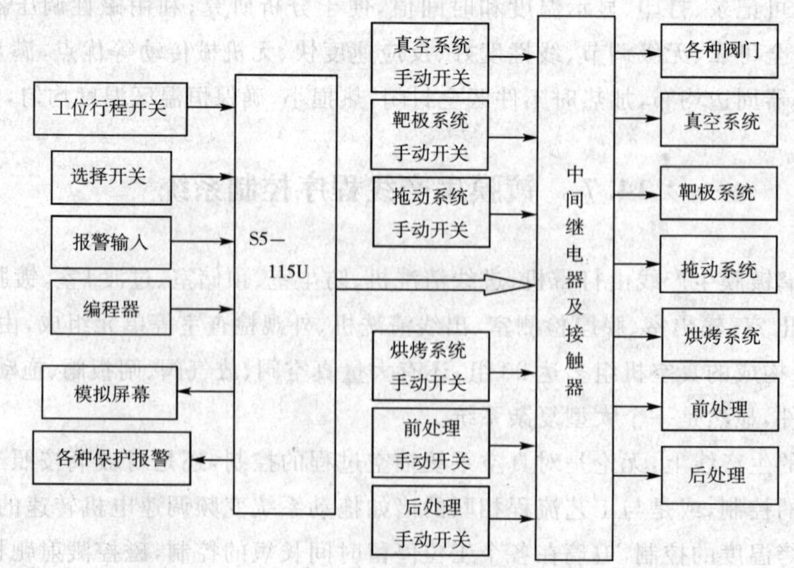

图 14－18 镀膜生产线系统组成框图

该系统具有如下性能：能够在手动、半自动、全自动模式下运行，任意选择运行模式；全自动运行时允许对个别部件出现的故障进行维修；能对整个生产流程进行有效的控制，能实时显示系统状态，以便监视；具有过载、过压、短路及断水保护功能，任何部分出现故障能自动发出音响及灯光报警；采用EPROM芯片存储系统监控程序，抗干扰能力强；断电时有程序记忆和数据记忆功能。

14.7.2 程序的编制

在S5—115U控制系统中，程序由一系列模块组成，包括：用户程序识别登记模块，模板注册登记模块，内存分配管理模块，用户调用模块，模板输入模块，模板输出模块，解释执行模块，通信处理模块等，模块之间通过相互调用和数据传送建立联系。

S5—115U的编程语言是STEP5。STEP5用户程序按功能分为：组织程序块(OB)，程序块(PB)，功能模块(FB)，顺序块(SB)，数据块(DB)。根据STEP5用户程序编写语言的特点，运用模块化结构进行编写，即将整个控制过程按工艺流程分成若干部分，每个部分对应某一功能和特定的控制对象。如真空系统、拖动系统、靶极电源系统，等等。众多独立的程序模块组成完整的用户程序。在调试、修改逻辑功能时只需改变个别块或个别指令。这种方法给程序编制、调试带来了极大的方便。当一个控制功能在程序中频繁出现时(例如各工作室的抽空机组，4个靶极电源的控制)，采用功能块编写，可以给功能块赋以参数，每次调用功能块都可以规定不同的操作数，从而大大地简化了程序设计。

STEP5语言有三种表示形式，即梯形图(LAD)、控制系统流程图(CSF)、语句表(STL)。本系统根据工艺流程较复杂、逻辑性强的特点，使用语句表(STL)编程。在程序编制时，首先编制半自动程序，然后在半自动程序的基础上采用调用和跳转指令形成全自动程序，最后再联调程序，编制出带有手动、半自动、全自动的全部程序。为满足抽空系统的要求和保证系统运行的可靠性，设置了一些必要的互锁、联锁等保护功能模块，使控制愈加完善。

工艺流程总框图如图14-19所示，其他如开机、关机、真空系统、烘烤系统、传动系统的控制程序，在此从略。

14.7.3 磁控溅射靶电源的自动控制

我们知道，磁控溅射通常要对镀膜室充入氩气或其他惰性气体(当进行反应溅射时还要充入活性反应气体)，达到特定压强，令其辉光放电。但当由于基片没有经过很好的处理或真空室污染或发生其他异常情况时，很容易引起靶极拉弧，导致靶极异常放电，这对膜层的均匀性及成膜质量都是不利的。因此，在设备正常运行时，应竭力避免不正常的放电。这就要求电气控制系统能够采取一系列措施，稳定靶极输出功率，抑制异常放电的发生。

靶极电源原理如图14-20所示。该电源采用磁性调压器和整流电路向靶极供电，其功率调节采用PAC-15P交流可控硅调压器(SHIMANDEN公司产品)，交流输出经整流后输入磁性调压器的控制端，反馈信号在磁性调压器的次级由电流互感取出，变换后进行PID调节，整定后送给PAC形成一个闭环控制回路。

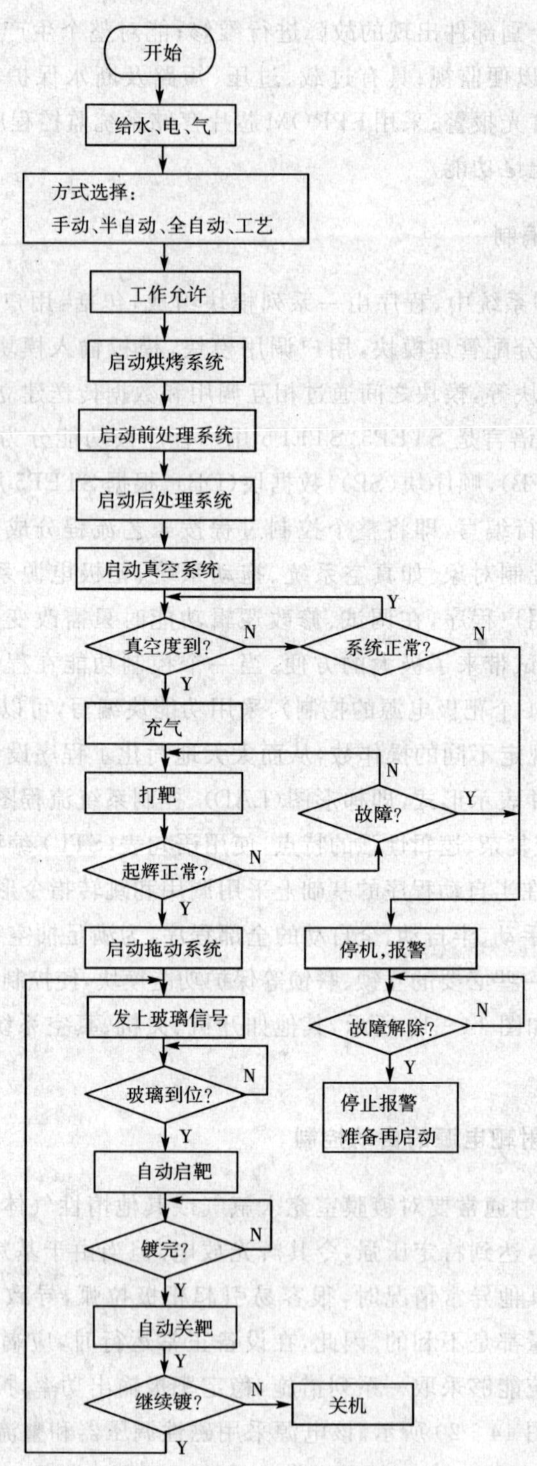

图 14-19 镀膜生产线工艺流程总框图

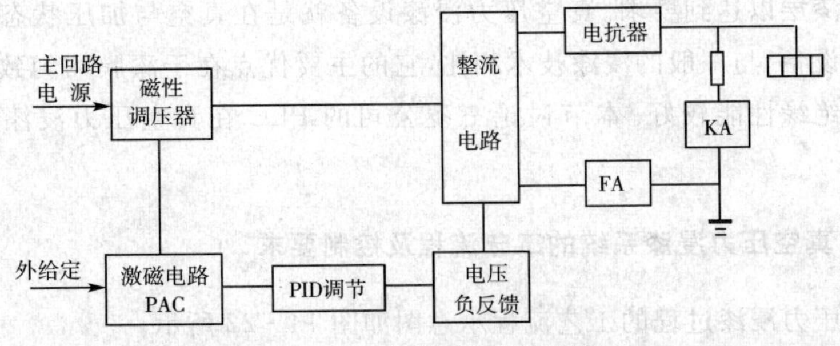

图 14－20 靶极电源原理框图

为了抑制靶极的非正常放电，特将电压继电器并联于靶极两端，再通过程序控制使其在非正常放电时切断磁调控制，然后再使其自动恢复。这样还能避免放电时的大电流损伤元件。其程序框图如图 14－21 所示。实践证明，该电源输出功率稳定，精度高，调节方便，有效地抑制了靶极的非正常放电，满足镀单质膜、复合膜的工艺要求。

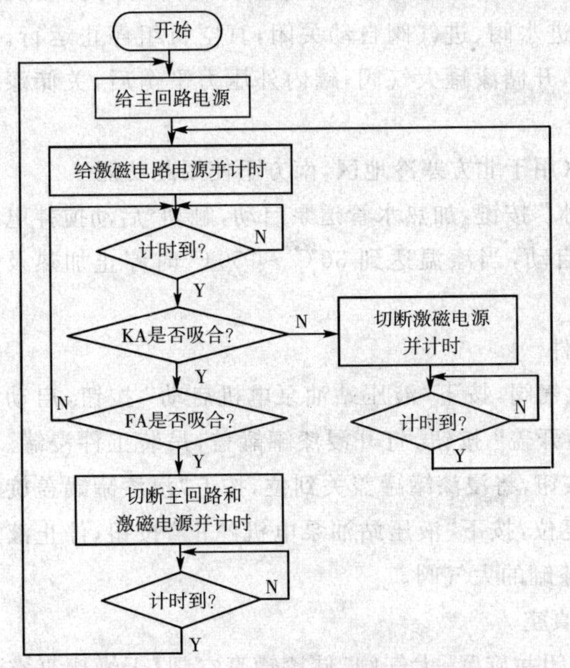

图 14－21 靶极电源控制流程图

在 PLC 控制系统中，要注意时间配合问题。PLC 执行程序是从头到尾扫描，一个扫描周期最大为500ms。而继电器、接触器从吸合到释放都有 ms 级的延时，尤其当触头断开时，由于电弧的存在使电流没有立即消失，因此要注意这种时间上的配合。在电机需正反转运行的系统中，PLC 程序要通过软件延时以保证可靠换向，否则会引起主回路短路。

14.8 真空压力浸漆设备 PLC 控制系统

在大中型电机、高中压纸力缆、电力电容器和小型变压器上都需要用到线圈。这些设备要求线圈具有一些特殊的性能，比如机械强度、绝缘性能、防潮、防腐、耐高温等，一般在线圈表面加涂漆层以达到要求。真空压力浸漆设备就是在真空与加压状态下把漆涂到线圈表面的一种设备。与一般的浸漆技术相比，它的主要优点在于漆膜均匀致密，附着牢固，处理后的线圈绝缘性能较好。本节讨论三菱公司的 PLC 在真空压力浸漆设备控制中的应用。

14.8.1 真空压力浸漆系统的工艺流程及控制要求

一个真空压力浸漆过程的工艺流程示意图如图 14-22 所示。

(1) 储漆罐抽真空

在储漆罐大气阀、浸漆罐真空阀、干燥罐真空阀及通风阀关闭的情况下，除漆罐真空阀、真空机组真空阀自动打开，真空机组水环泵进水阀、进气阀自动打开，在冷却水压达到 0.1MPa 以上时真空机组自动启动，开始对储漆罐抽真空，当真空度达到 1333 ～ 4000Pa 后，停止抽真空，储漆罐真空阀、真空机组真空阀自动关闭，真空机组水环泵进水阀、进气阀自动关闭，真空机组停止运行。保持真空 1 ～ 2h 后，开储漆罐大气阀，罐内外压力平衡后，关储漆罐大气阀。

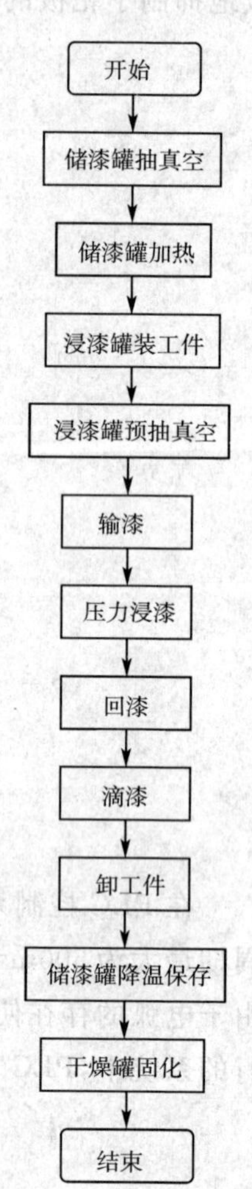

图 14-22 真空压力浸漆过程

(2) 储漆罐加热(用于北方寒冷地区，南方不使用此功能)

触动“启动加热水”按键，加热水管道泵启动，触动“启动搅拌电机”按键，搅拌电机启动，当漆温达到 30℃ ～ 50℃ 时停止加热及搅拌。

(3) 浸漆罐装工件

打开浸漆罐的大气阀，按下“液压站油泵电机启动”按钮，启动液压站，按下“浸漆罐开盖”按钮，打开浸漆罐罐盖，吊装工件浸罐。按下“浸漆罐关盖”按钮，将浸漆罐罐盖关到位，按下“浸漆罐罐盖旋紧”按钮，转箍旋转复位，按下“液压站油泵电机停止”按钮，停止液压站油泵电机，关浸漆罐的大气阀。

(4) 浸漆罐预抽真空

在浸漆罐罐盖关闭并旋紧、大气阀、储漆罐真空阀、干燥罐真空阀及通风阀关闭的情况下，浸漆罐真空阀、真空机组真空阀自动打开，真空机组水环泵进水阀、进气阀自动打开，在冷却水压达到 0.1MPa 以上时真空机组自动启动，开始对浸漆罐抽真空。当真空度达到 400 ～ 600Pa 后，真空机组自动停止运行，也可以触动“抽真空停止”按键，浸漆罐真空阀、真空机组真空阀自动关闭，真空机组水环泵进水阀、进气阀自动关闭，真空机组停止运行，抽真空过程停止。保持真空 0.25 ～ 0.5h。

(5) 输漆

开储漆罐和浸漆罐视孔灯，开储漆罐大气阀，按下“输漆”按钮，输漆阀打开，开始输漆。观察漆面，当到达工艺规定值后，断开“输漆”按钮，输漆阀关闭，停止输漆，关视孔灯。

(6) 压力浸漆

打开浸漆罐的大气阀破真空，完毕后关上浸漆罐的大气阀。断开“输漆”、“回漆”按钮，使输漆阀、回漆阀关闭。手动打开浸漆罐旁边的加压阀开始加压。当浸漆罐罐内压力达到 0.3 ～ 0.4MPa 时，手动关闭加压阀。当罐内压力下降到一定值后，又手动打开浸漆罐旁边的加压阀，加压到 0.3 ～ 0.4MPa，保压 0.5 ～ 1h 后，压力浸漆过程停止。

(7) 回漆

开储漆罐和浸漆罐视孔灯，开储漆罐大气阀，控制浸漆罐大气阀，使浸漆罐泄压至 0.15 ～ 0.2MPa 按下“回漆”按钮，回漆阀打开，开始回漆。观察漆面变化，当漆面接近罐底时，点动“回漆”按钮 2 ～ 3 次，防止压缩空气进入储漆罐。

(8) 滴漆

打开浸漆罐的大气阀滴漆，滴干净后关阀。触动“排风”按键，通风阀、浸漆罐真空阀自动打开，排风机自动启动。按下“液压站油泵电机启动”按钮，启动液压站。按下“浸漆罐松盖”按钮，转箍旋转至开位，按下“浸漆罐开盖”按钮，打开浸漆罐罐盖至10°，继续滴漆并排除有害气体。滴漆干净后，触动“排风停止”按键，通风阀、浸漆罐真空阀关闭，排风机停止运行。

(9) 卸工件

打开浸漆罐的大气阀，触动“排风”按键，通风阀、浸漆罐真空阀自动打开，排风机自动启动。按下“浸漆罐松盖”按钮，转箍旋转至开位，按下“浸漆罐开盖”按钮，打开浸漆罐罐盖，吊出工件。按下“浸漆罐关盖”按钮，将浸漆罐罐盖关到位，按下“浸漆罐罐盖旋紧”按钮，转箍旋转复位，按下“液压站油泵电机停止”按钮，停止液压站油泵电机。触动“排风停止”按键，通风阀、浸漆罐真空阀关闭，排风机停止运行。

(10) 储漆罐降温保存

启动制冷机组，然后触动“启动搅拌电机”按键，搅拌电机启动。当漆温降到要求温度值后，触动“搅拌停止”按键，停止搅拌，停止制冷机组。

(11) 干燥罐固化

启动液压站，打开干燥罐的大气阀，打开干燥罐罐盖，工件吊入罐内，关闭干燥罐罐盖，关闭干燥罐的大气阀，关闭液压站，然后工件在干燥罐里进行固化。固化完后，启动液压站，打开干燥罐的大气阀，打开干燥罐罐盖，工件吊出干燥罐，然后再关闭干燥罐罐盖，关闭干燥罐的大气阀，关闭液压站。

14.8.2　真空压力浸漆设备真空机组启停顺序

(1) 开机组

① 开罐上的真空阀(浸漆罐真空阀、储漆罐真空阀、干燥罐真空阀) 和真空总管上的真空阀。

② 延时 2s 后，开真空机组冷却水循环水泵。

③ 水压到后自动启动真空机组水环泵，同时破真空阀得电，破真空阀和大气切断。

④ 延时 2s 后，开真空机组进气阀。

⑤ 延时 2s 后，开真空机组进水阀。

⑥ 真空度到 8000 ～ 10000Pa 启动真空罗茨泵 2。

⑦ 真空度到 2000 ～ 3000Pa 启动真空罗茨泵 1。

(2) 停机组

① 关罐上的真空阀(浸漆罐真空阀、储漆罐真空阀、干燥罐真空阀)和真空总管上的真空阀。

② 停罗茨真空泵 1。

③ 延时 2s 后，停罗茨真空泵 2。

④ 延时 2s 后，破真空阀失电，破真空阀和大气导通，真空机组进气阀、进水阀关闭。

⑤ 延时 2s 后，真空机组水环泵和真空机组冷却水循环水泵停止运行。

(3) 故障停机组(水环泵过载、冷却水压低)

① 关罐上的真空阀(浸漆罐真空阀、储漆罐真空阀、干燥罐真空阀)和真空总管上的真空阀。

② 真空机组冷却水循环水泵停止运行。

③ 停罗茨真空泵 1 和罗茨真空泵 2。

④ 破真空阀失电，破真空阀和大气导通，真空机组进气阀、进水阀关闭。

⑤ 延时 3s 后，停真空机组水环泵。

11.8.3 真空压力浸漆控制系统的 PLC 选型

控制系统图如图 14－23 所示。

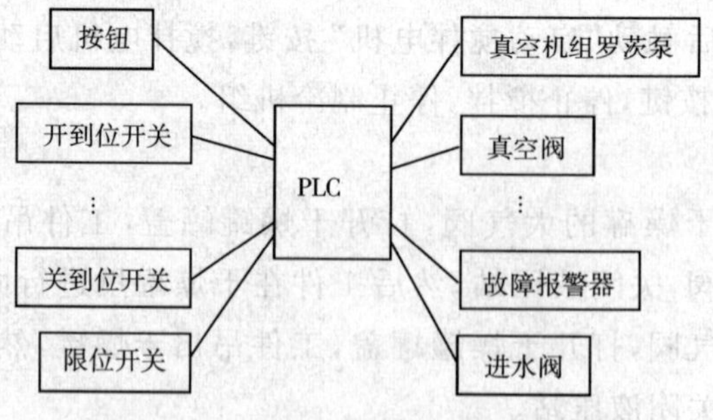

图 14－23 真空压力浸漆控制系统图

真空压力浸漆控制系统采用三菱公司的 FX2N 系列整体式 PLC。该 PLC 的 CPU 模块 FX2N－80MR－001 有 40 点数字量输入，40 点数字量输出，它完全满足真空压力浸漆设备控制的要求，所以不再需要扩展输入 / 输出模块。I/O 端口采用自动分配方式，输入端子对应的输入地址是 X000 ～ X047，输出端子对应的输出地址是 Y000 ～ Y047。

14.8.4　PLC 控制系统的资源分配

数字量输入地址分配如表 14－1 所示。

表 14－1　数字量输入地址分配表

输入地址	对应的输入设备	输入地址	对应的输入设备
X000	自动控制	X024	输漆阀开到位
X001	干燥罐罐盖关到位	X025	回漆阀开到位
X002	浸漆罐罐盖旋紧到位	X026	浸漆罐压控仪下下限
X003	浸漆罐罐盖关到位	X027	热偶真空计真空度到
X004	干燥罐大气阀开到位	X030	浸漆罐压控仪上限
X005	储漆罐大气阀开到位	X031	浸漆罐压控仪下限
X006	储漆罐大气阀关到位	X032	备用
X007	输漆按钮	X033	储漆罐温控仪温度到
X010	回漆按钮	X034	冷却循环水管道泵水压低
X011	真空机组冷却水压低	X035	紧急停止按钮
X012	真空机组真空继电器 1	X036	干燥罐风机启动
X013	真空机组真空继电器 2	X037	备用
X014	干燥罐真空阀开到位	X040	备用
X015	储漆罐真空阀开到位	X041	浸漆罐电接点压力表
X016	浸漆罐真空阀开到位	X042	干燥罐温控仪表运行
X017	干燥罐进风阀开到位	X043	真空机组过载
X020	干燥罐排风阀开到位	X044	备用
X021	浸漆罐加压阀开到位	X045	备用
X022	真空阀 V_1 开到位	X046	备用
X023	真空阀 V_2 开到位	X047	备用

数字量输出地址分配表如表 14－2 所示。

表 14－2 数字量输出地址分配表

输出地址	对应的输出设备	输出地址	对应的输出设备
Y000	干燥罐风机	Y024	自动运行
Y001	干燥罐真空阀	Y025	水环泵进水阀
Y002	干燥罐进风阀	Y026	水环泵进气阀
Y003	干燥罐排风阀	Y027	真空机组冷却水循环水泵
Y004	储漆罐搅拌电机	Y030	浸漆罐真空阀开到位
Y005	储漆罐真空阀	Y031	浸漆罐加压阀开到位
Y006	浸漆罐真空阀	Y032	干燥罐真空阀开到位
Y007	浸漆罐加压阀	Y033	浸漆罐输漆阀开到位
Y010	输漆阀	Y034	浸漆罐回漆阀开到位
Y011	回漆阀	Y035	备用
Y012	真空阀	Y036	备用
Y013	真空机组罗茨泵 1	Y037	备用
Y014	真空机组罗茨泵 2	Y040	干燥罐降温阀
Y015	真空机组水环泵	Y041	真空机组破真空阀
Y016	通风阀	Y042	备用
Y017	浸漆罐风机	Y043	备用
Y020	冷却循环水箱管道泵	Y044	备用
Y021	加热水箱管道泵	Y045	备用
Y022	故障报警	Y046	备用
Y023	手动运行	Y047	备用

内部继电器地址分配如表 14－3 所示。

表 14－3 内部继电器地址分配表

内部继电器	功能说明	内部继电器	功能说明
M0	启动系统	M102	真空机组罗茨泵 1
M10	干燥罐抽真空	M103	真空机组罗茨泵 2
M11	浸漆罐抽真空	M104	紧急停止
M12	储漆罐抽真空	M105	干燥罐风机停机延时
M15	浸漆罐加压	M106	固化状态判断
M20	加热水箱管道泵启动	M107	真空机组罗茨泵 2 停机延时

（续表）

内部继电器	功能说明	内部继电器	功能说明
M30	冷却循环水管道泵启动	M108	真空机组水环泵停机延时
M40	干燥罐干燥	M197	储漆罐搅拌电机
M41	真空机组破真空阀	M198	回漆
M60	储漆罐搅拌电机	M199	输漆
M90	干燥罐降温阀	M201	压力控制
M100	自动运行	M300	干燥罐排风
M101	真空机组水环泵	M301	浸漆罐排风

14.8.5　PLC 控制系统程序设计和调试

编程软件采用三菱公司提供的GX－Developer，有关GX－Developer的具体内容可参阅相关文献。

开机组流程图如图 14－24 所示；停机组流程图如图 14－25 所示；故障停机组（水环泵过载、冷却水压低）流程图如图 14－26 所示。

程序支持在自动模式和手动模式下运行。自动模式完全在 PLC 程序控制下运行，一经启动即循环扫描，周而复始，它适用于所有设备都运行正常的情况下。全自动程序由 GX－Developer 软件的指令编制而成，若要修改，须先将 PLC 设定在“STOP”状态下，运行 GX—Developer 编程软件，即可在线调试，也可用编程器进行调试。

以下给出部分单元控制的程序。

（1）紧急停止中间继电器

在自动工作方式下，按下紧急停止按钮 X035，紧急停止中间继电器 M104 置位，启动系统时，紧急停止中间继电器 M104 复位。它的助记符程序为：

```
LDP    X035
SET    M104      ；紧急停止中间继电器
LDF    M0
ORP    M0
RST    M104
RST    M115
```

（2）运行状态

按下自动控制按钮，系统启动，自动运行中间继电器 M100 得电，自动运行指示灯 Y24 亮，手动运行指示灯 Y23 灭。在紧急停止情况下，自动运行中间继电器 M100 失电，自动运行指示灯 Y24 灭，手动运行指示灯 Y23 亮。它的助记符程序为：

```
LD     X000
```

```
AND     M0
ANI     M104
OUT     M100      ;自动运行中间继电器
OUT     Y024      ;自动运行指示灯
NOT
OUT     Y023      ;手动运行指示灯
```

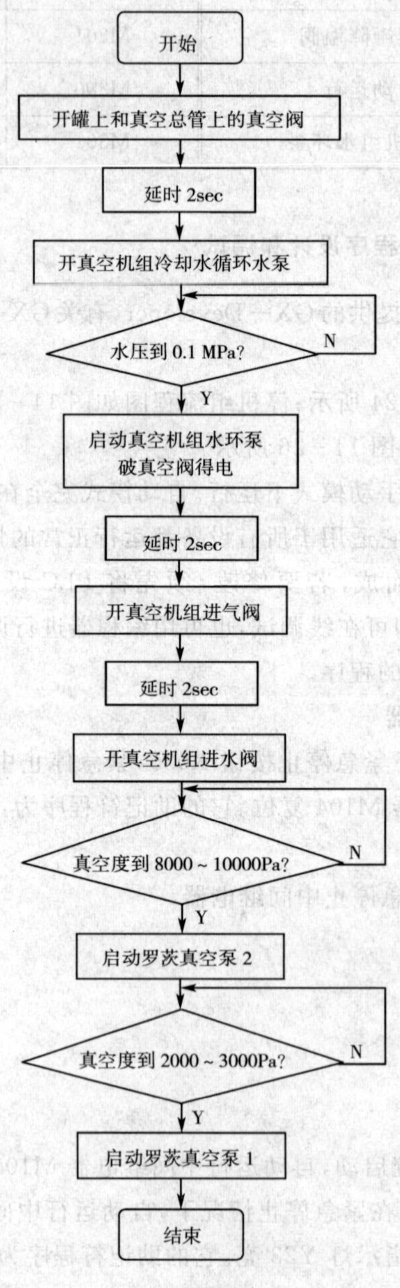

图 14－24 开机组流程图

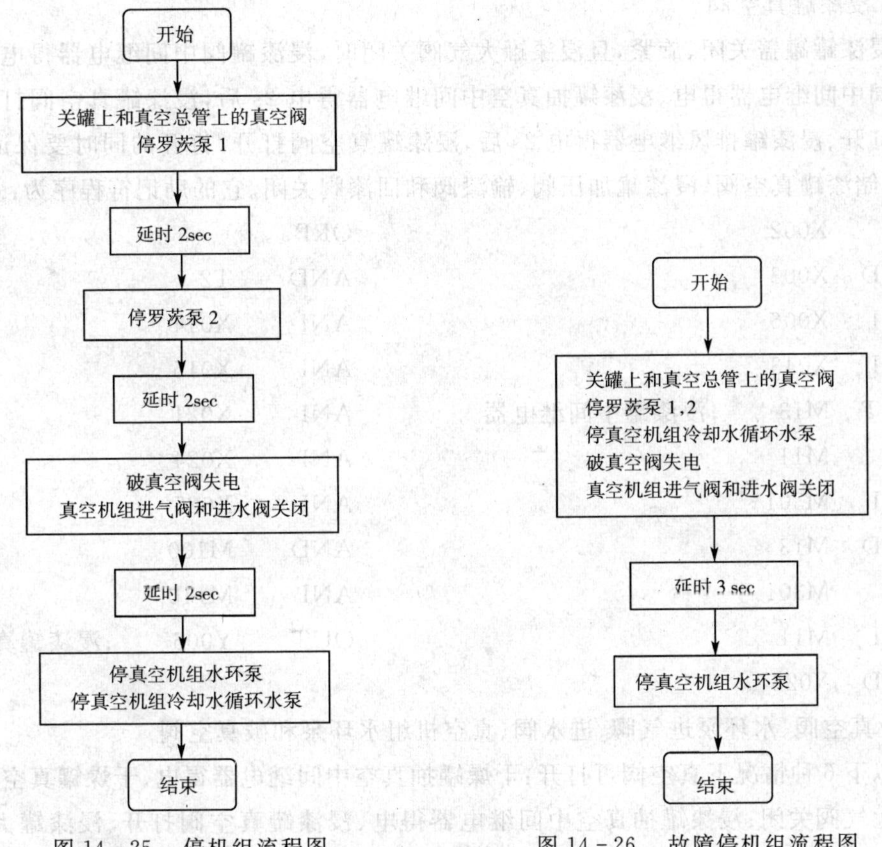

图 14-25　停机组流程图　　图 14-26　故障停机组流程图

(3) 干燥罐真空阀、干燥罐进风阀和排风阀

在干燥罐盖关闭的情况下，干燥罐抽真空中间继电器为“ON”时，干燥罐真空阀打开。与此同时要保证干燥罐大气阀、储漆罐真空阀、浸漆罐真空阀、干燥罐进风阀和干燥罐排风阀关闭。在热偶真空计真空度达到设定的真空度时，干燥罐真空阀关闭。当干燥罐排风中间继电器为“ON”时，干燥罐进风阀和排风阀打开，同时要保证系统未抽真空，并且真空阀处在关闭状态。它的助记符程序为：

```
LD     M10
AND    X001
ANI    X004
ANI    M300
ANI    X015
ANI    X016
ANI    X017
ANI    X020
AND    M100
ANI    M110
ANI    X043
OUT    Y001        ；干燥罐真空阀
LD     M300
OR     M109
ANI    M10
ANI    X014
AND    M100
OUT    Y002        ；干燥罐进风阀
OUT    Y003
```

(4) 浸漆罐真空阀

当浸漆罐罐盖关闭、旋紧，且浸漆罐大气阀关闭时，浸漆罐阀中间继电器得电。在浸漆罐大气阀中间继电器得电、浸漆罐抽真空中间继电器得电 2s 后，浸漆罐真空阀打开；或者通风阀打开、浸漆罐排风继电器得电 2s 后，浸漆罐真空阀打开。打开的同时要保证干燥罐大气阀、储漆罐真空阀、浸漆罐加压阀、输漆阀和回漆阀关闭。它的助记符程序为：

```
LD    X002
AND   X003
ANI   X006
ANI   X043
OUT   M13      ;浸漆罐中间继电器
LD    M11
ANI   M301
AND   M13
LD    M301
ANI   M11
AND   X023
ORB
AND   T2
ANI   X014
ANI   X015
ANI   X021
ANI   X024
ANI   X025
AND   M100
ANI   M110
OUT   Y006     ;浸漆罐真空阀
```

(5) 真空阀、水环泵进气阀、进水阀、真空机组水环泵和破真空阀

在以下 6 种情况下真空阀可打开：干燥罐抽真空中间继电器得电、干燥罐真空阀打开、干燥罐大气阀关闭；浸漆罐抽真空中间继电器得电、浸漆罐真空阀打开、浸漆罐大气阀关闭；储漆罐抽真空中间继电器得电、储漆罐真空阀打开、储漆罐大气阀关闭；真空机组罗茨泵 1 自动；真空机组罗茨泵 2 启动；真空机组水环泵启动 2s 后，当真空计真空度到后停真空阀。

当真空机组冷却水压过高的时候，真空机组水环泵启动，2s 后，水环泵进气阀得电，再过 2s，水环泵进水阀得电。它们的助记符程序为：

```
LD    M10
ANI   X004
AND   X014
LD    M11
ANI   X006
AND   X016
ORB
LD    M12
ANI   X005
AND   X015
ORB
ANI   M110
OR    M102
OR    M103
LD    M101
ANI   T10
AND   T0
ORB
AND   M100
MPS
ANI   M110
ANI   X043
```

```
OUT   Y012   ;真空阀          LD    M110
MRD                          AND   M101
AND   X022                   ORI   X011
OUT   T12    K20             ANB
MRD                          ANI   X023
AND   T12                    MPS
ANI   X043                   ANI   T115
OUT   M111                   OUT   Y015   ;真空机组水环泵
MRD                          OUT   M101
AND   T15                    MRD
AND   M41                    ANI   T9
OUT   Y026   ;水环泵进气阀    ANI   X043
MRD                          OUT   Y041
AND   T16                    OUT   M41    ;真空机组破真空阀
AND   M41                    MPP
OUT   Y025   ;水环泵进气阀    OUT   T15    K20
MPP                          OUT   T16    K40
```

所对应的梯形图如图 14-27 所示。

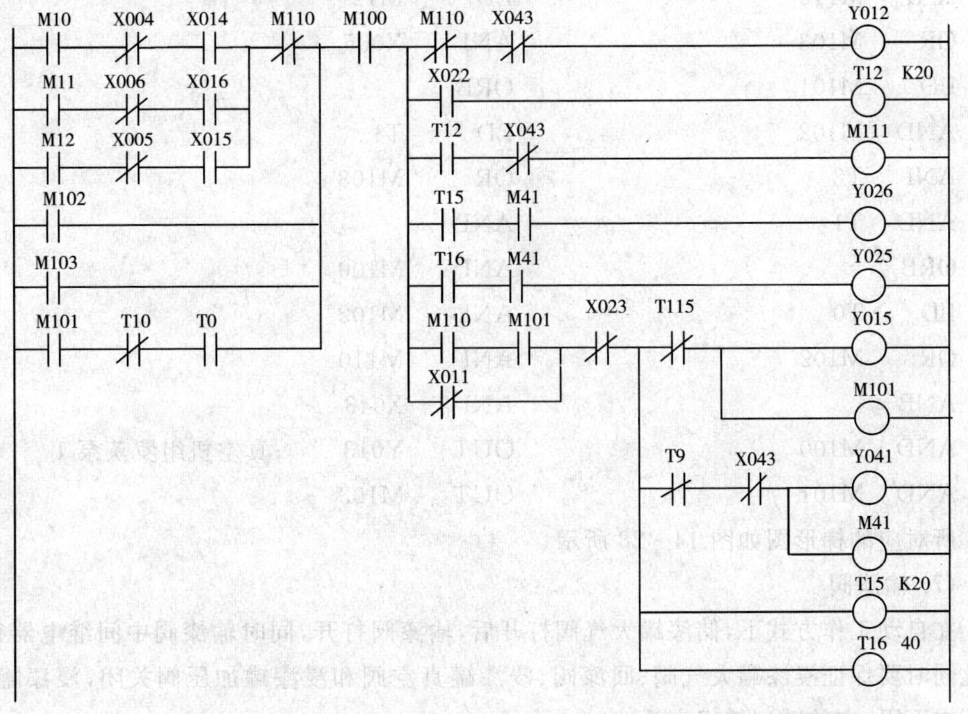

图 14-27 真空阀、水环泵进气阀、进水阀、真空机组水环泵和破真空阀梯形图

(6) 真空机组罗茨泵

当真空机组真空继电器1打开2s、真空机组罗茨泵2开启后，在以下3种情况下真空机组罗茨泵1开启：干燥罐抽真空中间继电器得电、干燥罐大气阀关闭；浸漆罐抽真空中间继电器得电、浸漆罐大气阀关闭；储漆罐抽真空中间继电器得电、储漆罐大气阀关闭。当真空机组真空继电器2打开2s且真空机组水环泵开启后，在以下4种情况下真空机组罗茨泵2开启：干燥罐抽真空中间继电器得电、干燥罐大气阀关闭；浸漆罐抽真空中间继电器得电、浸漆罐大气阀关闭；储漆罐抽真空中间继电器得电、储漆罐大气阀关闭；真空机组罗茨泵1运行。它们的助记符程序为：

```
LD    X013              ANI   X043
OUT   T0     K20        OUT   Y014      ;真空机组罗茨泵 2
LD    M10               OUT   M102
ANI   X004              LD    X012
LD    M11               OUT   T1     K20
ANI   X006              LD    M10
ORB                     ANI   X004
LD    M12               LD    M11
ANI   X005              ANI   X006
ORB                     ORB
ANI   M110              LD    M12
OR    M103              ANI   X005
LD    M101              ORB
AND   M102              LD    T1
ANI   T8                OR    M103
AND   T1                ANB
ORB                     AND   M100
LD    T0                AND   M102
OR    M102              ANI   M110
ANB                     ANI   X043
AND   M100              OUT   Y013      ;真空机组罗茨泵 1
AND   M101              OUT   M103
```

所对应的梯形图如图 14-28 所示。

(7) 输漆阀

在自动工作方式下，储漆罐大气阀打开后，输漆阀打开，同时输漆阀中间继电器得电。与此同时要保证浸漆罐大气阀、回漆阀、浸漆罐真空阀和浸漆罐加压阀关闭，浸漆罐压控仪不在下限。它的助记符程序为：

```
LD    X005
AND   X007
ANI   X006
ANI   X010
ANI   X016
ANI   X021
ANI   X025
ANI   X026
AND   M100
OUT   Y010      ;输漆阀
OUT   M199
```

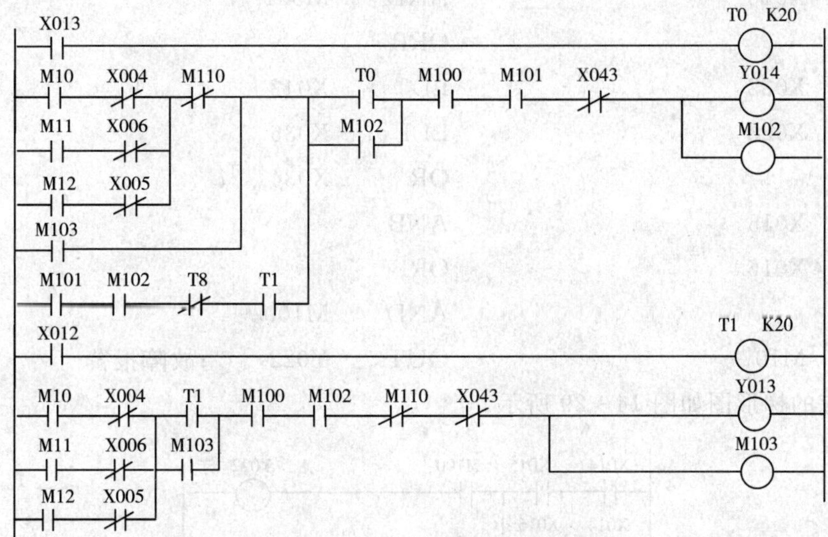

图 14-28 真空机组罗茨泵梯形图

(8) 浸漆罐加压阀

浸漆罐罐盖关闭旋紧后，打开浸漆罐加压阀。与此同时要保证浸漆罐大气阀、输漆阀、浸漆罐真空阀和浸漆罐加压阀关闭。浸漆罐加压阀打开 50min 后关闭。它的助记符程序为：

```
LD    X021
OUT   T4   K30000
LD    T4
SET   M106
LDP   M15
ORP   M0
ORF   M15
ORF   M0
RST   M106
LD    M15
AND   M100
ANI   X006
ANI   X016
AND   X002
AND   X003
ANI   M106
ANI   M201
ANI   X024
ANI   X025
OUT   Y007      ;浸漆罐加压阀
```

(9) 故障报警

在以下 7 种情况下报警：干燥罐真空阀和储漆罐真空阀同时开启；干燥罐真空阀和浸漆罐真空阀同时开启；储漆罐真空阀和浸漆罐真空阀同时开启；真空阀和通风阀同时开

启；干燥罐抽真空中间继电器和干燥罐排风中间继电器同时为“ON”；浸漆罐抽真空中间继电器和浸漆罐排风中间继电器同时为“ON”；干燥罐温控运行时冷却循环水管道泵水压过低或干燥罐风机未启动。它的助记符程序为：

```
LD    X014          AND   M300
AND   X015          ORB
LD    X014          LD    M11
AND   X016          AND   M301
ORB                 ORB
LD    X022          LD    X042
AND   X023          LDI   X036
ORB                 OR    X034
LD    X015          ANB
AND   X016          ORB
ORB                 AND   M100
LD    M10           OUT   Y022     ;故障报警
```

所对应的梯形图如图 14-29 所示。

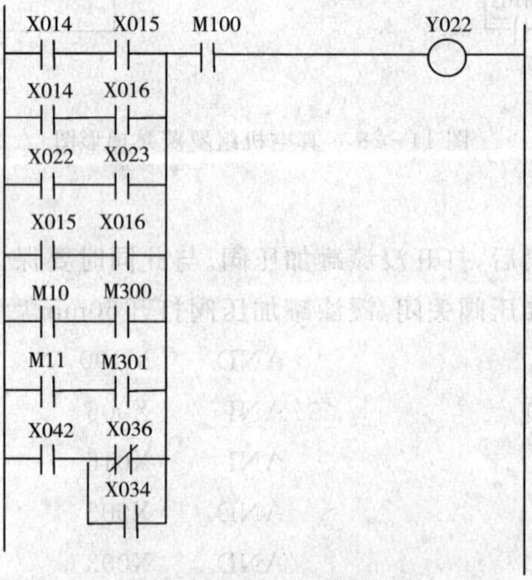

图 14-29　故障报警梯形图

(10) 状态显示

该程序主要用于监视浸漆罐真空阀、浸漆罐加压阀、干燥罐真空阀、浸漆罐输漆阀、浸漆罐回漆阀和干燥罐降温阀打开情况，并在控制面板上显示。它的助记符程序为：

```
LD    X016
OUT   Y030     ;浸漆罐真空阀开到位
LD    X021
OUT   Y031     ;浸漆罐加压阀开到位
```

```
LD   X014
OUT  Y032    ;干燥罐真空阀开到位
LD   X024
OUT  Y033    ;浸漆罐输漆阀开到位
LD   X025
OUT  Y034    ;浸漆罐回漆阀开到位
LD   M90
OUT  Y040    ;干燥罐降温阀开到位
```

综上所述,真空压力浸漆设备系统庞大,按钮、阀门、真空泵、容器、管道等众多,工艺复杂,利用三菱 FX2N 系列 PLC 高度集成化的丰富功能,经精心设计,实现了真空压力浸漆过程的全自动控制。实践表明,这种实现方案不失为一种良好选择。

14.9 同步辐射光源真空控制系统

合肥光源(HLS)是第二代专用同步辐射光源,由 200MeV 直线加速器、输运线和 800MeV 电子储存环组成。真空控制系统是基于 EPICS(Experimental Physics and Industrial Control System)的分布式控制系统,3 台 IOC(Input Output controller)分别控制储存环上的 7 台 Varian 真空规控制器、直线加速器上的 15 台溅射离子泵电源控制器和输运线上 16 台溅射离子泵的电源控制器。采用 Channel Archiver 实现了储存环真空度及直线输运线溅射离子泵离子流数据的采集、存档及检索的功能;利用开发的 CGI 程序,改善了数据检索的性能,并对光源储存环真空管道的束流清洗过程进行了分析。

EPICS 是广泛用于粒子加速器等大型实验物理装置的分布式控制系统,它具有分布式体系结构,采用 Client/Server 和 Publish/Subscribe 模式按 CA(Channel Access)网络协议进行计算机间的通信。服务器端通常为输入输出控制器(IOC),运行在实时系统上,且具有基于记录的数据库,处理输入和输出及本地控制任务。操作员界面(OPI)是 EPICS 的客户端,可以运行在 UNIX、GNU/Linux、Windows 95 及 NT、VMS、VxWorks 等多种平台上,EPICS 拥有丰富的工具集,利用它们可以方便地构建控制系统。EPICS 是众多使用者协作开发的结果,并且现在它遵循一个开源的许可。

Channel Archiver 是 EPICS 的一个通用的数据存档工具集,它作为一个 CA 客户端,能将任何可以通过 CA 获得的数据存档。Channel Archiver 采用二进制文件存储数据,具有很好的数据存档和数据检索的性能。

14.9.1 系统硬件结构

合肥光源真空控制系统的硬件结构如图 14-30 所示。

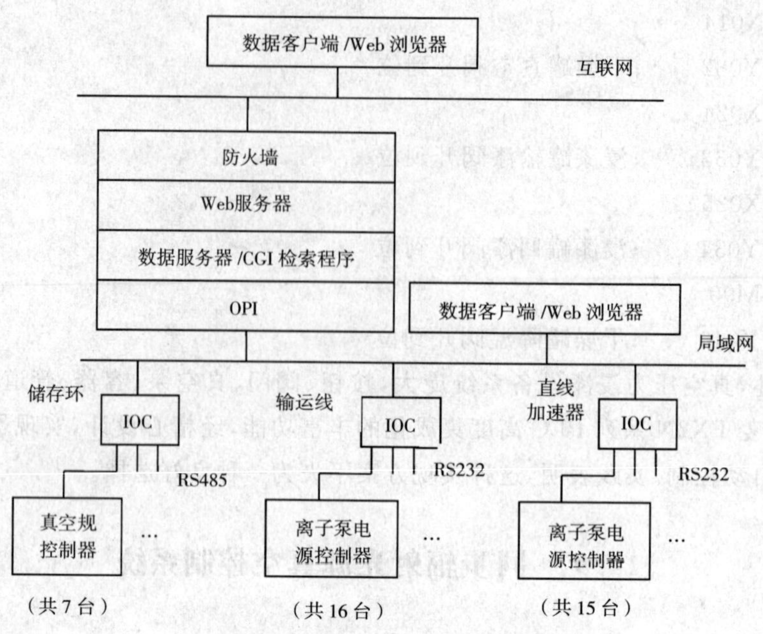

图 14-30 合肥光源真空控制系统硬件结构图

① 沿着储存环分布有7台Varian真空规控制器，用于监测20个点的真空度。1台工业PC作为IOC，通过RS485与7台Varian真空规控制器通信。输运线和直线加速器上分别安装了16台和15台溅射离子泵电源，每台溅射离子泵电源由一台控制器控制。2台工业PC作为IOC，通过RS232分别与这些控制器通信。

②OPI上的监控程序，周期性采集储存环上的真空度和直线输运线上溅射离子泵的离子流。

③OPI上的Channel Archiver程序保存IOC采集的数据，完成数据存档。

④Channel Archiver提供了基于Web的数据服务器，使位于局域网内和防火墙外的互联网上的各种平台都可以检索数据。

14.9.2 系统软件开发

EPICS系统软件包括三部分：IOC部分、OPI部分和CA部分。EPICS系统依据Client/Server模型，在TCP/IP协议之上建立了CA机制，并为Client（主要为OPI）和Server（主要是IOC）分别提供了应用接口子程序库。EPICS系统利用CA实现了Client对Server中数据的网络透明访问。

(1)IOC部分

EPICS通过分布在IOC上的记录来完成各种功能的控制，而记录的驱动分三层：记录支持（Record Support）、设备支持（Device Support）和驱动支持（Driver Support）。记录支持只与记录有关，它包含一组标准的记录处理函数，通过设备支持入口表（Device Support Entry Tables）调用Device Support来实现对硬件设备的驱动。与硬件设备驱动有关的功能由Device Support来完成，它的存在使记录处理函数不用考虑与硬件设备相关的细节。

在设备驱动比较复杂的情况下，利用 Driver Support 可以使设备驱动更加模块化。

离子泵电源控制器与 IOC 之间通过 RS232 点对点通信，采用的 C168 串口扩展卡是 MOXA 公司开发的基于 ISA 总线的 8 串口扩展卡。根据该产品的技术文档，开发了实时操作系统 VxWorks 下的驱动程序，IOC 启动时通过网络下载安装。驱动程序安装后，扩展串口的使用与普通串口完全一样。

真空规控制器和离子泵电源控制器与 IOC 之间都使用串行通信，但遵从的通信协议不同，分别编写了相应的 Device Support 和 Driver Support。

记录文件是用数据库开发工具 DCT 创建的。采用的记录类型主要有 AI(Analog Input)、AO(Analog Output)、MbbiDirect(Direct Multi—bit Binary Output)、MbboDirect (Direct Multi—bit Binary Output) 和 maio 等。其中 maio 记录类型是根据实际需要开发的。

(2)OPI 部分

采用 EPICS 提供的人机界面开发工具 MEDM(Motif Editor and Display Manager) 创建了主要的人机界面，监控相应的设备。应用 TCL/TK Script 语言编写了环真空度的监测程序，以柱状图的形式显示环上 20 个点的真空度及真空度的平均值。

采用 Channel Archiver 实现了储存环真空度及直线输运线溅射离子泵离子流数据的采集、存档及检索的功能。

14.9.3 数据存档

采用一台运行 Debian GNU/Linux 操作系统的 PC 机作为真空数据存档的计算机，其上运行的 Channel Archiver 完成数据存档并建立数据服务器。

(1) 配置 Channel Archiver

要利用 Channel Archiver 进行存档，首先要提供配置文件，其次要建立与配置文件对应的存档目录结构，以及创建 Channel Archiver 运行过程中需要的管理和操作程序等。为了简化这些步骤，改进了 Channel Archiver 提供的脚本程序 make－archive－dirs. p1。改进后的 make－archive－dirs. p1 可以根据 Channel Archiver 的配置文件 archiveconfig. csv 完成以下任务：

① 一个可以用来启动 archiveconfig. csv 中所有 ArchiveDaemon 的脚本 start－a11. sh。

② 停止所有 ArchiveDaemon 和 ArchiveEngine 的脚本 stop－a11. sh。

③ 删除所有残余的 archive－active. lck 的脚本 rm－lck. sh。

④ 为每个 ArchiveEngine 创建 master index 的脚本 mk－mindex. sh。

⑤ArchiveDataServer 的配置文件 serverconfig. xml。

在进行实际的数据存档时，还要为每个 ArchiveEngine 提供具体的配置文件。目前使用的 ArchiveEngine 采用 XML 格式的配置文件，XML 文件可读性好且易于被程序处理。可以直接编写 XML 格式的配置文件，但更简单的方法是先以普通文本文件的格式给出配置，然后通过程序 ConvertEngineConfig. p1 将它转换为 XML 格式的配置文件。

(2) 存档文件的管理

为了减少 ArchiveEngine 崩溃引起的数据损失,每周重启一次 ArchiveEngine。由于每个 ArchiveEngine 会在每次运行时产生新的目录及索引文件和数据文件,不便于数据的备份和检索,因此需要对多个索引和数据文件进行合并。

对于索引文件,ArchiveDaemon 在运行时会将它们合并产生一个主索引文件,而且每隔一段时间会更新一次。但是一个 ArchiveDaemon 管理的通道往往较多,所有索引文件都合并在一起也不便于数据检索,而改进后的 make－archive－dirs. pl 在运行时生成脚本 mk－mindex. sh,此脚本可以用来为每个 ArchiveEngine 创建一个主索引文件。由于主索引文件需要及时更新,可将它加入系统定时任务中,每隔一定的时间间隔自动将每个 ArchiveEngine 的主索引文件更新一次。

对于数据文件,用 ArchiveDataTool 将一段时间(如一个月)的数据合并在一起,使数据备份更方便,而且可以提高数据检索的性能。

14.9.4 数据检索

Channel Archiver 主要提供了两类数据检索的途径:一种是简单的命令行方式(ArchiveExport),要求对数据能够直接访问;另一种是基于 XML－RPC 协议的方式,Archive Viewer 作为主要的客户端,利用 Channel Archiver 数据服务器进行数据检索。后一种方式虽然通用性好,功能也较完善,但实际应用时还不太方便。如:① 需要知道不易记的记录名;② 需要安装 Java 运行环境;③ 对运行 ArchiveViewer 的机器配置要求较高;④ 不能直接通过网页访问。因此,开发了只需通过访问网页就可以检索数据的方法,即用 CGI (Common Gateway Interface) 程序来执行数据检索并将结果用图形和数据表的形式呈现在网页上,其中数据图是利用 gnuplot 程序绘制的。

使用 Perl 语言来实现 CGI 数据检索程序,使用 apache2 作为 Web 服务器。CGI 程序中通过调用 Channel Archiver 的命令行程序 ArchiveExport 来检索数据。其过程如下:①CGI 将用户选择的各种选项传递给 ArchiveExport,检索得到的结果保存在一个临时的数据文件中(如 192. 168. 1. 77. dat);② 根据用户的绘图要求生成相应的 gnuplot 文件(如 192. 168. 1. 77. pit);③ 调用 gunplot 程序将检索的结果绘制到图形文件中(如 192. 168. 1. 77—1117027310. png);④ 生成呈现给用户的 Web 页面以及数据表格网页文件(如 192. 168. 1. 77－dat. html)。

CGI 程序生成的网页界面,可以选择检索直线加速器、输运线或储存环的真空数据。

14.9.5 储存环真空管道束流清洗过程的分析

储存环中的束流要保持长时间的运行,真空环境的好坏至关重要。较差的真空度会大大缩短束流的寿命,甚至在注入时可能因束流根本无法累积而不能成功注入。

在储存环实际运行时,真空室材料的光电解吸的一个重要特征是解吸气体的量随辐射光子累积剂量的增加而降低,表现为随机器运行时间的增加,动态真空逐渐改善,束流寿命随之增长。我们称之为束流清洗作用。

目前,为了研究的方便,很多实验室都采用 $\Delta p/I$ 即动态真空度的变化与束流流强之比代替解吸系数来分析光电解吸的大小。通过分析 $\Delta p/I$ 和束流流强寿命($I \cdot \tau$)随积分流强的变化,可以得到真空管道束流清洗的情况。

为了方便地进行分析,开发了在线的真空数据分析程序。运行该程序,可以记录从储存环开环、真空室暴露大气后重新运行束流对真空室清洗的情况。这种清洗过程大致是:

① 真空室暴露大气后,真空室壁上吸附了大量的气体分子。

② 在开环后的早期运行过程中,大量的气体分子在光电解吸的作用下脱附,动态真空度也就很差,束流寿命很短,束流清洗的效果也非常明显。

③ 随着积分流强的增加、束流清洗的进行,真空室壁上吸附的气体分子逐渐减少,束流清洗也逐渐变缓。

④ 在运行近 3 个月后,积分流强接近 100A·h,储存环的真空度和束流的寿命都达到了设计指标。

合肥光源真空控制系统的长时间运行表明,该系统稳定可靠,采用 Channel Archiver 作为数据存档及检索的工具,操作简单方便。开发的 CGI 程序,改善了数据检索的性能,并对储存环真空管道的束流清洗过程进行了分析,为机器研究提供了便捷的手段。

14.10 真空冶金设备抽气装置专家系统

14.10.1 专家系统的特点和应用

专家系统是一个具有大量专门知识的计算机智能信息系统,它能运用知识和推理技术来求解和模拟通常由人类专家才能解决的各种复杂、具体的问题,实现了人工智能从科学研究走向实际应用,从一般思维方法探讨转入专门知识运用的重大突破。

专家系统与一般的信息管理系统的区别不仅在于知识从流程中的分离(知识和知识使用是分离的),更在于这些知识主要是经验知识(专家知识)。因此,获取知识困难,开发专家系统要比一般的信息管理系统更复杂。

专家系统主要由知识获取系统、知识库、推理机和解释界面等四部分组成。应具备:存储求解问题所需的专家知识;存储初始数据和推理过程中所涉及的各种信息;根据当前输入的数据选择已有的知识,按照一定的推理策略,去解决当前问题;能对推理过程、结论或系统自身做出必要的解释;提供知识获取、机器学习方法,实现知识库的修改、扩充和完善;提供一种人机接口,既便于用户使用,又能分析、理解用户的各种请求等功能,以达到方便、有效、可靠和可维护等性能,其中机器学习功能最具智能特征。

专家系统具有求解问题的专业性、灵活性、透明性、实用性和高效性等特点,特别适用于解决决策性问题、无确定理论计算模型通常靠经验来解决的问题以及数据不精确、不完全、需用模糊推理或不精确推理求解的问题。尽管专家系统在人类知识转化、机器学习、推理能力等方面存在局限性，还不能达到专家的真实水平，但已在数据分析系统、诊断系统、监督系统、预测系统、设计系统中得到了成功的应用，协助解决一些实际问题，特别适用于人类专家缺乏的场合。

14.10.2 真空冶金设备抽气装置的特性

真空冶金大大改善了材料的性能，其应用日渐普及，并向大型化方向发展。普通钢的生产多要经过真空脱气处理，特殊钢的生产多要进行真空炉外精炼，一些特殊的合金钢多采用真空冶炼，高质量的金属材料也离不开真空冶金。真空冶金已成为提高钢材质量、提高钢材附加值的重要方法。

真空抽气装置为真空冶金工艺流程提供所需要的真空环境，是冶金成套设备中的关键部分，一般要求真空抽气装置的抽气量大，在规定的时间内达到要求的真空度，其运行状态的好坏至关重要。由于真空系统及其检测元件长期工作在有大量粉尘等恶劣冶金环境中，因而容易发生故障。当抽气系统出现故障时，因为抽气装置庞大，结构组成复杂，影响抽气装置运行状态的因素多，相互之间有关联，所以故障诊断困难，时间上也不允许，一般用户难以短时间内完成，会给生产带来严重影响，甚至会给企业造成巨大的经济损失。因此，在真空冶金设备抽气装置上建立设备运行状态监测系统和快速故障诊断专家系统具有重要的实际意义。

现有的真空冶金装置上一般都有比较完备的自动控制系统，但缺乏的是运行状态评价和趋势分析预报以及故障诊断系统。对现有的硬件系统稍加扩充，编制应用软件，就可以用较小的投入，提高设备运行的安全性和可靠性，变定期维修为按需维修，减少检修维护费用和设备的故障率，提高故障诊断和排除效率，实现设备的自动化和智能化，以获取巨大的经济利益。

14.10.3 真空冶金抽气装置专家系统的问题细节

① 要实现的功能：设备运行状态监视，设备故障诊断。将采集数据与设定参数阈值进行对比，指出设备所处的运行状态，当出现故障时，经过推理，指出设备的可能故障，给出处理建议。

② 硬件、软件支持：在线监测软、硬件系统，故障诊断专家系统软件。

③ 设备运行情况：设备运行的影响因素，设备运行状态参数阈值的确定，设备故障原因分析、处理方法。

④ 需要的知识：现场设备运行中已有数据分析，现场工作人员对设备的运行情况及处理故障的经验，真空系统的抽气理论，专家处理问题的经验。

⑤ 涉及的动态可变因素：监测的状态参数随设备使用，在时间上是变化的，因此，对设备的监测和故障诊断知识要进行修正（靠机器学习）。

⑥ 问题的难度：现场操作人员对设备工作原理、故障原因了解不多，在缺乏监测手段时，难以快速准确解决设备出现的问题，而专家经验可以很好地解决问题，并给出合理

建议。

⑦ 求解的效率:在线监测,在线故障诊断,要求响应时间短,对应的知识表示和推理机制应简单易行。

⑧ 妨碍求解问题的因素:对设备的熟悉程度,专家经验的收集,多因素间的相互影响,传感器的准确性,软件开发技术,用户的接受程度和能力等。

14.10.4 RH—KTB 真空设备专家系统

宝山钢铁公司 RH－KTB 炉外精炼设备是从日本引进的,真空系统为四级水蒸气喷射泵,设备按压力顺序启动,可自动启动,也可手动启动。

(1) 喷射泵抽气性能的主要影响因素

工作介质性能参数:工作水蒸气和冷却水是喷射泵的工作介质,蒸汽和冷却水的压力、温度、流量对泵性能有重要影响。工作介质参数允许在一定范围内变化,超出设计范围时,泵的性能将难于达到工艺要求。当工作水蒸气压力、温度、流量过高时,冷凝器冷凝效果难以保证,泵系统工作稳定性将受影响;当这些参数过低时,各级泵的抽气能力将受到影响;当冷却水压力、流量过低、温度过高时,冷凝器的冷凝效果不能保证,泵系统工作稳定性和抽气能力将受到影响。

气体负荷:工艺过程中的放气量、各级泵、冷凝器、管路等密封处的漏气量等构成泵的气体总负荷。气体负荷与获得的真空度相关,当气体负荷过大时,泵系统的真空度将下降,不能满足工艺要求。

主要零部件堵塞或磨损:各级泵喷嘴的几何尺寸与泵性能密切相关,由于粉尘的堆积或气流的冲刷,会引起尺寸的变化,将影响泵的抽气性能。

(2) 在线监测系统

监测点及分布:14 个模拟量用于检测各级泵的出入口气体压力、温度及工作介质的压力、温度和流量,15 个开关量用于检测各管路阀门的开启状态。

监测系统硬件:监测系统由传感器、信号采集器、工控机、显示器、打印机、电缆等组成。传感器安装于现场设备检测位置上,显示器、工控机、打印机、UPS 及接线端子板等集成于标准工业控制机柜内。

数据处理:以记录时间为数据文件名称,以 Access 文件存储于数据库中,查询和打印方便。

设备运行状态监测参数阈值的确定:设备运行状态可由监测参数实时数据与其阈值的比较来评价,因此阈值的确定十分关键。各监测参数阈值的初值由数据处理软件(用 Matlab 编制)确定,该软件可以对设备现有数据进行分析,得到各监测参数的最大值、最小值、平均值、方差等,并据此确定各监测参数的上限、上上限、下限、下下限;而阈值的终值由机器学习完成。机器学习的模式为:如果泵已启动,且蒸汽压力低于其下限初值、泵系统入口压力在正常范围内,那么,蒸汽压力下限下延至当前值,更新知识库中的对应值,同时记录修改时间。专家系统软件可对机器自学习的历程进行记录与分析,当各参数值收敛到设定的精度范围内时，上下限的学习结束。

运行状态分析：将各测点获取的现场数据与对应参数的阈值进行比较，分析运行状态，其结果（正常、亚健康、故障）在监测系统主界面上以虚拟传感器颜色的变化提示给操作者。根据其中给出的状态数据，可以了解设备运行情况和问题所在，也可根据其中提出的处理意见采取相应措施。

(3) 故障诊断系统

水蒸气喷射泵系统在工作时，必需按照设计的启动模式和工作进程来工作，在规定的抽气时间内达不到工艺要求的真空度时，即认为抽气系统出现故障。

宝钢 RH—KTB 真空炉外精炼设备，为保证钢水充分除气、合金化和浇注温度等，水蒸气喷射泵必须按表 14－4 所列的启动模式和工作进程来进行，否则，钢材的质量不能得到保证。

表 14－4　宝钢 RH－KTB 真空炉外精炼设备喷射泵工作进程表

启动模式	4A＋4B	4A＋4B＋3A＋3B	4A＋3A＋S2	4A＋3A＋S2＋S1
工作时间(min)	0～1.5	1.5～3.5	3.5～5.8	6 以上
入口压力(kPa)	100～28	28～7.5	7.5～0.6	0.6～0.06

故障征兆的分类分析可采用动态模糊聚类算法，将由监测系统采集到的过程量作为模糊聚类分析的初始样本集，然后将样本数据进行量纲和量自级标准化处理，再运用模糊理论进行动态聚类分析。

知识库及知识表示：知识库是用来存放能够被系统运用的领域专家提供的专门知识。知识库是推理机工作的重要对象，其中知识表示直接影响着整个系统的工作效率。

故障诊断系统知识库的形式如下：

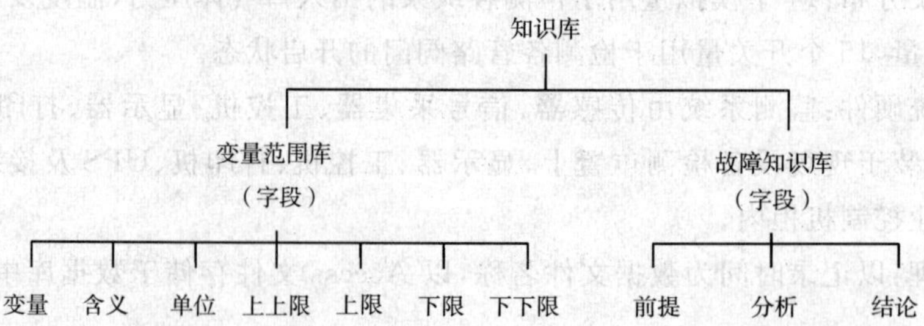

知识表示采用产生式规则，其形式为：如果泵已启动，且工作蒸汽压力低于其下限，那么，可能引起泵性能下降。

推理机制及其解释：当设备出现故障时，进入故障诊断状态。采取逆向推理模式，查找引起故障的可能原因，并按可能原因置信度的高低给出相应的处理建议，一并显示在专家系统的解释窗体中。用户据此可以了解系统的推理过程，以及应采取的故障排除办法。

故障诊断系统用户界面由多个工作区和一组按钮组成：1 区为控制主菜单区，它有 7 个按钮，分别为真空系统、传感器布置图、接收数据、状态判断、故障诊断、数据查询、用户管理；2 区为真空系统运行状况区；3 区为系统参数状态显示；4 区为移动标题栏，显示系统名称、版权信息以及日期；按钮 5 为系统操作帮助；按钮 6 对操作进行管理和记录；按钮 7 提示当前操作者姓名；按钮 8 提供软件系统开发的相关信息；按钮 9 退出系统，只有管理员才可以使用。

(4) 软件测试

RH—KTB 真空设备专家系统软件是在线应用的，所有数据信息都来自现场传感器。为发现软件运行过程中的问题，调整各模块之间的协调关系，也为用户了解软件的功能、使用好软件，对软件进行了离线测试。专家系统软件经离线测试和在线应用，均达到预期的设计目标。

14.10.5　总体评价和发展方向

专家系统在宝钢 RH—KTB 钢液真空精炼设备上的使用结果表明，软件用户界面直观、简洁，数据显示、存储、查询、打印方便，用户易于使用；硬件体系组成合理、可行，在原有控制系统中只需扩充少量硬件设施，投入少；实现了在线监测和故障快速诊断，达到了预期的目标；可以推广到其他真空冶金设备的抽气装置上。

专家系统的发展方向表现在以下几个方面：

(1) 开放性知识库的研究及应用。专家系统知识库中知识的多寡关系到专家系统分析问题、解决问题的能力和准确性，知识来源于专家的普遍经验，也来源于设备维护人员和操作人员的现场经验。这种知识不可能一次完成，必然要不断积累，因此是一个渐进的过程。为不断提高专家系统的能力，就要求其具有开发性的知识库，在实践中不断积累新知识，对开放性知识库的研究和应用是今后的一个重要课题。

(2) 设备运行远程监控与故障诊断。大型设备运行状态的监测以及故障的快速诊断与排除极大地影响着产品质量和企业的经济效益。随着企业现代化发展，其信息化管理水平的日益提高，对现场设备运行状态的远程监控和远程故障诊断将成为可能，并有着极大的推广价值。

(3) 机器自学习的研究及应用。机器自学习功能是人工智能中最具智能特征的部分，目前的理论研究和实际应用尚处在探索阶段；机器学习是人工智能研究的重点和难点，是推进专家系统应用的关键。

参考文献

[1] 刘玉岱主编．真空测量与检漏[M]. 北京:冶金工业出版社,1992.

[2] 徐承海主编．真空工程技术[M]. 北京:化学工业出版社,2006.

[3] 达道安主编．真空设计手册[M](第3版). 北京:国防工业出版社,2004.

[4] 孙企达,陈建中编著．真空测量与仪表[M]. 北京:机械工业出版社,1981.

[5] 王欲知编著．真空技术[M]. 成都:四川科学技术出版社,1985.

[6] 华中一主编．真空实验技术[M]. 上海:上海科学技术出版社,1989.

[7] Roth A. Vacuum Technology[M]. North－Holland,1982.

[8] Leck J. H. Total and Partial Pressure Mexsurement in Vacuum Systems[M]. Glasgow and London,1989.

[9] 高本辉,崔素言著．真空物理[M]. 北京:科学出版社,1983.

[10] 马义元,张希舜编著．英汉真空技术词汇[M]. 北京:科学出版社,1987.

[11] 费渭南．真空计量检定系统 JJG2022－89[M]. 北京:中国计量出版社,1990.

[12] 曲传民．国家计量校准规范 JJF 1062－1999[M]. 北京:中国计量出版社,1999.

[13] 谢俊,朱武,刘智民等．DNB 束功率测量系统设计[J]. 真空科学与技术学报,2007,Vol. 27(3):49－52.

[14] 朱武,王先路．智能式真空仪器中软件设计的若干技巧[J]. 真空 1995,Vol. 32(1):36－39.

[15] 朱武,王先路,周永安．真空测量与控制中微机应用的若干典型技术[J]. 真空 1995,Vol. 32(2):35－39.

[16] 朱武,穆中波,王桂花．真空计校准的数值处理及误差分析[J]. 合肥工业大学学报 2006,Vol. 29(7)818－820.

[17] Zhu Wu,Chen Lian,Hu Chundong,Hu Liqun. Analysis on Pressure Distribution in HT－7 Neutral Beam Injection System[J]. Plasma Science & Technology. 2005,Vol. 7(2):2719－2722.

[18] 朱武,王桂花,杨愚．比对法真空计校准系统的实验研究[J]. 合肥工业大学学报,2005,Vol. 28(12):1544－1547.

[19] 朱武,王莉,胡纯栋．HT－7中性束注入装置真空监控系统的设计[J]. 真空科学与技术学报,2004,Vol. 24(1):59－62.

[20] 朱武,杨道业,刘智民．中性束注入器远程数据采集系统设计[J]. 真空,2004 Vol. 41(6):46－49.

[21] 王先路．真空自动控制基础[J]. 真空与低温,1994,VoL. 1313(2):100－104.

[22] 董景新,赵长德编著．控制工程基础[M]. 北京:清华大学出版社,2001.

[23] 胡寿松主编．自动控制原理[M](第三版)．北京:国防工业出版社,199.
[24] 孙德宝主编．自动控制原理[M]．北京:化学工业出版社,2002.
[25] Kasemir K U,Dalesio L R. Overview of the Experimental Physics and Industrial Control System(EPICS) Channel Archiver [A]. Proceedings of ICALEPCS 2001[C]. San Jose,2001:526—528.
[26] Hammond D P, Brookes C E. A calorimeter system for high intensity neutral beams[A]. Proc of SOFT[C]. USA: Garmisch PartenKirchen, 1978. 307－312.
[27] 刘功发,王勇,王研科,等．合肥光源真空控制系统[J]．真空,2006 Vol. 43(4):32～35.
[28] R. 布里昂. 专家系统的开发方法[M). 北京:石油出版社,1992.
[29] 毕学工. 人工智能和专家系统在钢铁冶金中的应用[J],武汉钢铁学院学报,1995,18(2):146～154.
[30] 王晓冬,巴德纯,王庆,等. 真空冶金设备抽气装置专家系统及应用实例[J]. 真空,2004,Vol. 41(3):38～41.